高等学校信息技术类新方向新动能新形态系列规划教材

教育部高等学校计算机类专业教学指导委员会 –Arm China 产学合作项目成果

Arm China 教育计划官方指定教材

arm CHINA

Linux
操作系统基础

◉ 方元 编著

人民邮电出版社

北 京

图书在版编目（CIP）数据

Linux操作系统基础 / 方元编著. -- 北京 ：人民邮
电出版社，2019.8（2021.5重印）
高等学校信息技术类新方向新动能新形态系列规划教
材
ISBN 978-7-115-51158-4

Ⅰ. ①L… Ⅱ. ①方… Ⅲ. ①Linux操作系统－高等学
校－教材 Ⅳ. ①TP316.85

中国版本图书馆CIP数据核字(2019)第077326号

内 容 提 要

　　本书介绍 Linux 操作系统的基本组成、使用以及管理和开发的一些方法。全书共 9 章，第 1 章
"Linux 基本介绍"讲述 Linux 的发展和一些主要的发行版，第 2 章"计算机基本结构介绍"讲述计
算机系统和 Linux 的核心组成，第 3 章"Linux 桌面系统"介绍 Ubuntu 发行版的安装和主要桌面系
统软件，第 4 章"命令行工作方式"介绍 Linux 操作系统命令行环境的使用方法，第 5 章"shell 脚
本"介绍 shell 脚本程序，第 6 章"Linux 系统管理"介绍 Linux 系统维护和管理的相关工作，第 7
章"软件开发"介绍在 Linux 环境中进行 C 语言程序开发的基本方法，第 8 章"版本控制系统"介
绍与软件开发密切相关的版本控制系统，第 9 章"内核管理"介绍 Linux 系统内核管理和移植的基
本方法。

　　本书可作为高等学校电子、计算机、物联网等电子信息类相关专业 Linux 操作系统课程的教材，
也可供 Linux 系统的学习者和爱好者参考。

◆ 编　著　方　元
　　责任编辑　祝智敏
　　责任印制　陈　犇

◆ 人民邮电出版社出版发行　　北京市丰台区成寿寺路 11 号
　　邮编 100164　　电子邮件 315@ptpress.com.cn
　　网址 http://www.ptpress.com.cn
　　固安县铭成印刷有限公司印刷

◆ 开本：787×1092　1/16
　　印张：18.5　　　　　　　2019 年 8 月第 1 版
　　字数：438 千字　　　　　2021 年 5 月河北第 3 次印刷

定价：59.80 元
读者服务热线：(010)81055256　印装质量热线：(010)81055316
反盗版热线：(010)81055315
广告经营许可证：京东市监广登字20170147号

编委会

拥抱亿万智能互联未来

在生命刚刚起源的时候，一些最最古老的生物就已经拥有了感知外部世界的能力。例如，很多原生单细胞生物能够感受周围的化学物质，对葡萄糖等分子有趋化行为；并且很多单细胞原生生物还能够感知周围的光线。然而，在生物开始形成大脑之前，这种对外部世界的感知更像是一种"反射"。随着生物的大脑在漫长的进化过程中不断发展，或者说直到人类出现，各种感知才真正变得"智能"，通过感知收集的关于外部世界的信息开始通过大脑的分析作用于生物本身的生存和发展。简而言之，是大脑让感知变得真正有意义。

这是自然进化的规律和结果。有幸的是，我们正在见证一场类似的技术变革。

过去十年，物联网技术和应用得到了突飞猛进的发展，物联网技术也被普遍认为将是下一个给人类生活带来颠覆性变革的技术。物联网设备通常都具有通过各种不同类别的传感器收集数据的能力，就好像赋予了各种机器类似生命感知的能力，由此促成了整个世界数据化的实现。而伴随着 5G 技术的成熟和即将到来的商业化，物联网设备所收集的数据也将拥有一个全新的、高速的传输渠道。但是，就像生物的感知在没有大脑时只是一种"反射"一样，这些没有经过任何处理的数据的收集和传输并不能带来真正进化意义上的突变，甚至非常可能在物联网设备数量以几何级数增长的情况下，由于巨量数据传输造成 5G 等传输网络的拥堵甚至瘫痪。

如何解决这个挑战？如何赋予物联网设备所具备的感知能力以"智能"？我们的答案是：人工智能技术。

人工智能技术并不是一个新生事物，它在最近几年引起全球性关注并得到飞速发展的主要原因，在于它的三个基本要素（算法、数据、算力）的迅猛发展，其中又以数据和算力的发展尤为重要。物联网技术和应用的蓬勃发展使得数据累计的难度越来越低；而芯片算力的不断提升使得过去只能通过云计算才能完成的人工智能运算现在已经可以下沉到最普通的设备之上完成。这使得在终端实现人工智能功能的难度和成本都得以大幅降低，从而让物联网设备拥有"智能"的感知能力变得真正可行。

物联网技术为机器带来了感知能力，而人工智能则通过计算算力为机器带来了决策能力。二者的结合，正如感知和大脑对自然生命进化所起到的必然性决定作用，其趋势将无可阻挡，并且必将为人类生活带来巨大变革。

　　未来十五年，或许是这场变革最最关键的阶段。业界预测到 2035 年，将有超过一万亿个智能设备实现互联。这一万亿个智能互联设备将具有极大的多样性，它们共同构成了一个极端多样化的计算世界。而能够支撑起这样一个数量庞大、极端多样化的智能物联网世界的技术基础，就是 Arm。正是在这样的背景下，Arm 中国立足中国，依托全球最大的 Arm 技术生态，全力打造先进的人工智能物联网技术和解决方案，立志成为中国智能科技生态的领航者。

　　亿万智能互联最终还是需要通过人来实现，具备人工智能物联网 AIoT 相关知识的人才，在今后将会有更广阔的发展前景。如何为中国培养这样的人才，解决目前人才短缺的问题，也正是我们一直关心的。通过和专业人士的沟通发现，教材是解决问题的突破口，一套高质量体系化的教材，将起到事半功倍的效果，能让更多的人成长为智能互联领域的人才。此次，在教育部计算机类专业教学指导委员会的指导下，Arm 中国能联合人民邮电出版社一起来打造这套智能互联丛书——高等学校信息技术类新方向新动能新形态系列规划教材，感到非常的荣幸。我们期望借此宝贵机会，和广大读者分享我们在 AIoT 领域的一些收获、心得以及发现的问题；同时渗透并融合中国智能类专业的人才培养要求，既反映当前最新技术成果，又体现产学合作新成效。希望这套丛书能够帮助读者解决在学习和工作中遇到的困难，能够提供更多的启发和帮助，为读者的成功添砖加瓦。

　　荀子曾经说过，"不积跬步，无以至千里。"这套丛书可能只是帮助读者在学习中跨出一小步，但是我们期待着各位读者能在此基础上励志前行，找到自己的成功之路。

安谋科技（中国）有限公司执行董事长兼 CEO　吴雄昂

2019 年 5 月

序
二

PREFACE

人工智能是引领未来发展的战略性技术，是新一轮科技革命和产业变革的重要驱动力量，将深刻地改变人类社会生活、改变世界。促进人工智能和实体经济的深度融合，构建数据驱动、人机协同、跨界融合、共创分享的智能经济形态，更是推动质量变革、效率变革、动力变革的重要途径。

近几年来，我国人工智能新技术、新产品、新业态持续涌现，与农业、制造业、服务业等各行业的融合步伐明显加快，在技术创新、应用推广、产业发展等方面成效初显。但是，我国人工智能专业人才储备严重不足，人工智能人才缺口大，结构性矛盾突出，具有国际化视野、专业学科背景、产学研用能力贯通的领军性人才、基础科研人才、应用人才极其匮乏。为此，2018 年 4 月，教育部印发了《高等学校人工智能创新行动计划》，旨在引导高校瞄准世界科技前沿，强化基础研究，实现前瞻性基础研究和引领性原创成果的重大突破，进一步提升高校人工智能领域科技创新、人才培养和服务国家需求的能力。由人民邮电出版社和 Arm 公司联合推出的"高等学校信息技术类新方向新动能新形态系列规划教材"旨在贯彻落实《高等学校人工智能创新行动计划》，以加快我国人工智能领域科技成果及产业进展向教育教学转化为目标，不断完善我国人工智能领域人才培养体系和人工智能教材建设体系。

"高等学校信息技术类新方向新动能新形态系列规划教材"包含 AI 和 AIoT 两大核心模块。其中，AI 模块涉及人工智能导论、脑科学导论、大数据导论、计算智能、自然语言处理、计算机视觉、机器学习、深度学习、知识图谱、GPU 编程、智能机器人等人工智能基础理论和核心技术；AIoT 模块涉及物联网概论、嵌入式系统导论、物联网通信技术、RFID 原理及应用、窄带物联网原理及应用、工业物联网技术、智慧交通信息服务系统、智能家居设计、智能嵌入式系统开发、物联网智能控制、物联网信息安全与隐私保护等智能互联应用技术。

综合来看，"高等学校信息技术类新方向新动能新形态系列规划教材"具有三方面突出亮点。

第一，编写团队和编写过程充分体现了教育部深入推进产学合作协同育人项目的思想，既反映最新技术成果，又体现产学合作成果。在贯彻国家人工智能发展战略要求的基础上，以"共搭平台、共建团队、整体策划、共筑资源、生态优化"的全新模式，打造人工智能专业建设和人工智能人才培养系列出版物。知名半导体知识产权（IP）提供商 Arm公司在教材编写方面给予了全面支持，丛书主要编委来自清华大学、北京大学、北京航空航天大学、北京邮电大学、南开大学、哈尔滨工业大学、同济大学、武汉大学、西安交通大学、西安电子科技大学、南京大学、南京邮电大学、厦门大学等众多国内知名高校人工智能教育领域。从结果来看，"高等学校信息技术类新方向新动能新形态系列规划教材"的编写紧密结合了教育部关于高等教育"新工科"建设方针和推进产学合作协同育人思想，将人工智能、物联网、嵌入式、计算机等专业的人才培养要求融入了教材内容和教学过程。

第二，以产业和技术发展的最新需求推动高校人才培养改革，将人工智能基础理论与产业界最新实践融为一体。众所周知，Arm 公司作为全球最核心、最重要的半导体知识产权提供商，其产品广泛应用于移动通信、移动办公、智能传感、穿戴式设备、物联网，以及数据中心、大数据管理、云计算、人工智能等各个领域，相关市场占有率在全世界范围内达到 90%以上。Arm 公司的业务和产品覆盖了硬件 IP、芯片、模块模组、软件解决方案、整机制造、应用开发和云服务等人工智能产业生态各领域，为教材编写注入了教育领域的研究成果和行业标杆企业的宝贵经验。同时，作为 Arm 中国协同育人项目的重要成果之一，"高等学校信息技术类新方向新动能新形态系列规划教材"的推出，将高等教育机构与丰富的 Arm 产品联系起来，通过将 Arm 技术用于教育领域，为教育工作者、学生和研究人员提供教学资料、硬件平台、软件开发工具、IP 和资源，未来有望基于本套丛书，实现人工智能相关领域的课程及教材体系化建设。

第三，教学模式和学习形式丰富。"高等学校信息技术类新方向新动能新形态系列规划教材"提供丰富的线上线下教学资源，更适应现代教学需求，学生和读者可以通过扫描二维码或登录资源平台的方式获得教学辅助资料，进行书网互动、移动学习、翻转课堂学习等。同时，"高等学校信息技术类新方向新动能新形态系列规划教材"配套提供了多媒体课件、源代码、教学大纲、电子教案、实验实训等教学辅助资源，便于教师教学和学生学习，辅助提升教学效果。

希望"高等学校信息技术类新方向新动能新形态系列规划教材"的出版能够加快人工智能领域科技成果和资源向教育教学转化，推动人工智能重要方向的教材体系和在线课程建设，特别是人工智能导论、机器学习、计算智能、计算机视觉、知识工程、自然语言处理、人工智能产业应用等主干课程的建设。希望基于"高等学校信息技术类新方向新动能新形态系列规划教材"的编写和出版，能够加速建设一批具有国际一流水平的本科生、研究生教材和国家级精品在线课程，并将人工智能纳入大学计算机基础教学内容，为我国人工智能产业发展打造多层次的创新人才队伍。

教育部人工智能科技创新专家组专家
教育部科技委学部委员   焦李成
IEEE/IET/CAAI Fellow   2019 年 6 月
中国人工智能学会副理事长

前言

FOREWORD

Linux 是一款自由、免费的操作系统，自 20 世纪 90 年代问世以来，经历了近三十年的发展，已成为极具影响力的操作系统。Linux 系统支持众多的处理器架构，拥有大量的开源软件，以其稳定性、可靠性和灵活的可配置性，在各种计算机系统中得到了广泛的应用，除个人桌面系统以外，在其他所有竞争领域中几乎都占据主流地位。

Linux 操作系统涉及的技术非常宽泛，深度上，从一般应用软件的安装使用到操作系统核心和运行机制；广度上，小到可穿戴设备、各种嵌入式应用到大型服务器和集群计算。因此，一本书远不能涵盖如此众多的内容。本书从实用性角度出发，希望能以一个较为典型的 Linux 系统为例，帮助读者熟悉 Linux 操作系统环境的基本使用和核心技术。

全书内容按以下章节组织：

第 1 章介绍 UNIX/Linux 操作系统的发展历史以及一些主流的 Linux 发行版。Linux 系统继承了 UNIX 系统的优良特性，它的使用环境与 UNIX 也非常接近。学会使用 Linux 操作系统，在当今主流操作系统上基本上就不会有太大障碍。

第 2 章从操作系统的角度，介绍微型计算机系统的构成和 Linux 系统主要的核心模块——进程管理、存储管理、设备驱动、文件系统和网络连接。向下延展，这些模块分别对应处理器、内存、I/O 子系统、磁盘和网络系统，向上扩展，这些模块则通过系统调用与用户空间进行信息交换。

第 3 章以目前较为普及的一款 Linux 发行版为例，介绍它的安装和使用环境。Linux 系统的软件资源非常丰富，本书选择了其中较有代表性的几类作介绍。Linux 桌面的特点更多在于其选择的多样性，图形化桌面软件的使用与其他操作系统并没有显著的区别，熟悉基本计算机操作的人员都可以很容易掌握。

第 4 章介绍命令行的使用方法。Linux 是一个面向消费的桌面系统，具备优良的开发性能——无论是作为被开发对象还是开发工具。从本章开始，结合 Linux 的特点，介绍 Linux 操作系统与软件开发的相关内容。命令行接口是 UNIX/Linux 操作系统的特色。在 Linux 系统中，命令行方式开销极低，特别是在嵌入式 Linux 系统开发和应用中更是必不可少的工具。Linux 主流的文本编辑器（如 emacs、nano、vim 等）都具有命令行方式。文本编辑器之于 Linux 操作系统是必不可少的。本书并没有花太多的篇幅介绍文本编辑器，尽管 Linux 系统推荐的编辑器 vim 和 emacs 都非常出色，但学习时间成本较高，且各人都有自己的使用习惯，不便于在一门课程中统一要求。建议读者在使用 Linux 系统的过程中学习其中的一款，相信对日后的工作将大有裨益。

第 5 章介绍 shell 脚本。Linux 系统提供了多种脚本语言，shell 只是其中之一。shell 不仅构成了 Linux 操作系统的命令行环境，本身也是一套完整的编程语言。从系统启动到系统维护，Linux 系统中大量地使用了 shell 脚本程序和脚本文件。掌握 shell 编程方法，读者可以更灵活地使用系统的各种软件。

第 6 章介绍 Linux 中比较重要的一些系统维护和管理工作，帮助读者理解操作系统的启动和初始化过程，其中重点介绍了软件包管理工具、网络管理、系统日志维护等方面的内容。用户管理已在第 4 章作了介绍。对于用户的零星调整，桌面环境通常都有便捷的图形化工具可以使用。

第 7 章介绍如何使用 Linux 系统进行软件开发。Linux 提供了多种编程语言的开发环境，本章以 C 语言为例介绍主要开发工具的使用，学习本章需要有 C 语言编程基础。除编译器以外，GNU Make 和版本控制系统也是软件开发必不可少的工具。GNU Make 在本章介绍，版本控制系统由于篇幅较多，另立一章介绍。

第 8 章介绍目前最为普及的 git 版本控制系统。版本控制系统可以跟踪文件的变化、创建和合并版本分支、在不同分支之间切换，它是管理软件开发过程的重要工具，特别是在一个有多人参与合作开发的大型项目中，版本控制系统是必不可少的软件。

第 9 章介绍 Linux 操作系统内核的源码结构和编译方法。作为嵌入式操作系统，Linux 也有非常广泛的应用。通过本章的学习，读者将初步形成嵌入式 Linux 操作系统内核移植的概念。

虽然 Linux 作为消费型操作系统完全胜任，但至少在现阶段，Linux 还主要是当作开发工具使用的。本书大量内容也主要围绕如何使用 Linux 进行软件开发的相关问题而展开。本书要求读者具有基本的计算机操作能力和编程基础，具备程序设计思想。结合笔者多年教学经验，建议本书教学内容在一个学期内完成，每周安排 3 课时。

具体教学时，第 3 章可以略过，第 7 章软件开发过程与第 8 章版本控制系统相关内容也可以选择穿插讲解。如能安排一定的实验时间，则教学效果更好。

限于笔者的知识水平和认知能力，书中肯定存在一些不当之处，恳请同行专家及读者批评指正。本书顺利成书有赖于 Arm 中国大学计划支持，在编写过程中也得到出版社编辑的多方协助，笔者在此表示诚挚的感谢。

作者
2019 年春于南京

CONTENTS

01

Linux 基本介绍

02

计算机基本结构介绍

03

Linux 桌面系统

04

命令行工作方式

05

shell 脚本

06

Linux 系统管理

07

软件开发

08

版本控制系统

09

内核管理

01
chapter

Linux 基本介绍

Linux 是一款免费的、可自由传播的操作系统，它的诞生充满了传奇色彩。本章简单回顾 Linux 操作系统的诞生过程并介绍一些重要的 Linux 发行版。

讲到 Linux 的诞生，不能不提 UNIX。UNIX 在操作系统领域可谓是大名鼎鼎，它几乎是除 Windows 以外所有现代个人计算机操作系统和服务器操作系统的源头。长期以来，UNIX 以其开放性、稳定性、可移植性以及多用户多任务等特点，不仅赢得大量个人计算机用户的喜爱，同时也受到许多计算机厂商的青睐，对 Linux 产生了深远的影响。

1.1.1 历史回顾

操作系统的发展经历了漫长的历史过程。第一代计算机（1945 年—1955 年，电子管时代）还没有操作系统的概念，甚至连汇编语言都没出现。它使用机器语言编程，在接插板上通过硬连线实现控制功能，每台机器由专门的小组来操作和维护。程序员能做的就是在他的预约机时里到机房把他的接插板插到计算机里，等待运算结果。这一时期，计算机完成的主要工作基本上都是数值计算问题。

到 20 世纪 50 年代早期，出现了穿孔卡片和穿孔纸带，如图 1.1 和图 1.2 所示，接插板才逐渐退出历史舞台。直到 80 年代，仍有一些计算机在使用穿孔卡片编程；另一些场合使用的穿孔卡片（例如企业食堂的就餐卡）则一直延续到 21 世纪初。

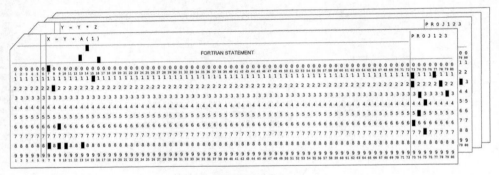

图 1.1 穿孔卡片

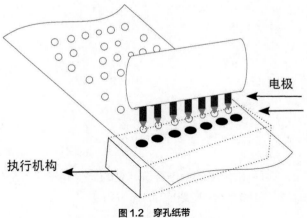

图 1.2 穿孔纸带

随着晶体管的发明，第二代计算机（1955 年—1965 年，晶体管时代）出现了。由于汇编语言和 FORTRAN 语言的发明[1]，程序员、操作员开始有了独立的分工。这一时期的用机形式是，程序员将程序写在纸上，制成穿孔卡片或穿孔纸带，交给操作员。操作员把这样的程序送入计算机，等待计算机将结果打印出来，然后将打印单交给程序员。

由于当时的计算机非常昂贵，为了节省用机时间，人们开始使用一种叫作批处理的技术。其基本思想是，用一台比较便宜的机器，将收集到的大量的卡片、卡带程序读到磁带上，然后将磁带送入计算机完成真正的运算。操作员在运行磁带上的程序之前，先装入一个特殊的程序，它会把磁带上的程序逐一读入、运行，并将结果写入另一个磁带。这一批程序全部完成后，程序员再把输出磁带拿到另一台机器上打印出来。这个特殊的程序就是操作系统的雏形。

这一时期计算机完成的主要工作是科学研究和工程应用中的数值计算，典型的操作系统有 FMS（FORTRAN Monitor System）和 IBMSYS。

比起第二代计算机，第三代计算机（1965 年—20 世纪 80 年代，集成电路时代）的性价比有了很大的提高。计算机的应用不再局限于数值计算，迅速推广到了很多行业，包括大规模的商务数据处理。20 世纪 60 年代中期，以 OS/360 为代表的操作系统出现，开始应用于不同的计算机机型（如 OS/360 用于 IBM 公司的 System/360 系列）。这一代计算机不再需要独立的磁带读写机，操作系统可以从磁带里读入程序，并将结果写到磁带的空白区域。虽然性能得到大幅度提升，但本质上，这类操作系统仍采用的是批处理方式。程序员同样需要等待相当长的时间才能得到结果。

分时系统（Timesharing）的出现改变了这一现象。它的思想是，给每一个程序员分配一个终端，计算机将资源（CPU、存储器等）轮流分配给每个程序员。多数情况下，程序员都是在思考和编辑程序，占用实际机时的工作并不多。在操作系统设计得当的情况下，计算机足以为许多程序员提供及时的交互服务。最终，麻省理工学院（Massachusetts Institute of Technology，MIT）计算中心的开发人员实现了兼容分时系统（Compatible Time Sharing System，CTSS）。

1.1.2　UNIX 的诞生

CTSS 研制成功后，由 MIT 牵头，通用电气（General Electric Company，GE）和美国电报电话公司（AT&T，American Telephone and Telegraph Inc.）下属的贝尔实验室参与，在 1964 年开始计划一个宏大的项目：在 GE 645 计算机上建立一个具备众多功能的信息应用工具，它能够支持上百个用户对大型计算机的交互式分时使用，被命名为"多功能信息计算服务系统"（Multiplexed Information and Computing Service，Multics）。无疑，在这个系统中有很多创新性的思想，影响了其后操作系统的发展。但遗憾的是，由于该项目的预期过于宏伟，而受限于当时的计算机技术水平，虽历经磨难，仍成为一个烂尾工程。

1969 年，贝尔实验室从 Multics 项目中退出。然而，实验室的研究人员肯·汤普森[2]等人带着从 Multics 项目中激发的灵感开始了新的创作，并将这些灵感付诸实施于一台小型计算机 DEC PDP-7 上。相比 Multics 的设计目标，这个操作系统相当简单，只实现了一个文件系统、一个命令解释器和一些简单的文件工具，是一个单任务系统。它被创造者们戏谑地冠名为 Unics

---

1　FORTRAN（formular translation）最早出现于 1957 年，发明人约翰·贝克斯（John Warner Backus，1924.12.3—2007.3.17）生于美国费城，美国计算机科学家，1950 年哥伦比亚大学数学硕士，就职于 IBM。1975 年获得图灵奖。

2　肯·汤普森，全名 Kenneth Lane Thompson（1943.2.4—　），1966 年加州大学伯克利分校电子工程与计算机科学硕士，B 语言的发明人，1983 年图灵奖获得者，长期供职于贝尔实验室。2006 年进入谷歌，在此期间同他人合作发明了 Go 语言。

（Uniplexed Information and Computing Service）。后来，又有人根据发音把它改成了 UNIX。

最初的 UNIX 是用汇编语言写成的，应用程序则使用 B 语言写成。当将其移植到另一个计算机系统时，改写汇编语言的工作量相当巨大。B 语言是一种解释性编程语言，虽然精巧，但作为系统编程语言远远不够。直到布莱恩·科尼翰[1]和丹尼斯·里奇[2]发明了 C 语言，这个情况才开始发生变化。

1973 年，汤普森和里奇用 C 语言重写了整个 UNIX 系统。从那之后，UNIX 操作系统开始了令人瞩目的发展。1974 年，汤普森和里奇在《美国计算机通信》上发表了一篇论文，公开展示了 UNIX。论文描述了 UNIX 前所未有的简洁设计，并报告了 600 多例 UNIX 应用。论文激起了各大学和研究机构对 UNIX 的兴趣，都希望能亲身体验 UNIX 的特性。[3]

由于当时一项针对 AT&T 法律判决的限制[4]，AT&T 被禁止进入计算机相关的商业领域，所以，UNIX 非但不能作为商品出售，贝尔实验室还必须将非电话业务的技术许可给任何提出要求的人使用。由此，UNIX 的源代码被散发到各个大学和研究机构，一方面使科研人员能够根据需要改进系统，或者将其移植到其他的硬件环境中去；另一方面培养了大量懂得 Unix 使用和编程的学生，这使得 Unix 的普及更为广泛。也就是说，UNIX 一开始就是开源、免费的，只不过它是被迫的。

在这期间，加州大学伯克利分校计算机系统研究小组（Computer Systems Research Group，CSRG）成为一个最重要的学术据点。他们在 1974 年就开始了对 UNIX 的研究，他们的研究成果就反映在他们使用的 UNIX 中。他们对 UNIX 做了相当多的改进，增加了很多在当时非常先进的特性，大部分原有的源代码都被重新写过，并不断将他们的创意和代码反馈到贝尔实验室。很多其他 UNIX 使用者都希望能得到 CSRG 改进版的 UNIX 系统。因此 CSRG 的研究人员把他们的 UNIX 做成一个完整的发行版对外发布。第一版发布的时间是 1977 年，这个发行版的名字就叫 BSD UNIX（Berkeley Software Distribution UNIX）。

到此，UNIX 就有了两个分支：一个是来自 AT&T 的 UNIX，一个是 BSD 的 UNIX 发行版。现代 UNIX 大部分都是这两个发行版的衍生产品。AT&T 的 UNIX 也被称作 System，并用罗马数字 III、IV、V 来标记版本。事实上，System IV 从未出现过。

BSD UNIX 的影响力远大过 AT&T UNIX，被很多商业厂家采用，成为很多商用 UNIX 的基础，特别是其入选美国国防部高级研究计划局（DARPA，Defence Advanced Research Projects Agency），实现了 TCP/IP 协议栈。直到 1982 年，根据反托拉斯法，美国法院裁决将贝尔实验室拆分。戴在 AT&T 头上的紧箍咒终于得以解除，AT&T 立即着手 UNIX 的商业化，并成立了 UNIX 系统实验室（USL，UNIX System Laboratories）。1983 年，AT&T 在原有的 System III 的基础上增加了一些新的特性，发布了 UNIX System V。

AT&T 进入市场后，发起了与 BSD UNIX 关于知识产权的侵权诉讼。1991 年，他们指控 BSDI（Berkeley Software Design Inc.，经营 BSD 系统的公司，创始人来自 CSRG）违反了 AT&T

1　布莱恩·科尼翰，全名 Brian Wilson Kernighan（1942.1.1–　），生于多伦多，加拿大计算机科学家，1964 年多伦多大学工程物理学士，1969 年普林斯顿大学电子工程博士。C 语言的发明人之一，即 K&R C 中的字母 K。他也是有记载的著名的 "Hello world" 程序的 C 语言模板原创者。

2　丹尼斯·里奇，全名 Dennis MacAlistair Ritchie（1941.9.9–2011.10.12），生于纽约，美国计算机科学家，毕业于哈佛大学，C 语言的发明人之一，即 K&R C 中的字母 R。因开发 UNIX 操作系统于 1983 年和 Ken Thompson 共同获得图灵奖。

3　Dennis M. Ritchie and Ken Thompson，The UNIX Time-Sharing System，Communications of the ACM，July 1974，Volume 17，Number7.pp365–375

4　1956 年，AT&T 与美国司法部达成和解协议，承诺不从事电话和政府项目之外的业务，从而结束了长达 7 年的反托拉斯案诉讼。

的许可权，私自发布自己的 UNIX 版本，并进一步指控 CSRG 泄露了 UNIX 的商业机密。案件直到 USL 转手给 Novell 公司（美国计算机企业，创建于 1974 年，最初是基于 CP/M 操作系统的硬件制造商，目前主要业务是软件和服务）。才告和解。而 CSRG 在发布了 4.4BSD Lite2 之后也宣告解散。项目成员有的进入了 UNIX 商业公司，有的转而从事其他计算机领域的研究。从此，严格意义上的 System V 和 BSD UNIX 都已不复存在，有的只是它们的后续版本。我们现在只能从风格上大致判断某个发行版源自 System V 还是 BSD，很难明确它的整体属于哪个版本。

1.1.3　UNIX 的发展

　　UNIX 操作系统的魅力不仅在于其功能的强大，还在于其出色的可扩展性。它支持高级语言和各种脚本语言环境。利用这些工具，使用者可以很方便地按照自己的需求和兴趣对原有系统进行扩展，使其具备更强大的能力，完成各种复杂的任务。这满足了相当一部分计算机研究人员和使用者的需要。一旦用了 UNIX，体会到 UNIX 的强大功能，使用者就会希望进一步挖掘它的能力，而不仅是作为一般的用户使用其有限的功能。企业也希望能在其可以承受的条件下，利用 UNIX 系统的强大处理能力。

　　由于 UNIX 是多用户操作系统，作为系统的普通使用者只能使用系统提供的有限功能，只有 UNIX 系统管理员才能充分利用其全部能力。因而能拥有自己的 UNIX 系统也是一个普通 UNIX 使用者的愿望。但在当时，能够满足上述愿望的计算机并不是每个人都能买得起的。昂贵的硬件，以及 UNIX 逐渐加深的商业化趋势，都使得拥有自己的 UNIX 对大多数人而言只是美好的梦想，使用 UNIX 的机构主要为一些要求较高的科研和大中型企业。

　　UNIX 在其发展之初的相当长一段时间里，都只能运行在高性能的计算机系统上。尽管微软早在 20 世纪 80 年代初就已经将 AT&T 的版本移植到 PC 上（微软为 PC 移植的 UNIX 叫 XENIX，在 80286 的计算机上就可以运行），但并没有作为主打产品销售，并最终将 XENIX 转卖给了 SCO（Santa Cruz Operation，软件公司，创立于 1979 年）。而且由于 UNIX 商业许可权的限制，个人用户想使用 UNIX 的源代码仍然有相当高的门槛——System III 的售价是 4 万美元。

　　进入 20 世纪 90 年代，Intel 的 X86 产品性能大幅度提高，个人计算机的硬件能力已接近 UNIX 对系统的要求。而随着 USL 与 BSD 之间法律纠纷的解决，法律障碍也不复存在，人们似乎看到了在个人计算机上使用 UNIX 的一线曙光。但很遗憾的是，当时大多数 UNIX 程序员仍然鄙视廉价的 X86，而钟情于 M68K（摩托罗拉设计的用于小型机或中型机的 32 位中央处理器，处理器型号以 M68000、M68010 等命名）系列的高雅设计。这一时期里，个人计算机上几乎是清一色的 Windows，而在小型机、服务器、工作站上，则是各种 UNIX 群雄并起，成为 UNIX 发展最繁荣的时期。

　　回顾 UNIX 的发展，可以发现其最大特点在于它的开放性。在系统设计之初，UNIX 就考虑了各种不同使用者的需要，因而被设计成具备很大可扩展性的系统。它的源代码一开始就是开放的，学生、研究人员出于科研目的或个人兴趣在 UNIX 上进行各种开发，公开自己的代码，共享成果，淡泊名利，这些行为极大地丰富了 UNIX 本身。很多计算机领域的科学家和技术人员秉承共享精神，开发了数以千计的自由软件，也培养了自由软件运动的土壤。

1.2 Linux 的诞生

1.2.1 塔能鲍姆和他的 MINIX

塔能鲍姆[1]编写的 MINIX 操作系统对 Linux 操作系统的诞生影响巨大。

安德鲁·塔能鲍姆是荷兰阿姆斯特丹自由大学教授，教授计算机操作系统课程。他编写的教材《操作系统：设计与实现》是关于操作系统的重要著作，很多大学的计算机专业都把它作为教材或者参考书。为了配合这本教材，塔能鲍姆专门编写了能支持当时个人计算机的简化版的 UNIX 操作系统 MINIX（即 mini-UNIX）。1987 年教材出版时，有关内核、存储管理、文件系统部分的核心代码（共 12000 行）打印在书中，出版社同时提供完整的源码和编译好的可在软盘上运行的程序作为参考资源。这是一个可以在 X86 平台上运行的类 UNIX 操作系统，最初塔能鲍姆希望学生能尽可能方便地获得源代码，而出版社则不愿意，于是双方折中，象征性地收取 69 美元作为版税（包括书的价格）。2000 年 4 月起，MINIX 以 BSD 版权协议（开源版权协议的一种）发布。而此时其他免费、开源的类 UNIX 操作系统（如 Linux、FreeBSD）已经实用化，MINIX 则最终停留在为学生和爱好者提供操作系统模型的阶段。

由于 MINIX 是为教学目的编写的操作系统，缺乏一定的实用性。但它同时提供了用 C 语言和汇编语言写的系统源代码，这是自 UNIX 商业化之后首次提供给程序员系统地分析和学习类 UNIX 操作系统的源代码的机会。在它的影响下，实用的、免费的操作系统已是呼之欲出。

1.2.2 GNU 计划

自由软件的倡导者理查德·斯托曼[2]于 1983 年 9 月通过互联网的一个新闻组发布消息称，计划开发 GNU 操作系统。GNU 是 **GNU is Not UNIX**（GNU 不是 UNIX）的首字母缩写[3]，它将是一个免费的、可自由使用的操作系统，和 UNIX 兼容。GNU 的 logo 如图 1.3 所示。UNIX 的用户可以很容易地切换到这个操作系统上工作。

1985 年，Intel 的第一款 32 位处理器芯片 80386 问世，它是一个成熟的现代处理器（此前的 8086 不具备存储器保护方式，而 80286 的保护方式不够完善，不能与实地址方式共存）。这意味着 PC 家族已具备运行 Unix 的硬件基础。

图 1.3　GNU logo

同年 5 月，斯托曼发表了著名的 GNU 宣言，阐明了 GNU 的意义，请求社会对 GNU 计划加以关注和支持。随后斯托曼创立了自由软件基金会（Free

---

1　安德鲁·塔能鲍姆，全名 Andrew Stuart Tanenbaum（1944.3.16–　），生于美国纽约，荷兰裔美籍计算机科学家，1971 年加州大学伯克利分校天体物理学博士。随夫人定居荷兰，就职于阿姆斯特丹自由大学，2014 年 7 月退休。

2　理查德·斯托曼，全名 Richard Matthew Stallman（1953.3.16–　），美国程序员，生于纽约，1974 年哈佛大学物理学学士，自由软件运动的发起人，自由软件基金会主席。

3　这种递归否定式的定义可能是软件界的一种文化现象。例如：WINE（**Wine Is Not an Emulator**，一款在 Linux 上运行的 Windows 模拟器）；LAME（**Lame Ain't an MP3 Encoder**，一款 MP3 编码器）；甚至 PNG（**Portable Network Graphics**，一种图像文件格式，用于取代当时一种遵从私有版权协议的 GIF 图形格式文件，也被戏称为 **Png is Not GIF**）。

Software Foundation，FSF）[1]，并担任不拿工资的主席。

1989 年 2 月，斯托曼拟定了 GNU 公共版权协议（GNU General Public License，GPL），作为 GNU 软件的法律文书。GPL 强调软件的自由属性：任何人都可以自由地研究、修改、使用和再分发。它规定：遵循 GPL 版权协议获得的软件，在发布二进制代码的同时必须要让用户能以同等的权利获得修改的源代码；不允许为软件的再发布增加额外的限制条件。GPL 是开源软件界最具影响力的版权协议。

到 20 世纪 90 年代初，GNU 项目已经开发出许多高质量的免费软件，包括著名的 GNU emacs 编辑系统、bash shell 程序、GNU C 编译器 GCC[2]和调试器 GDB（GNU Debugger）等。这些软件为 Linux 操作系统的开发创造了合适的环境，也是 Linux 能够诞生的基础之一。然而，GNU 自己的操作系统内核 GNU/Hurd 则进展缓慢。随着 Linux 操作系统的横空出世，GNU 将注意力转移到这种新型操作系统上面。Debian GNU/Linux 就是自由软件基金会对 Linux 大力支持的结果。

1.2.3 Linus 和 Linux

1988 年，李纳斯·托瓦兹[3]开始了他的大学生活。他在学习计算机操作系统课程时，研究了塔能鲍姆教授编写的教材《操作系统：设计与实现》。在此之前他已购买了一台 386 的个人计算机，得以将学习的 MINIX 代码在个人计算机上实施。

李纳斯当初并没想到要写一个操作系统。他在自己的计算机上写了一个小程序，包括两个进程，一个进程打印 "A"，另一个进程打印 "B"，然后又把 A、B 改成了别的东西（一个进程读取键盘信息送到调制解调器，另一个进程则从调制解调器读取信息送到显示屏上）。然后就是键盘、显示器、调制解调器的驱动程序，接着就是磁盘驱动程序，再之后就是文件系统。按他自己的话说，当所有这些都具备之后，一个操作系统的内核也就形成了。

最晚到 1991 年 4 月，李纳斯就已经开始全身心地投入到 MINIX 系统的研究中，并且尝试着将一些 GNU 软件（GCC 编译器、bash shell、GDB 等）向 MINIX 移植。1991 年 8 月 25 日，李纳斯通过互联网向 comp.os.minix 新闻组发布了一条消息，大致意思是他正在开发一个供 386（或者 486）使用的免费的操作系统，只是出于个人兴趣，不会很大，也不会像 GNU 那样专业，希望大家多提宝贵意见，等等。

当时这个操作系统还没有正式命名。李纳斯想的是 "Freax"，即 free（自由）、freak（怪胎）和 x（"UNIX" 中的 "x"）的组合。当他把程序文件上传到大学的 FTP（File Transfer Protocol）服务器上的时候，服务器管理员不喜欢 Freax 这个名字，也没跟李纳斯商量，就改成了 Linux。

同年 9 月，Linux 0.01 版[4]内核公布在赫尔辛基大学的 FTP 服务器上，源代码共 10239 行，这也标志着 Linux 操作系统的诞生，从此登上计算机操作系统的舞台，对信息技术的发展产生越来越大的影响。

最初发布的 Linux 遵从私有版权协议，对商业使用有限制，但已经开始受到 GNU 的影响。

1　在英语里，"free" 有 "自由" 和 "免费" 两个意思。这里取其前者，表示软件可以自由地运行、研究、修改和再分发。自由软件并不意味着免费，它并不排斥商业行为。单纯的免费软件由另一个词 freeware 指代。

2　GCC 原为 GNU C Compiler 的缩写。后来，随着 GCC 功能的不断丰富，能够实现对多种编程语言的编译，于是就将正式的名字改成了 GNU Compiler Collection。

3　李纳斯·托瓦兹，全名 Linus Benedict Torvalds（1969.12.28– ），生于芬兰赫尔辛基，软件工程师，1996 年赫尔辛基大学计算机科学硕士学位，2010 年入籍美国。

4　软件界不成文的惯例，小于 1 的版本号用于标记测试版。

Linux 0.01 版就包含了一个 GNU 的软件 bash 二进制程序[1]。在听过理查德·斯托曼的演讲之后，李纳斯开始接受自由软件的思想。从 1992 年 12 月的 Linux 0.99 版开始，即遵从 GNU GPL 版权协议发布。GPL 版权协议使得 Linux 以更快、更广泛的方式传播，并且在公众心中留下了美好的印象，得到了全世界计算机爱好者的热心支持。

如今，Linux 社区相当活跃，成为一个有成千上万人参与的项目。最初，爱好者们通过邮件将代码发给李纳斯，由他将代码规划到内核中。从 2005 年（Linux 内核纳入 git 版本控制系统）到 2017 年，共有来自 1400 多家企业/社团的超过 15000 人为内核作出过贡献。现在平均每天仍会收到 200 次左右的代码提交或修改，每 6 个月左右就会有一个稳定的新版本向外公布，几乎每两个星期就会有一个子版本的更新[2]。2018 年 8 月发布的 Linux-4.18 版有 6 万多个文件，2000 多万行代码。

Linux 以其可靠性和稳定性，迅速进入服务器领域。全世界超级计算机统计网站公布的数据显示，1998 年 11 月，性能最强的前 500 台超级计算机，99%以上都在使用 UNIX，只有 1 台在使用 Linux；次年 6 月，这个数字上升到 17 台；而到 2018 年 6 月，世界上最强大的 500 台超级计算机全部使用 Linux。

在移动设备上，Linux 很早就进入了市场竞争，早期的个人数字助理（**Personal Digital Assistant，PDA**）、手机上都有它的身影。自从谷歌发布 Android 系统以后，几乎所有的移动设备生产厂商都开始采用这种基于 Linux 内核的操作系统打造手机和平板电脑。据全球网站通信流量检测机构 statcounter 统计，到 2018 年 8 月，Android 系统的手机市场占有率为 72.9%，平板电脑上则几乎与苹果的 iOS 平分天下。

Linux 操作系统虽有不少优势，但在向个人计算机市场普及过程中仍面临着巨大的障碍，桌面系统的 Linux 普及始终非常缓慢，到 2018 年也只占 2%左右。大量的 Windows 用户无法在短时间内改变自己的使用习惯。随着移动设备的普及，Linux 迎来了新的发展机遇。安装 Linux 操作系统的服务器配合采用 Linux 内核或操作系统的互联网设备和移动终端，让人们看到了 Linux 操作系统在性能上的优势。

Linux 的吉祥物是一个名叫 Tux 的企鹅，身着一袭绅士服装，如图 1.4 所示。Tux 可以解释为 **Torvalds UNIX**。它也恰好是 tuxedo（一种男式晚礼服）的缩写。Tux 形象最早出现在 1996 年，创作者是美国程序员拉里·爱温（Larry Ewing）。

图 1.4　企鹅 Tux

1.2.4　POSIX 标准

POSIX（**P**ortable **O**perating **S**ystem **I**nterface，缩写中的字母 X 只是为了发音方便，不对应任何单词）是为了保持计算机系统之间的兼容性，由 IEEE 和 ISO/IEC 共同制定的一系列相互关联的标准的总称。该标准基于现有的 UNIX 实践和经验，定义了应用程序编程接口（Application Programming Interface，API）、命令行以及其他应用，保证应用程序在源代码一级上在各操作系统之间的可移植性。此标准源于 20 世纪 80 年代中期的一个项目，该项目曾试图将

1　计算机系统中，所有的信息都是以二进制形式存在的。这里所说的二进制程序是指从高级语言源码经编译器加工后得到的机器语言程序。人们可以直接读懂源码，但很难读懂机器语言程序。本书中提到的二进制程序或者二进制数据，均指这类可以由机器直接处理、但人们无法直接阅读理解的文件。

2　以上数据来自 Linux 基金会 2017 年度 Linux 内核发展报告。

AT&T 的 System V 和 BSD UNIX 系统的调用接口之间的区别加以调和。

第一个 POSIX 正式标准在 1988 年公布。POSIX 在 IEEE 的编号是 IEEE 1003，对应的国际标准化组织编号是 ISO/IEC 9945。

90 年代初，正是 Linux 刚刚起步的时候，这个标准为 Linux 提供了极为重要的参考，使得 Linux 能够在标准的指导下进行开发，并能够与绝大多数 UNIX 系统兼容。在最初的 Linux 内核代码中（0.01 版、0.11 版），就已经为 Linux 与 POSIX 标准的兼容做好了准备。1996 年，美国国家标准技术局的计算机系统实验室确认 Linux 1.2.13 版符合 POSIX 标准。[1]

1.3 Linux 操作系统的特点

Linux 是一种可以在 PC 上运行的类 UNIX 操作系统，它与其他商业性操作系统的最大不同在于它的开放性。Linux 的源代码是完全公开的，用户可以在网上自由下载、复制和使用。Linux 之所以能在短短十几年的时间得到迅猛的发展，其自身具有的良好特性是分不开的。Linux 操作系统具有以下主要特点。

1. 可靠性、稳定性

Linux 运行于保护模式，内核态和用户态地址空间分离，对不同用户的读、写权限进行控制，带保护的子系统及核心授权等多项安全技术措施共同保障系统安全。再加上良好的用户使用习惯，使得 Linux 系统能够长期稳定地运行。

良好的用户使用习惯是一个重要因素。Linux 操作系统对用户权限做了合理的设计，普通用户使用计算机时，无需系统管理员权限就可以完成绝大部分的日常工作，即使错误的操作也不会造成系统级的损害。在这种情况下，即使恶意软件入侵系统，也只能以普通用户的身份运行，不会危及整个系统，病毒丧失传播能力。一旦违反这个规则，系统安全性仍将是一个问题。Android 系统 root 后[2]遭受恶意软件侵害的例子并不鲜见。

Linux 的内核源代码是公开的，几乎所有应用软件的源代码也都是公开的，不存在暗箱。只有少数发行版的极少数软件是闭源的，并且也不是必须的选择。这种情况下，恶意代码很难有容身之地。世界各地的软件工程师和 Linux 用户都在热心地为开源社区提供建议。一旦出现 bug，可以很快得到修正。因此，稳定、可靠的 Linux 操作系统成为绝大多数服务器的首选。

2. 良好的可移植性

Linux 软件开发遵循 POSIX 标准，在不同平台之间不经修改或只需很少的修改就可以直接使用。Linux 内核支持包括 Intel、Arm、PowerPC 等数十种处理器架构和上百种硬件平台，小到掌上电脑、可穿戴设备，大到超级计算机、集群计算都可以看到 Linux 的身影。

3. 设备独立性

在 Linux 系统中，有"一切皆是文件"之说，所有设备都统一被当作文件看待。操作系统核心为每个设备提供了统一的接口调用。应用程序可以像使用文件一样，操纵、使用这些设备，而不必了解设备的具体细节。在每次调用设备提供服务时，内核都以相同的方式来处理它们。

---

1 正式通过 POSIX 认证的系统不多，主要有 AIX、UnixWare、Solaris，包括 Linux 在内的多数开源操作系统并没有参加正式的 POSIX 认证。

2 root 是指利用 Android 系统的漏洞获得 root 权限的一种行为。

设备独立性的关键在于内核的适应能力。它带来的好处是，用户程序和物理设备无关，系统变更外设时程序不必修改，提高了外围设备分配的灵活性，能更有效地利用外设资源。

4．多种人机交互界面

Linux 从初期单调的字符界面，发展到如今丰富的图形化界面和功能强大的命名行方式并存，可以满足不同系统资源的需求。传统的命令行界面利用 shell 强大的编程能力，为用户扩充系统功能提供了更高效便捷的手段。Linux 的图形桌面有多种选择，可以充分体现用户的个性化设置。

5．多用户、多任务支持

UNIX 设计之初就是为了满足多人使用计算机的需求。Linux 继承了 UNIX 的这一特性，天生就是一个多用户操作系统。除了像其他运行在个人计算机上的操作系统一样，可以为每个用户分配独立的系统资源以外，Linux 还可以让多人同时使用一台计算机。这一点，与专为个人计算机设计的操作系统大不一样。

多任务是现代操作系统的一个重要特性，它是指计算机同时执行多个程序，并且各个程序的运行互相独立。Linux 系统调度为每一个任务独立分配处理器资源和存储空间，相互之间不会干扰，某个任务的失败一般不会影响到其他任务。这为系统的可靠性提供了保障。

6．完善的网络功能

Linux 具备 UNIX 的全部功能，包括 TCP/IP 网络协议的完备实现，同时也支持完整的 TCP/IP 客户与服务器功能，具有强大的网络通信能力。Linux 还具有开放性，支持各种类型的软件和硬件，同时具备先进的内存管理机制，能更加有效地利用计算机资源。

7．多种文件系统支持

Linux 通过虚拟文件系统层实现对不同文件系统的支持，几乎可以识别目前所有已知的磁盘分区格式，软件不经修改就可以对不同分区的文件进行读写操作，如图 1.5 所示。

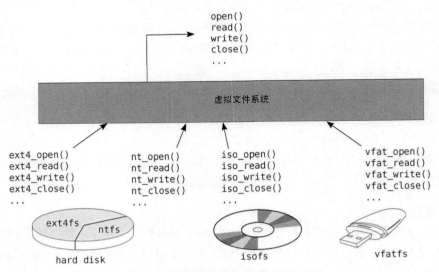

图1.5　通过虚拟文件系统的多文件系统支持

8．便捷的开发和维护手段

Linux 各发行版提供了多种编程语言开发工具，此外还大量地使用了脚本语言，除了方便编程以外，还为系统的可维护性提供了基础。Linux 的各种服务都是通过脚本程序维护的，服务器的功能也是通过脚本文件配置的，包括系统的启动过程，也通过脚本程序完成。管理员可以使用任何自己熟悉的文本编辑工具管理计算机。

从发展历史来看，Linux 是从成熟的 UNIX 操作系统发展而来的，技术上具备 UNIX 操作系统的几乎所有优点。并且 Linux 是开源的、可以自由传播的操作系统。

Linux 的核心具有其竞争对手无法比拟的稳定性和高效率，在不使用图形界面的情况下占用系统资源极少，即使在一台低配置的计算机硬件平台上也能达到服务器般的性能。Linux 是一个真正的多用户、多任务的操作系统，具有良好的兼容性、强大的可移植性、高度的稳定性、漂亮的用户界面，软件界公认的较好的语言编辑器和更高效率的开发环境。

从另一方面说，Linux 发展了二十多年，个人桌面用户却仍只占很小的份额，也不能不承认它自身存在一些问题。这些问题归纳起来大致有以下几条。

（1）使用 Linux 开发软件的门槛比较高。大量的 Linux 软件没有图形界面，Linux 开发环境也主要是命令行方式的。对于资深软件工程师而言，Linux 的命令行方式已经有足够高的效率，他们更在意文本编辑器的性能，若是双手在键盘、鼠标之间来回切换，反而更加低效。为 Linux 编写的集成开发环境（Integrated Development Environment，IDE）也有一些，但由于 Linux 系统软件的特点，不同图形软件所依赖的图形库不同，基于 GTK+库的 IDE 可能不适合 Qt，反之亦然。而且由于 Linux 世界的多元化，每个开发人员的风格、习惯不同，有多种 IDE 供选择反而分散了用户群，更不利于 IDE 的推广。

（2）缺乏为特定产品定制的集成开发环境。某些软件由于涉及厂商的知识产权，只能靠厂商自己开发。由于 Linux 用户数量少，厂商在 Linux 软件开发上的投入就少。不仅是与硬件相关的产品，专业软件、游戏软件面对的差不多也是同样的局面。

（3）缺少符合用户习惯的办公软件。作为办公工具使用的计算机占据庞大的台式机市场，微软的 Office 系列软件持续影响了办公人员使用习惯二十多年。虽然 Linux 早已有多款类似功能的软件，从早期的 OpenOffice.org 到现在的 LibreOffice。但由于微软 Office 文档长期使用私有格式标准，使双方文档格式难以统一（MS Office 2013 开始完整地支持 ISO/IEC 29500:2008 格式标准）。Linux 并不缺乏出色的写作/排版工具，但其傲慢的心态导致对大众化办公软件的开发缺乏热心。

（4）Linux 早期给人们造成的一些错误印象：命令行方式让人觉得 Linux 很难用，实际上命令行方式只是使用 Linux 的一种选择而非必须；安装软件要从源码开始编译，还要解决令人头疼的依赖关系，实际上大多数 Linux 发行版早就开发了安装包管理工具并建立了网络软件源仓库，大量的软件都可以通过包管理工具安装，并能自动解决依赖关系，只有极少软件必须通过源码编译，但这仍然是选择而不是缺失；缺少对硬件设备的驱动支持，实际上 Linux 可支持的硬件相当广泛，而且很多硬件厂商即使不愿意开源，也会提供相关的支持固件，此外由于 Linux 设备独立性的特点，个人计算机系统很多设备无需额外安装驱动就可以直接使用。

事实上，导致用户远离 Linux 的技术原因并不多，主要还是习惯上的原因。并且，在使用 Linux 的时候，面对的将是多种选择的可能。比如网络浏览器，可以选择火狐或 Chrome，也可以选择轻量级的 Midori，甚至在没有图形界面时还可以选择纯字符界面的 w3m；图形界面可以选择功能完备的 GNOME[1]或 KDE（K Desktop Environment）桌面环境，也可以选择轻量

---

1 GNOME 最初是 **GNU N**etwork **O**bject **M**odel **E**nvironment 的缩写，此概念目前已不再使用。

级的 XFCE4，甚至在性能较低的平台上只开启窗口管理器（openbox/flwm），也同样能获得图形界面支持。这在一定程度上反而让用户无所适从。但 Linux 实际上给使用者提供的是机会，而不是困惑。

1.4 Linux 的主要发行版

我们平常所说的 Linux 有两个意思，一是指 Linux 内核，二是指以 Linux 内核为核心外加大量的 GNU 软件构建的一整套操作系统。为了区分，后者常常又以发行版名称来指代。

Linux 内核遵循 GPL 开源版权协议，全世界成千上万的软件开发人员为开源世界贡献了无以计数的应用软件，这些软件足以打造一个功能强大的操作系统。任何人，只要遵守版权协议，无需付费，都可以根据自己的设计方案构建一个完整的操作系统，由此就出现了众多的 Linux 发行版。这种类型的发行版，软件界习惯称 GNU/Linux，它表示基于 Linux 内核的、以 GNU 软件为基础构成的操作系统，以区别于虽是 Linux 内核、但应用层不是（或不主要是）GNU 软件的操作系统，如 Android，或者虽是 GNU 软件，但不是基于 Linux 内核的操作系统，如 GNU/Hurd[1]。

不同的发行版各有风格，但功能差别并不明显。对使用者来说，主要是使用习惯上的差异；而对管理员来说，在服务器和安装包管理软件上会有一些差别。

表 1.1 列出了比较有影响的主流 Linux 发行版、它们的最初发行时间和安装包管理器。

表 1.1 主流 Linux 发行版

发行版	首发时间	影响的发行版	安装包管理器
Slackware	1993.7.17		slackpkg
Debian	1993.9.15	Knoppix、Ubuntu	前端 apt，后台 dpkg
Red Hat	1994.11.3	Fedora、CentOS	rpm
Arch	2002.3.11		pacman
Gentoo	2002.3.31	Chrome OS	portage
Fedora	2003.11.6		前端 yum，后台 rpm
Ubuntu	2004.10	Kubuntu、Mint	前端 apt，后台 dpkg
CentOS	2004.5.14		前端 yum，后台 rpm
openSUSE	2005.10		前端 yast，后台 rpm

1.4.1 Slackware

Slackware Linux 源于 SLS（**S**oftland **L**inux **S**ystem，最早的 Linux 发行版之一）。最初的开发者是帕特里克·福克丁[2]。Slackware 的设计理念是稳定、简洁，它力图成为最像 Unix 的 Linux 发行版。与其他现代 Linux 发行版不同，它极少使用图形界面，并且不提供软件包依赖关系的解决方案，只用纯文本文件和少量的脚本程序来管理系统。它也被认为是资深 Linux 用户的最

---

1 此说法尚存争议。李纳斯本人就不认同，理由是 Linux 不属于 GNU 计划的一部分。
2 帕特里克·福克丁，全名 Patrick John Volkerding （1966.10.20– ），美国软件工程师，1993 年获得明尼苏达州立大学计算机科学学士学位。

佳选择。

Slackware Linux 是尚存的最古老的 Linux 发行版。Slack 一词意为"冷清的、懒惰的"。Slackware 的吉祥物是一个叼着烟斗的企鹅 Tux。帕特里克用这个名字给他的发行版命名，显得沉稳低调。

Slackware Linux 1.00 于 1993 年 7 月 17 日发布，使用 0.99.11 Alpha 版本的内核。Slackware 官方没有公布确定的维护周期。从历史上看，2002 年 6 月到 2007 年 7 月发布的各个版本，直到 2012 年 8 月才停止维护，而 2012 年 9 月发布的 14.0 版，2018 年 9 月仍在维护支持中[1]。

1.4.2　Debian

Debian GNU/Linux 来自 Debian 项目，是一个完全由志愿者开发维护的操作系统。Debian 以其坚守 UNIX 和自由软件的精神，以及给予用户的众多选择而闻名。Debian 最早发布于 1993 年 9 月 15 日（0.01 版），项目名称来自创始人伊安·默多克[2]和女友黛布拉·莉恩（Debra Lynn）二人的名字组合。

Debian 主要由三个分支构成：稳定版（stable）、不稳定版（unstable）和测试版（testing）。Debian 稳定版通常每两年发布一次，自发行后会提供为期约三年的正式支持，期间会不定期提供小版本更新与持续的安全更新以修复发现的重要问题。除了以数字标识版本号以外，每个版本还有一个以电影《玩具总动员》中的角色命名的代号。目前的稳定版本是 Stretch，2017 年 6 月 17 日发布。

自 Debian 6（Squeeze）起，Debian 开始了长期支持计划，在每个稳定版的三年支持期结束后，再由长期支持团队提供额外的两年安全更新支持，但不会发布小版本。故目前的稳定版可以得到总计五年的安全更新支持。

Debian 的不稳定版代号为 Sid，凡是 Debian 要收录的软件都必须首先在这个分支中进行测试，等到足够稳定以后再加入测试版中。当测试版的软件达到一定要求后，会进入下一个稳定版。

Debian 以其稳定性而著称，很多服务器都使用 Debian 作为其操作系统。著名的 Ubuntu Linux 就是在 Debian 的基础上发展而来的，因此 Ubuntu 有很多方面与 Debian 非常相似。也正由于 Debian 对稳定性的苛求，导致其更新周期过长，使其硬件支持远远落后于计算机硬件的发展。对 Debian 的批评也主要集中在这一方面。

1.4.3　Red Hat 及其衍生版

1. Red Hat

Red Hat Linux 属于最早的 Linux 发行版之一，由红帽公司发行，第一个正式版本 Red Hat Linux 1.0 于 1995 年 5 月 13 日发布。它的作者，也是红帽公司的创始人之一马克·爱温[3]，在大学期间就是计算机高手，常戴一顶他祖父送的红色曲棍球帽，发行版也由此得名。

以 Red Hat Linux 为基础派生的 Linux 发行版有 Mandrake Linux（原为包含 KDE 的 Red Hat Linux）和 Yellow Dog Linux（开始时为支持 PowerPC 的 Red Hat Linux）等。在 2003 年发布

1　本章所提到的 Linux 发行版的技术支持，不包括由商业公司提供的付费服务。
2　Ian Murdock（1973.4.28–2015.12.28），生于德国康斯坦茨。美国软件工程师，1996 年普渡大学计算机科学学士。
3　Marc Ewing（1969.5.9– ），红帽公司创始人之一，1992 年毕业于卡内基-梅隆大学。

到 Red Hat 9 之后，红帽公司不再开发桌面版的 Linux，而将全部精力集中到服务器版 RHEL（**Red Hat Enterprise Linux**）的开发上。原来的桌面版发行任务则交由一个社区性质的 Fedora 项目接手（该项目仍由红帽公司支持）。

2. Fedora

Fedora 是一套功能完备、更新快速的 Linux 发行版，大约每六个月发布一个新的版本。每个版本的维护时间持续到后两个版本发布后的次月，也就是至少 13 个月。Fedora 以其创新性而著称。对它的赞助者红帽公司而言，它是许多新技术的测试平台，被认为可用的技术最终会加入到 RHEL 中。

截止到 2016 年 2 月，Fedora 的用户大约有 120 万，其中就包括李纳斯。

Fedora 在版本 7 之前有两个分支：Fedora Core 和 Fedora Extras。Fedora Core 仅包含操作系统需要的软件包，由红帽开发团队维护，因此历史上也把 Fedora 发行版叫作 Fedora Core，或简写作 FC。Fedora Extras 包含由社区维护的软件包，但这些软件包不在发布光盘里提供。从版本 7 开始，二者不再有差别。

从第 21 版开始（2014 年 12 月 9 日），Fedora 同时发布三个版本：工作站版本专注于个人计算机，服务器版本专为服务器设计，原子（Atomic）版本则面向云计算服务器。

Fedora 原是一种圆边帽的名字，形状与 Red Hat logo 的帽子相似。

3. CentOS

CentOS（**C**ommunity **ent**erprise **O**perating **S**ystem）来自 RHEL，依照开放源代码规定发布的源代码编译而成。由于出自同样的源代码，一些要求稳定性的服务器会用 CentOS 替代商业版的 RHEL。CentOS 中不包含闭源软件。

CentOS 大约每两年发布一个新的大版本，每半年左右发布一次小版本的更新。CentOS 5、CentOS 6、CentOS 7 提供长达十年的软件维护，如此长期的技术支持在操作系统中是不多见的。

1.4.4　Gentoo

Gentoo Linux 最初由丹尼尔·罗宾斯[1]创建，它的前身是 Enoch Linux[2]。2002 年 3 月 31 日发布 1.0 版时，更名为 Gentoo。Gentoo 被认为是游得最快的一种企鹅，据说时速可达 36km，差不多相当于田径运动员的百米速度。发行版取名 Gentoo，寓意其极具发挥计算机最高性能的潜力。模块化、可移植、易于维护以及灵活性是 Gentoo 的安装包的特色。同其他发行版二进制软件包的提供方式不同，Gentoo 的几乎所有软件都可以根据用户的偏好和优化需求在本地编译，甚至包括最基本的系统库和编译器本身，无法提供源代码的软件也可以通过二进制包安装。一些大型软件，如办公软件 LibreOffice、火狐浏览器 Firefox，因为编译太过耗时，也直接提供二进制包。

由于软件安装方法的显著差异，Gentoo Linux 社区对安装内容的探讨相当深入。Gentoo Linux 让用户自行设置和编译软件包的特性，使得该操作系统具有高度可塑性，同时也要求用户对 Linux 系统和计算机的运行机制有相当深入的了解。Gentoo 是适合那种"喜欢折腾的人"使用的发行版。

1　Dainel Robbins，生于加拿大蒙特利尔。美国计算机程序员，Gentoo 基金会创始人。
2　Enoch Linux 0.75 版发布于 1999 年 12 月。

Gentoo 的一个重要分支是 Chrome OS——由谷歌公司开发的基于 Linux 内核的操作系统，主要运行在谷歌发布的笔记本和平板电脑 Chromebook 上。

1.4.5　SUSE/openSUSE

SuSE 原是一家德国企业，成立于 1992 年，最初的名称来自其德语公司名称 Gesellschaft für Software **u**nd **S**ystem **E**ntwicklung mbH（软件和系统开发有限公司）中间四个核心单词的首字母缩写。后来公司改名为 SUSE，至此，"SUSE" 成为一个独立的词，而不再是首字母缩写。

1994 年，商业版的 SuSE Linux 1.0 发布，这也使 SUSE 成为最早将 Linux 市场化的公司。

2001 年，开始发行 SUSE 企业服务器版 Linux 和企业桌面版 Linux。同桌面版相比，服务器版的软件更为精简，需要接受更高强度的可靠性测试。服务器版的支持周期一般在五年以上。

2003 年，SUSE 转手给 Novell 公司。2005 年，Novell 启动了 openSUSE 项目，开发免费的 openSUSE 发行版。

1.4.6　Ubuntu

Ubuntu 出自南非企业家马克·里查德·沙特尔沃斯[1]创建的 Canonical 公司。Ubuntu 主要面向以桌面应用为主的 Linux 发行版，源于 Debian，因此很多特征与 Debian 非常相似。除了向用户提供免费的 Linux 安装光盘和下载资源以外，该公司还同时提供面向 Ubuntu 用户的 Linux 商业支持。发行版名称 Ubuntu 源于非洲南部某个部落的一种传统价值观，大致意思是"我之为我，乃因人之为人"。[2]Ubuntu 倡导开源软件的开发原则，鼓励人们使用自由软件，支持对自由软件的研究和改进。它强调易用性和国际化，从 5.04 版就开始以 Unicode 作为系统的默认编码，试图给用户提供一个无乱码的平台。Canonical 公司曾经向世界各地的用户免费寄送安装光盘[3]。

Ubunbu 的版本编号由年份和月份构成，每年 4 月和 10 月各发布一个新的版本（到目前为止，只有 2006 年上半年的发行版 6.06 LTS 在 6 月发布），每两年发布一个长期支持版本。长期支持版本用后缀 LTS（**L**ong **T**erm **S**upport）加以标识。第一个 Ubuntu 的发行版 Ubuntu 4.10 于 2004 年 10 月发布。Ubuntu 最初发行时，桌面版的长期支持版本可以获得 3 年的技术支持，服务器版则有 5 年的技术支持。从 2014 年 4 月起，桌面和服务器版的长期支持版本均可获得为期 5 年的技术支持。2018 年 11 月，在柏林举办的 OpenStack[4]峰会上，沙特尔沃斯宣布将 Ubuntu 18.04 LTS 的维护期延长到 10 年。

除了用数字标识版本外，每个版本还有一个代号，代号是用形容词修饰的动物，所取形容词和动物名称的首字母相同。从 6.06 版开始，发行代号按字母顺序编排。如 16.04 LTS（Xenial Xerus，好客的非洲地松鼠）、16.10（Yakkety Yak，唠叨的牦牛）、17.04（Zesty Zapus，热情的美洲林跳鼠）。17.10 版重新从字母 A 开始下一轮命名，其代号是 Artful Aardvark（灵巧的土豚），18.04 LTS 的代号是 Bionic Beaver（仿生学水獭）。

1　Mark Richard Shuttleworth（1973.9.18–　），生于南非威尔考姆（Welkom），开普顿大学商学学士，2002 年 4 月乘坐俄国载人航天器进入国际空间站，成为第一个非洲太空人。2004 年 3 月创立 Canonical 公司。南非、英国双重国籍。

2　I am what I am because of who we all are.

3　免费邮寄服务最终于 2011 年停止。

4　OpenStack 为云计算开源软件平台。项目最初由云计算机公司 Rackspace Hosting 和美国宇航局 NASA 于 2010 年联合发起。2016 年开始由一个非盈利机构 OpenStack 基金会负责管理。目前，有超过 500 家企业参与该项目，Canonical 是最早加入 OpenStack 的企业之一。

除了标准的发行版外，Ubuntu 还针对不同用户群的需求，提供一些派生版本。派生版使用与标准版相同的软件仓库，意味着它们之间的差别仅是软件包的取舍问题。以下是一些比较常见的派生版本。

- Kubuntu：采用 KDE 作为默认的桌面环境，以满足偏爱 KDE 的 Linux 用户。而标准版使用的是基于 GTK+的桌面环境（GNOME 或 Unity）。
- Edubuntu：为教育者量身定制，预装了很多教育软件，可以帮助教师方便地搭建网络学习环境、管理电子教室。采用 Unity 界面。
- Xubuntu：使用 XFCE4 作为默认的桌面环境的轻量级发行版。
- Lubuntu：使用 LXDE 桌面环境的轻量级发行版。
- Ubuntu Kylin（麒麟 Ubuntu）：为中国用户定制的 Ubuntu，默认设置为简体中文环境。
- Ubuntu MATE：针对低性能计算机的 Ubuntu 发布版，包括树莓派、Beagle Board 应用，使用 MATE 定制的桌面环境。

1.5 小结

本章回顾了 Linux 操作系统的发展历程。Linux 是遵循开源版权协议的类 UNIX 操作系统，以其优良的性能在大型计算机、服务器和移动设备上得到了广泛的应用。Linux 拥有众多的发行版，各发行版都有丰富的应用软件支持，为使用者提供了广泛的选择空间。

1.6 本章练习

1. 现代桌面操作系统有哪些主要特点？
2. 作为服务器的操作系统，与桌面操作系统有哪些主要区别？
3. 在你看来，哪些特性是操作系统应该具备的？
4. 自由软件比商业软件质量更高还是商业软件比自由软件质量更高？给出你的评判依据。
5. 同一操作系统的不同发行版之间的区别是什么？（考虑在 Ubuntu 系统上将软件仓库源改到 Debian 更新后的情况。）

02

chapter

计算机基本结构介绍

　　一个完整的计算机系统由软件和硬件两部分共同组成。CPU 是计算机系统中最重要的核心硬件，它涵盖冯·诺依曼计算机体系中的运算器和控制器部分；存储器是另一个重要的硬件组成部分。操作系统内核则是软件的核心。Linux 操作系统是一种应用广泛的类 UNIX 操作系统，其核心属于单内核结构，它提供一种硬件抽象的方法，应用软件可以通过内核的系统功能调用实现对硬件的控制。

　　本章从硬件、软件两方面简要介绍计算机系统的基本组成。

冯·诺伊曼架构是计算机的基础，该思想由美国科学家冯·诺依曼[1]于 1945 年提出（冯·诺伊曼于 1945 年 6 月 30 日撰写了一份报告书 *First Draft of a Report on the EDVAC*），又称为存储程序架构。在冯·诺伊曼架构中，计算机以存储器为中心，包括运算器、控制器、输入设备和输出设备共五部分。计算机按存储程序原理工作，程序预先保存在存储器中，由控制器依次从中取出指令并执行。存储程序原理奠定了计算机体系结构的基础，至今仍极大地影响着计算机体系结构的设计。

现代计算机系统由中央处理器（Central Processing Unit，CPU）、存储器、I/O 接口、外部设备及总线构成。更进一步地划分，存储器还包含内存和硬盘这类外存，外部设备更是千变万化，从常用的键盘、鼠标、显示器、打印机，到不太常用的虚拟现实设备（Virtual Reality，VR）、手柄等。一个完整的计算机系统，除了要有上述硬件设备以外，还要包含计算机软件。图 2.1 是计算机系统硬件基本组成框图。

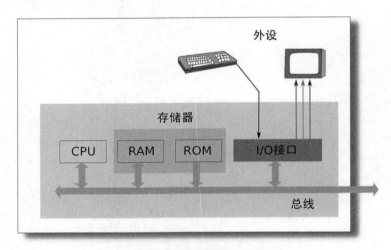

图 2.1　计算机系统硬件基本组成框图

2.1.1　计算机的信息表示方法

现代电子计算机以二进制为基础。无论是指令还是数字，以及其他所有信息，在计算机中都以高、低两种电平的形式存在。习惯上我们用 0 表示低电平、1 表示高电平[2]，书写出来的就是一系列的二进制数。

由于一长串的 0、1 序列不便于阅读，人们又将二进制串从最低位开始，以三位或四位为一组，每组用 1 个符号表示，由此便形成了八进制数或十六进制数。十六进制中借用了英文字母 A ～ F 来表示超过 9 的数字。如果是二进制小数（定点数），则分组的起点是小数点。

1　冯·诺依曼，全名 John von Neumann（1903.12.28–1957.2.8），生于匈牙利布达佩斯，美国籍犹太数学家，现代电子计算机与博弈论的重要创始人。
2　这种表示方法称为正逻辑。原则上说，用 0 表示高电平、1 表示低电平也是可以的，这种表示方法称为负逻辑。

1. 数值表示

在计算机中表示整数时，有符号数习惯用补码方式表示，因为在做加减运算时，补码的符号位可以直接参与运算。小数则有两种表示方法。

（1）定点数表示法。在整数表示法的基础上，人为确定小数点的位置。例如，当使用 8 位二进制数值表示时，将最后两位作为小数，则 0001 1011 表示 6.75，1111 0010 表示-3.5。整数可视为定点小数的一个特例，小数点在最低位之后。定点表示法的优点是适用性好，运算效率高。通常两个定点数进行加减运算，只要小数点对齐，在绝大多数处理器中都只需要一条指令。但定点数的表示范围小，1 个 32 位的无符号定点数只能表示大小相差 9 个数量级的数值。

（2）浮点数表示法。顾名思义，这是一种浮动小数点的方式，即用一部分二进制信息表示小数点的位置，另一部分二进制信息表示数值量。例如，可以将 6.75 写成二进制 $0.11011×2^3$（或者 $0.011011×2^4$），用高 4 位表示指数（3 或者 4），低 8 位表示尾数 11011，这个 12 位的浮点数可以写成 0011 0110 1100 或者 0100 0011 0110（也可以有其他的表示方式，取决于指数和尾数选取的码制），前者为规格化的，其尾数部分的绝对值介于 0.5 到 1 之间，后者则是非规格化的。规格化浮点数可以充分利用尾数的精度。

计算机系统中普遍采用 IEEE-754/854 的标准化浮点表示方案，它采用 32 位（单精度）或 64 位（双精度）表示一个浮点数。单精度格式中，用 1 位表示符号（0 为正、1 为负）、8 位表示指数、23 位表示尾数。例如，数字-12.5 可以写成 $-1×2^3×1.1001$（二进制）。为避免指数出现负数，标准规定将指数加上偏移值 127；另外，尾数部分的小数点前面的 1 也被省去，以增加一个有效位。因此，该数字的浮点格式表示为 1 10000010 10010000000000000000000。单精度浮点数的指数范围为±127，可以表示$±10^{±38}$范围内的数值[1]。双精度的指数为 11 位，数值表示范围更大。

浮点表示法大大延伸了数值范围，但也给实际应用带来了麻烦。进行浮点运算时，需要将指数、尾数分解后再作运算，运算完成后还要将结果按规定格式重新组合。在没有硬浮点处理能力的计算机上，浮点运算需要通过函数调用来实现，一次浮点加减运算通常相当于执行几十条定点指令。

2. 文字信息

计算机处理的信息除了数值信息以外，还有大量的文字、图像、音视频等非数值信息，这些非数值信息在计算机中也是以二进制形式表示的。美国标准信息交换编码（American Standard Coding for Information Interchange，ASCII 码）是一种最常用的文字编码，它使用 7 位二进制数对数字、标点符号、英文字符等一些常用的计算机符号进行编码。

ASCII 码不仅是美国标准，事实上也成为各国表示英文字符和计算机符号的标准。但是欧美国家语言使用的字符毕竟十分有限，大多数国家的文字符号无法与 ASCII 兼容。20 世纪 80 年代，Unicode Consortium 和 ISO 两个组织差不多同时开始了国际文字信息标准的制定工作。目前两套标准的发展是一致的，习惯上称为 Unicode，在 ISO 对应的是 ISO/IEC10464。

Unicode 仅规定了一个字符和一串二进制序列的对应关系，并没有规定这个二进制序列在计算机中的存储格式。实现存储格式的方案可以有很多种，目前使用最多的是 UTF-8（Unicode Transformation Format，8-bit），即将 Unicode 的二进制序列拆分到若干个 8 位的字节中。具体实现方法如下，参见图 2.2。

（1）第一个字节最高位如果是 0，则是一个单字节符号，它对应 ASCII 码。

（2）第一个字节最高位如果不是 0，高位连续 1 的个数表示该符号的字节数，第一个 0 之

---

[1] 指数范围决定了小数点前后移动的最大范围。当指数为 0 时，尾数部分允许非规格化，因此最小非零绝对值是 2^{-150}。

后的剩余位用于填充编码数据。

汉(Unicode: 6C49)　　0110 1100 0100 1001

(UTF-8: E6 B1 89)　　11100110 10110001 10001001

图 2.2　UTF-8 编码示例

（3）从第二个字节开始，每个字节以"10"起头，剩下的 6 位用于填充编码数据。

（4）将 Unicode 二进制序列从最后一个字节开始由低位到高位填充。

UTF-8 表示方法的一个好处是它完全兼容 ASCII，另一个好处是不存在字节顺序问题。其他还有 UTF-16 和 UTF-32 方案，由于减少了编码位，它们用于存储非拼音文字信息时可以占用较少的空间。

2.1.2　CPU

CPU 是计算机系统的心脏，它负责解释指令、处理数据。典型的 CPU 内部包含算术逻辑单元、控制器、寄存器组、指令译码器等部件。图 2.3 是 CPU 内部逻辑结构图。

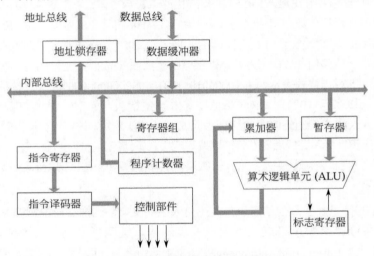

图 2.3　简化的 CPU 内部逻辑结构

CPU 在执行一条指令时，典型的工作流程可分为取指、译码、执行和回写四个动作。

（1）取指。CPU 根据程序计数器（Program Counter，PC，一个特殊的寄存器，又叫指令指针寄存器）产生地址信息，并生成地址总线信号，从该地址指向的存储器中读取一条指令，控制部件将取得的指令送往译码单元。

（2）译码。在这个阶段，指令被拆解为有意义的片段，其中一部分是操作码，表示要进行何种运算，另一部分是操作数，作为参与运算的数值。数值可能来自指令指定的寄存器、存储器，或者就在指令本身。操作码送往控制器产生各种控制信号，操作数送往运算单元，进入下一个阶段。

（3）执行。在这个阶段，运算单元在控制信号的作用下产生相应的动作，产生对应的输出。例如，要完成一个加法运算，运算器的加法部件输出计算结果，同时将运算的副产品送往另一个特殊的寄存器——标志寄存器。标志寄存器会记录下这个运算是否产生了溢出、是否产生了进位、运算结果是正数还是负数，等等。并非所有的指令都需要通过运算单元，如处理器控制类、分支转移类指令就不会通过运算单元，存储器读写指令也不会通过运算单元。

（4）回写。有运算结果的指令，在这个阶段将上一步的结果回写到寄存器或者存储器。一些指令不需要直接运算结果，只需要获得标志寄存器的状态（如比较指令）来控制将来程序的走向。

每条指令执行完成后，程序计数器会自动调整指针，以便CPU取得下一条指令，重复上面的过程。调整方式可能是根据指令的长度变化（例如Arm处理器每条指令固定4个字节，而X86指令长度从1个字节到8个字节不等），也可能是由指令本身载入新的程序计数器值，如分支转移指令。

指令集架构（Instruction Set Architecture，ISA）是处理器的工作基础，较为著名的指令集有X86、Arm、MIPS等。个人计算机系统（Intel处理器或AMD处理器）采用X86指令集，Arm指令集则常见于各种Arm架构或Cortex架构的处理器。Arm指令集历经发展，出现了若干版本，版本之间略有差别。同架构指令集中，通常高版本兼容低版本；在不同架构之间，则完全没有兼容性。图2.4是Armv5 32位的指令集简表。RISC（Reduced Instruction Set Computer，精简指令集计算机，Arm中的字母"r"即表示RISC）处理器的一个重要特征就是指令结构简单整齐，指令长度一致。

指令类型	31 30	29 28 27 26 25 24 23 22 21 20	19 18 17 16	15 14 13 12	11 10 9 8 7 6 5 4 3 2 1 0
数值计算	cond	0 0 I opcode S	Rn	Rd	operand 2
乘法运算	cond	0 0 0 0 0 0 A S	Rd	Rn	Rs 1 0 0 1 Rm
长乘运算	cond	0 0 0 0 1 U A S	RdHi	RdLo	Rs 1 0 0 1 Rm
数据交换	cond	0 0 0 1 0 B 0 0	Rn	Rd	0 0 0 0 1 0 0 1 Rm
数据传输	cond	0 1 I P U B W L	Rn	Rd	offset
未定义	cond	0 1 1 ——————			1 ——————
块传输	cond	1 0 0 P U S W L	Rn		Register List
跳转	cond	1 0 1 L	offset		
(C) 数据传输	cond	1 1 0 P U N W L	Rn	CRd	cp_num offset
(C) 数值运算	cond	1 1 1 0 CP opc	CRn	CRd	cp_num CP 0 CRm
(C) 寄存器传输	cond	1 1 1 0 CP opc L	CRn	Rd	cp_num CP 1 CRm
软中断	cond	1 1 1 1	software interrupt number		

A　Accumulate: 乘法累加

B　Byte/Word: 字节或字传输

C　协处理器指令

I　Immediate (立即数操作数)

L　Link (连接位): 跳转指令中用R14保存PC

L　Load/Store：数据传输指令中表示传输方向

N　(协处理器) 传输长度

P　Pre/Post: 地址增量方式 (先/后)

S　Set condition code (改变条件码)

W　Write-back: 回写

U　Unsigned: 无符号数 (数值运算指令中)

U　Up/Down: 基址偏移方向 (数据传输指令中)

图2.4　Arm指令一览

图 2.5 以数值运算指令为例说明 Arm 指令格式的结构。Arm 的每条指令都带有条件执行码，根据标志位的状态（零标志、进位标志、符号位标志、溢出标志等）决定是否执行指令。Arm 共有 37 个寄存器，数值运算指令中可以使用其中的 16 个，分别标以 R0～R15，在指令中由 4 位二进制编码指定。其中，R15 承担程序计数器（PC）的功能。

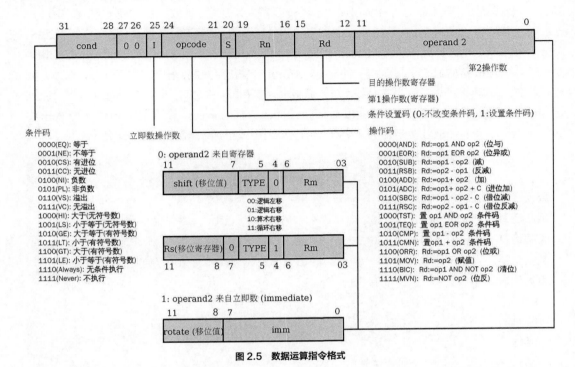

图 2.5　数据运算指令格式

Arm 的每条指令都包含了条件码，这使得条件判断指令得以简化，例如要完成下面的运算：

```
if  (R3 == 0)
R3 = R2 +  (R4 >> 3) ;
```

对应 Arm 的两条指令：

地址	指令码	助记符		
1008:	e3530000	CMP	R3, #0	
100c:	008331c4	ADDEQ	R3, R2, R4, ASR #3	

作为对比，可以看一下 X86 完成相同的功能，代码是什么样子的（假设寄存器 R2 对应 ebx，R3 对应 ecx，R4 对应 edx）：

地址	指令码	助记符	
608:	85 c9	test %ecx,%ecx	
60a:	75 0a	jnz 616	
60c:	66 89 d9	mov %ebx,%ecx	
60f:	66 c1 fa 03	sar $3,%edx	

```
613:        66 01 d1        add %edx , %ecx
616:        ......
```

在取指令阶段，CPU 依次从程序存储器中取得 e3530000 和 008331c4 这样的指令码；指令译码器的任务就是根据指令集的设计，将指令码拆解为执行条件、寄存器操作数、运算规则等单元，产生相应的控制信号，将操作数送往运算单元；在执行阶段，运算单元在控制信号的作用下完成运算，最后将运算结果回送到寄存器/标志寄存器，程序计数器加 4，准备获取下一条指令。

在以上各个阶段的处理过程中，各部件的工作都是相对独立的。为了提高工作效率，现代处理器会采用流水线作业方式：当第一条指令进入译码阶段后，取指令单元同时获取下一条指令，如图 2.6 所示。

指令节拍	1	2	3	4	5	6	7
LD	取指	译码	执行	回写			
LD		取指	译码	执行	回写		
CMP			取指	译码	执行	回写	
ADDEQ				取指	译码	执行	回写

图 2.6   4 级流水线作业方式

以上每个步骤都在一定的节拍控制下工作。提供给 CPU 的时钟起到的就是节拍作用。并非每一个步骤都是一个节拍，也并非每一种处理器都严格按照四个步骤设计。将指令执行过程分解得足够细以后，每个操作单元可以设计得很简单，甚至简单到只需要一个时钟周期就可以完成。简单的电路结构也有助于提高处理器的工作频率。从宏观上看，只要流水线不阻塞、不被破坏，每个时钟脉冲下都有一条指令进流水线、一条指令出流水线。这种情况下，评估处理器运算性能的指标之一 MIPS（Millions of Instructions per Second，每秒执行几百万条指令）就可以直接以时钟频率来衡量。[1]

2.1.3   存储器

存储器是计算机系统中存储数据和程序的设备。根据存储器与 CPU 之间的连接方式，可分为内部存储器（内存）和外部存储器（外存）。

1. 内存

内存是能被 CPU 直接寻址的部分，通常由半导体器件构成。根据读写特性，又分为只读存储器（Read-Only Memory，ROM）和随机存储器（Random Access Memory，RAM）。只读存储器并非真的只能读出不能写入、现代计算机系统中的大多数只读存储器都是可以改写的，只是在写入只读存储器时需要特定的程序步骤，有时还需要提供特定的电压。目前只读存储器是指在掉电后不会丢失存储信息的这类设备。具备这一特性的存储器又称为非易失性（Non-volatile）存储器。随机存储器也不是真的将数据随机地存储在设备中，而是允许处理器对任意地址直接进行存取操作，不需要像磁带机那样按顺序存取数据。这类存储器又称为易失性（Volatile）存储器。

---

1   在不同架构之间，使用 MIPS 指标评估处理器性能不尽合理。

在随机存储器中，利用晶体管不同的特性和构造，又形成了静态随机存储器（Static **RAM**，SRAM）和动态随机存储器（Dynamic **RAM**，DRAM）两类。图 2.7 是由 6 个互补型金属氧化物半导体（Complementary Metal–Oxide–Semiconductor，CMOS）场效应晶体管构成的 1bit 静态随机存储单元。图中 $VT1$、$VT2$ 和 $VT3$、$VT4$ 构成两个交叉耦合的反相器，位信息就保存在这两个反相器中（Q 或者 $\overline{Q}$），另两个晶体管 $VT5$ 和 $VT6$ 用于控制读写开关。

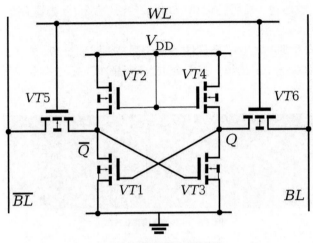

图 2.7　SRAM 基本存储单元

（1）读。设当前存储值为 1（$Q = 1$）。读周期开始时，两条位线（BL）预置高电平 1。当字线（WL）产生高电平时，$VT5$、$VT6$ 处于导通状态，由于 Q 与 BL 逻辑值相同，BL 保持不变；$\overline{Q}$ 与 $\overline{BL}$ 逻辑值不同，$\overline{BL}$ 经 VT1 放电变为逻辑 0。若当前存储值为 0，仿照上述分析过程，从 BL 获得输出结果。

（2）写。将待写入的状态加到位线（写入 1 时，$BL = 1$，$\overline{BL} = 0$），字线加载高电平，位线状态被存入该单元。

动态存储器利用晶体管结电容效应进行信息存储，理论上 1bit 信息只需要 1～2 个晶体管（见图 2.8）即可存储，因此集成度更高，比 SRAM 价格低很多。但由于电容集结的电荷会随时间逐渐放掉，信息不能长时间保存。解决的办法是利用一个专门的电路定期对其读一遍，给带电荷的单元充电，这一过程称作刷新。动态一词即由此而来。

动态存储器的另一个结构特点是行列地址线时分复用，通过行地址选择信号和列地址选择信号分两次将地址信息送入存储器芯片，两组地址信号在片内重新组合成完整的地址信息。

2. 外存

CPU 访问外部存储器时，需要通过 I/O 总线。外存并不限于半导体存储设备，硬盘、光盘乃至更早期的磁带，这些存储设备均属于外部存储器，亦称为非易失性存储器。它们的特点是容量大，单位成本低，但是读写速度低，通常用于构成计算机的文件系统。

3. 存储器层次结构

计算机系统中的存储设备性能差异很大。速度越快的存储器，价格越高。为了解决存储容量和价格之间的矛盾，形成了计算机系统的存储器层次结构。

（1）寄存器：与 CPU 工作速度一致，可以实现最快的访问。通常一个 CPU 内部有十几个到几十个寄存器。Arm 处理器中有 37 个 32 位的寄存器。

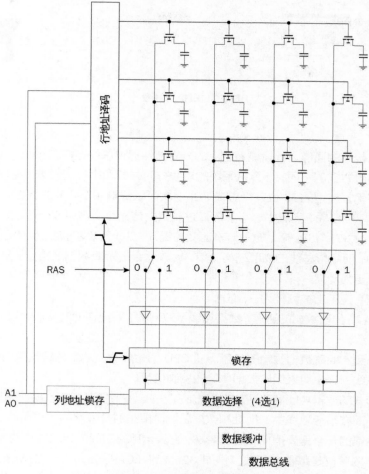

图 2.8　4×4bit DRAM 存储矩阵

（2）高速缓存：由 SRAM 构成，与 CPU 工作速度相当。有些系统还会构建多级高速缓存。

（3）主存：由 DRAM 构成，速度比 SRAM 慢很多，但单位价格也低很多。计算机系统中通过高速缓存机制，将主存与高速缓存进行映射，让 CPU 在访问存储器时，尽可能多地在静态存储器中操作。

（4）辅助存储器：容量大、价格低，主要以外存的形式出现。在计算机存储器管理中作为虚拟地址空间与主存交换信息。

2.1.4　I/O 接口与外设

计算机系统的外部设备种类繁多，特性不一。CPU 的设计并不能保证兼容所有的外设，因此也就很难和外设直接交互，需要通过 I/O 接口作为桥梁。不同的设备需要不同的接口与 CPU 匹配。从 CPU 一方看来，I/O 接口有数据通道、地址连接线以及其他控制信号通道，和存储器的接口是完全一样的，操作方式也基本一致，外设的差异性就此被掩盖，如图 2.9 所示。

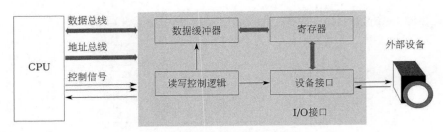

图 2.9　I/O 接口与外设

2.1.5　总线

　　总线是信息传递的通道，计算机系统上的分立部件通过总线连接在一起。

　　根据数据传输方式的不同，计算机系统的总线分为并行和串行两大类。在并行总线上，数据以字为单位传输。典型的 32 位并行总线 PCI 一次可以传输 4 个字节的数据。而在串行总线上，数据以位为单位传输，完成 1 个字节的二进制数据传输至少需要 8 个节拍。一些典型的串行总线包括 RS-232C、USB 等。随着传输速度的提升，并行总线的速度优势已开始受到数据同步问题的制约。而串行总线的物理结构简单，比较适合远距离数据通信，特别是在高速数据传输中，其优势更为明显。

　　总线的功能在逻辑上被划分为三部分。

　　（1）数据总线：传输数据的通道。数据总线是双向的，既允许 CPU 读入数据，也允许 CPU 写出数据。

　　（2）地址总线：明确数据传输的位置。从 CPU 的角度看，地址总线是单向输出信号。

　　（3）控制总线：产生用来保证数据传输的控制信号。

　　不同总线形式的逻辑功能有不同的实现方法。在典型的并行总线上，这三组总线在物理上是完全独立的，而在串行总线中，地址和数据总线可能是时分复用的，也可能是协议实现的。

　　衡量总线性能的一个重要指标是总线带宽，它表示单位时间内传输数据的能力。对于并行总线，总线带宽的单位是每秒字节数。例如 32 位的 PCI 总线，时钟 33MHz，总线带宽是 132MB/s。而对于串行总线，总线带宽的单位是每秒比特位，如 USB3.0 的性能是 5Gbit/s。

2.2　操作系统基础

　　操作系统是管理计算机硬件与软件资源的核心软件，它需要处理如何为每个任务分配 CPU 的资源、如何管理与配置存储器、如何调动系统的输入输出设备等基本事务。在一些场合，操作系统还需要提供一个允许用户与系统核心交互的接口。

　　操作系统的分类没有一个单一的标准，根据工作方式可以分为批处理操作系统、分时操作系统、实时操作系统、网络操作系统和分布式操作系统等；根据核心的布局可以分为单内核（monolithic kernel 又译巨内核、宏内核）操作系统、微内核（micro-kernel）操作系统等；根据运行的环境可以分为桌面操作系统、嵌入式操作系统等；根据指令架构又可以分为 16 位、32 位、64 位操作系统。

　　操作系统的类型多种多样，跟硬件的关系非常密切。不同计算机安装的操作系统差别很大，从简单的单片机、便携式移动设备的嵌入式操作系统到超级计算机的大型操作系统。各种应用场合对操作系统涵盖的内容也不尽相同，有的操作系统包括完整的图形界面应用，有的则仅使用命令行操作界面，甚至没有人机交互界面。大量的嵌入式应用则注重系统特定任务的时间响应特性，通常会采用实时操作系统。而作为通用计算机的操作系统更关心系统的总体性能，普遍采用分时操作系统。

虽然 Linux 操作系统有实时 Linux 的分支，但作为桌面系统使用的 Linux 内核仍属于分时操作系统。从内核布局看，Linux 属于单内核系统，整个内核程序是一个二进制可执行文件，运行在内核空间。在 Linux 操作系统内核中，将功能模块划分成进程管理、存储管理、文件系统、设备驱动和网络连接五大块，它们通过系统调用为用户空间提供访问接口。系统调用（又称系统功能调用）是一类特殊的函数，与普通函数最大的区别在于，它们在内核空间运行，而普通函数在用户空间运行。图 2.10 是简化的 Linux 内核功能模块示意图。

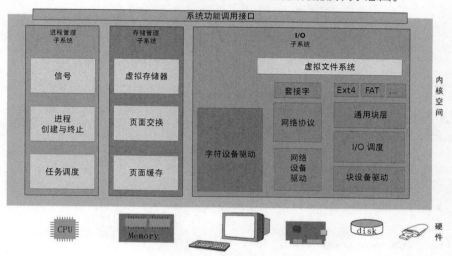

图 2.10　简化的 Linux 内核功能模块

2.2.1　进程管理

Linux 是一个多任务操作系统，进程则是内核管理任务的单元。每个进程具有独立的权限与任务，运行在各自的虚拟地址空间。某个进程崩溃，通常不会影响到其他进程。

1. 进程创建

进程在生命期内将使用系统中的资源：使用物理存储器存放指令和数据，利用 CPU 来执行指令，通过文件系统读写文件，以及其他物理设备。Linux 内核必须跟踪每个进程及它们的资源使用情况，以便在进程间合理地分配资源。内核将每个进程用一个 task_struct 数据结构来表示，数组 task 包含指向系统中所有 task_struct 结构的指针。新进程创建时，Linux 将从系统内存中分配一个 task_struct 结构并将其加入 task 数组，为新进程分配一个 ID（进程号），将父进程的资源复制给子进程。如图 2.11 所示。进程号是用户空间识别进程的重要标志。除初始化进程（1 号进程 init）外，所有进程都有一个父进程。父进程先于子进程结束时，由 1 号进程接管作为父进程。每个进程对应的 task_struct 结构中包含有指向其父进程、兄弟进程以及子进程的指针。所有进程通过一个双向链表连接，这个链表被 Linux 核心用来寻找系统中所有进程。

Linux 通过系统调用 fork()或 clone()创建一个新的进程。fork()创建进程成功时，有两个（或两次）返回值，正的返回值就是新创建进程的 ID，在父进程空间；返回值为 0 则位于子进程空间。在清单 2.1 中，父进程创建了 3 个子进程，每个进程存活 3 秒。在此期间，在另一个终端使用命令 ps 可以看到 4 个名为 myproc、具有不同进程号的程序名。

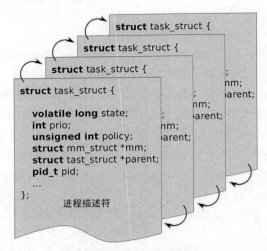

图 2.11 Linux 任务列表

清单 2.1 myproc.c 使用系统调用 fork()创建进程

```c
1    # include <stdio.h>
2    # include <stdlib.h>
3    # include <unistd.h>
4
5    int main (int argc, char * argv [])
6    {
7      int i, n;
8      pid_t pid ;
9
10    for (i = 0; i < 3; i ++) {
11       pid = fork () ;
12       if (pid == 0) {                /* 子进程  */
13          fprintf (stderr, " This is PID %d\n", getpid () ) ;
14          for (n = 0; n < 5; n ++) {
15             fprintf (stderr, "%d ", n) ;
16             sleep (1) ;
17          }
18          exit (0) ;
19       } else {                       /* 父进程  */
20          fprintf (stderr, " Child process %d created .\ n", pid) ;
21       }
22    }
23    return EXIT_SUCCESS ;
24  }
```

进程一旦被创建，就由操作系统内核调度，父进程无法再与子进程简单地同步。

2．进程状态

进程描述符中的 state 字段表示进程的当前状态。系统中的每个进程均为下列进程状态之一。

- 运行状态（TASK_RUNNING）：进程正在运行，或在运行队列中将要运行。
- 可中断睡眠状态（TASK_INTERRUPTIBLE）：进程被阻塞，处于睡眠状态。当条件具备后，内核会将其状态重新设为 TASK_RUNNING，将其唤醒，此外也可以被信号唤醒。
- 不可中断睡眠状态（TASK_UNINTERRUPTIBLE）：除了不能被信号唤醒以外，它和可中断睡眠状态一样。
- 僵尸状态（TASK_ZOMBIE）：进程已经结束，但其父进程没有调用 wait()，进程描述符仍保留在内核中。
- 停止状态（TASK_STOP）：顾名思义，进程已停止，不再运行。它通常是收到 SIGSTOP、SIGTSTP 信号，处于被调试状态。

图 2.12 说明了进程的状态及它们之间的转换关系。

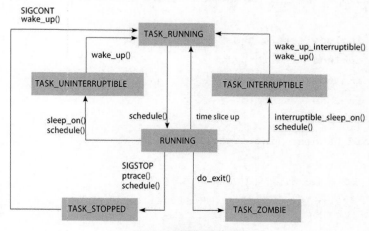

图 2.12　进程状态间的转换

3．进程调度

CPU 是系统中最重要也是最稀缺的资源，所有进程都需要 CPU 才能运行。如果进程数多于 CPU 的数量，一些进程必须要等待到 CPU 空闲时才能获得 CPU 的资源。内核为每个进程分配了一定的 CPU 时间片（几毫秒到几十毫秒）。当这个时间用完之后，内核将当前进程的状态、使用的寄存器以及其他上下文状态保存到 task_struct 结构中，切换到下一个进程。

调度器基于特定的调度策略选择下一个进程来运行，以保证 CPU 资源分配的公平性。

Linux 系统中存在两类进程：实时进程与非实时进程。实时进程的优先级要高于非实时进程。实时进程又有两种策略：时间片轮转和先进先出。在时间片轮转策略中，每个进程轮流执行一个时间片；在先进先出策略中，每个可执行进程按各自在运行队列中的顺序执行，它是不可被抢占的，除非被 I/O 阻塞或者有更高的优先级进程进入。Linux 允许在一定范围内调整进程的优先级，调整策略就是给较高优先级的进程分配更多的时间片。

新进程选定后，内核将 task_struct 结构的进程状态、寄存器等重置到新进程的状态，将控制权交给此进程。为了将 CPU 时间合理地分配给系统中的每个进程，调度器也必须将这些时间信息保存在 task_struct 中。

4．进程间通信

由于每个进程运行在其各自的虚拟地址空间中，共享数据就成了一个问题。在清单 2.1 中，变量 n 在父进程和每个子进程中的值各不相同，它们占用不同的存储单元，只是在源代码中看上去使用的是同一个符号。

进程间传递信息需要通过进程间通信（Interprocess Communication，IPC）机制实现。在 Linux 系统中，进程间通信包括信号、管道、消息队列、共享内存等方法。

（1）信号。这是 UNIX 系统中的最古老的进程间通信方式。它们用来在进程之间传递异步事件信号。进程在创建时已允许接收信号，系统调用 signal() 就可以创建接收信号的响应函数。清单 2.2 是一个简单的例子，它创建接收闹钟信号（SIGALRM）的函数，闹钟到点时被捕获。

发送信号的系统调用是 kill()。kill 也是 Linux 的一个系统命令，用于在命令行中主动向各进程发送信号。

清单 2.2　接收 SIGALRM 信号的例程 alarm.c

```
1    # include <stdio.h>
2    # include <stdlib.h>
3    # include <signal.h>
4    # include <unistd.h>
5
6    void handler (int signum)
7    {
8      if (signum == SIGALRM)
9          fprintf (stderr, " Signal catched .") ;
10   }
11
12   int main (int argc, char * argv [])
13   {
14      alarm (5) ;
15      signal (SIGALRM, handler) ;
16
17      while (1) {
18          fprintf (stderr, " Wait signal ...\n") ;
19          sleep (3) ;
20      }
21
22      return EXIT_SUCCESS ;
23   }
```

除了极个别的信号外，进程可以忽略大部分信号，或者选择处理它们的具体方式，也可以将其转交给内核处理。

（2）管道。管道是连接两个进程的单向双端数据通信通道。系统调用 pipe() 打开一对管道文件描述符，一个用于读，另一个用于写。在内核中，它对应于虚拟文件系统中一个临时 inode （**index node**）结点（见图 2.13）。管道的这种实现方式隐藏了对管道操作和对普通文件操作的差别。

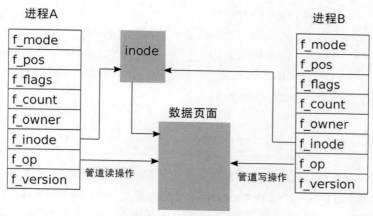

图 2.13　管道读写模型

清单 2.3 是父子进程之间传递信息的一个简单例子。

清单 2.3　通过管道传递信息 pipe.c

```
1    # include <stdio.h>
2    # include <stdlib.h>
3    # include <unistd.h>
4    # include <sys/types.h>
5    # include <sys/wait.h>
6
7    int main (int argc, char * argv [])
8    {
9        int pipefd [2], n;
10       pid_t pid ;
11       char buf [256];
12
13       pipe (pipefd);           /* 创建管道 */
14
15       pid = fork();
16
17       if (pid == 0){           /* 子进程，读管道 */
18           close (pipefd [1]);              /* Close write end */
```

```
19
20      n = read (pipefd [0], buf, 256);
21      write (STDOUT_FILENO, buf, n);
22      close (pipefd [0]);
23      _exit (EXIT_SUCCESS);
24    } else {                    /* 父进程, 向管道写信息   */
25      close (pipefd [0]);                /* Close read end */
26      write (pipefd [1], " Hello.\n", 7);
27      close (pipefd [1]);                /* Reader will see EOF */
28      wait (NULL);                       /* Wait for child */
29      exit (EXIT_SUCCESS);
30    }
31  }
```

在这个例子中，管道只能存在于有继承关系的进程之间，又称作无名管道。Linux 还支持一种命名管道，称作 FIFO（**First In First Out**）。FIFO 通过在文件系统中创建管道文件实现，管道文件可以在程序中使用系统调用函数 mkfifo() 或在终端中使用系统命令 mkfifo 创建。进程只要拥有管道文件的操作权限就可以使用 FIFO 功能。除了打开文件方式不一样，FIFO 使用方法与无名管道完全一样。并且通过命名管道传递信息时，不要求进程间有继承关系。

（3）消息队列。消息队列提供了从一个进程向另一个进程发送一个数据块的方法。内核维护一个消息队列链表，可以把一条消息看作一个记录，用户根据 msq ID 从队列中读取消息或者向其中添加消息。清单 2.4 是读写消息队列的例子。

清单 2.4　读写消息队列 msgqueue.c

```
1   # include <stdlib.h>
2   # include <stdio.h>
3   # include <unistd.h>
4   # include <sys/types.h>
5   # include <sys/ipc.h>
6   # include <sys/msg.h>
7   # include <string.h>
8
9   /* 定义消息 KEY */
10  # define MSG_KEY    0x5678
11
12  int main (int argc, char * argv [])
13  {
14      int opt, msqid, ret ;
```

```
15
16      struct msgbuf {
17          long mtype ;
18          char mtext [1024];
19      } msg_buf ;
20
21      if (argc < 2) {
22          fprintf (stderr, " Usage : %s [-w/r]\n", argv [0]) ;
23          return -1;
24      }
25      /* 获取消息 ID */
26      msqid = msgget (MSG_KEY, IPC_CREAT | 0600) ;
27      if (msqid == -1) {
28          perror (" msgget :") ;
29          return -1;
30      }
31
32      /* 定义消息类型  */
33      msg_buf.mtype = 3;
34      while ( (opt = getopt (argc, argv, "rw" ) ) != -1) {
35          switch (opt) {
36          case 'w':
37              strcpy (msg_buf. mtext, " Sender leaves a message.\n" ) ;
38              /* 向队列发送消息  */
39              ret = msgsnd (msqid, &msg_buf, strlen (msg_buf.mtext) , 0) ;
40              if (ret == -1) {
41                  perror (" msgsnd :") ;
42                  return -1;
43              }
44              break ;
45          case 'r':
46              /* 从队列接收消息  */
47              ret = msgrcv (msqid, &msg_buf, 1024, msg_buf.mtype, 0) ;
48              if (ret == -1) {
49                  perror ("msgrcv :") ;
50                  return -1;
51              }
52              msg_buf.mtext [ ret ] = '\0';
```

```
53              fprintf (stdout, " Messge received : %s", msg_buf.mtext) ;
54              break ;
55          default :
56              break ;
57          }
58      }
59
60      return EXIT_SUCCESS ;
61  }
```

该程序通过命令行选项 "-r" "-w" 读写消息队列。写入消息后可使用 ipcs 命令查看：

```
$ ipcs -q

------ Message Queues --------
key         msqid       owner       perms       used-bytes      messages
0x00005678  0           harry       600         25              1
```

（4）共享内存。Linux 使用虚拟存储技术，将任务的虚拟地址通过页表映射到物理存储空间。如果希望两个进程共享同一块物理内存，只需将它们页表入口中的物理内存号设置为相同的物理页面号即可。清单 2.5 是共享内存的例子。由于不存在数据复制操作，它是进程间通信最快的一种形式，但存在数据同步问题。本例中利用信号机制实现同步。[1]

清单 2.5　共享内存例程 shmen.c

```
1   # include <stdio.h>
2   # include <stdlib.h>
3   # include <strings.h>
4   # include <unistd.h>
5   # include <sys/wait.h>
6   # include <sys/ipc.h>
7   # include <sys/shm.h>
8
9   void handler (int signum)
10  {
11
12  }
13  int main (int argc, char * argv [])
```

1　多任务之间的数据同步问题总是存在的。即使在用管道通信时，也有数据同步问题，只是管道默认的打开方式是阻塞的，而共享内存无法利用这个特点。共享内存例程中虽然使用了信号机制，但仍有可能存在竞争，使得子进程的读先于父进程的写。

```
14    {
15        int shmid, status, ret ;
16        pid_t pid ;
17
18        shmid = shmget (IPC_PRIVATE, 4096, IPC_CREAT |0600) ;
19        if (shmid < 0) {
20            perror (" shmget error ") ;
21            exit ( -1) ;
22        }
23
24        if ( (pid = fork () ) < 0) {
25            perror (" fork error ") ;
26            exit ( -1) ;
27        }
28
29        if (pid > 0) {      /* 父进程将数据写入共享内存  */
30            int i, *x;
31            kill (pid, SIGSTOP) ;
32            x = (int *) shmat (shmid, NULL, 0) ;
33            if (x == (void *) -1) {
34                perror (" shmat in parent process ") ;
35                exit ( -1) ;
36            }
37            for (i = 0; i < 128; i ++)
38                x[i] = 2* i + 1;
39
40            kill (pid, SIGCONT) ;
41            wait (& status) ;
42            ret = shmdt (x) ;
43            if (ret == -1) {
44                perror (" shmdt in parent process ") ;
45                exit ( -1) ;
46            }
47            ret = shmctl (shmid, IPC_RMID, NULL) ;
48            if (ret == -1) {
49                perror (" shmctl in parent process ") ;
50                exit ( -1) ;
51        }
```

```
52          return EXIT_SUCCESS ;
53      }
54
55      if (pid == 0) {       /* 子进程读出共享内存数据   */
56          int i, *y;
57
58          y = (int *) shmat (shmid, NULL, 0) ;
59          if (y == (void *) -1) {
60              perror (" shmat in child process ") ;
61              exit ( -1) ;
62          }
63
64          fprintf (stderr, " Get message from parent :\n") ;
65          for (i = 0; i < 20; i ++)
66              fprintf (stderr, "%d " , y[i ]) ;
67          fprintf (stderr, "\n ...\n") ;
68          ret = shmdt (y) ;
69          if (ret == -1) {
70              perror (" shmdt in child process ") ;
71              exit ( -1) ;
72          }
73          exit (0) ;
74      }
75  }
```

2.2.2 存储管理

"即便有再多的存储空间，程序也会想尽办法将其占满"，这是 IT 界的帕金森定律[1]。程序员通常希望系统能提供无限量的存储器，而实际物理存储器却总是有限的。存储管理就是要利用有限的物理地址空间满足各任务对内存的需求。其中的一种做法是，将需要使用的地址调入物理内存，而将暂时不用的数据或程序保存到外存（磁盘）上，这种技术被称作虚拟存储技术。

1. 虚拟存储模型

处理器执行程序时，需要从存储器中读出指令、读取操作数、或者向存储器中写入运算结果。例如下面的两条 Arm 指令完成将寄存器 R3 存入内存[8200]单元的工作：

```
103ec :    e3a02a02   MOV      R2, #8192
103f0 :    e5c23008   STRB     R3, [R2, #8]
```

---

1 Cryil Northcote Parkinson（1909 年 7 月 30 日–1993 年 4 月 9 日），英国作家、历史学家。原文描述的是"工作量会充满可用的工作时间"这一现象。1958 年，帕金森将这一现象扩充为一本专著，形成帕金森定律。

在虚拟存储系统中，所有对存储器的访问都是采用的虚拟地址（如指令地址 103ec、103f0 及数据地址 8200）。操作系统必须通过一系列的转换将它们转换成物理地址，最终体现在地址总线信号上。图 2.14 是采用页式存储器管理的抽象模型。

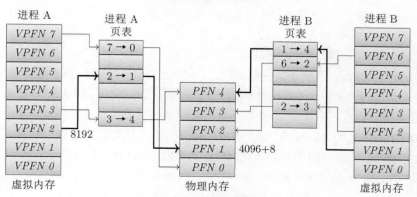

图 2.14　虚拟存储管理的抽象模型

为了方便管理，在页式虚拟存储技术中，将内存（虚拟内存与物理内存）以 2 的整数次幂为单位划分成大小相等的块，称为"页"或"页面"。在 32 位系统中，一个页面的大小通常是 4KB，每个页面对应一个页面号（**Page Frame Number**，PFN）。一个虚拟地址由页面号和偏移地址组成，例如上面的存储器地址 8200（十六进制 0000 2008），可以分解为页面号 2（32 位地址中的高 20 位）和偏移地址 8（32 位地址中的低 12 位）。

下一步，处理器以虚拟页面号（VPFN）为索引，在页表中检索该页所对应的物理页面。页表由操作系统内核在物理内存中建立。如果该页面未在页表中标记，意味着这是一个无效的地址（无物理单元与之对应），处理器不能对该地址进行访问。此时处理器会触发一个缺页异常，交由操作系统内核处理。由此，内核获得了失效地址和页面访问出错的原因。

如果该地址不允许访问，内核将终止该进程，以保护系统中的其他进程不受影响。当你在运行程序时看到"段错误"（或者 SegFault）提示时，就是发生了这样的事情。

如果该地址允许访问，只是不在物理内存，内核将在物理内存中查找一个空闲的页面，将该页面从磁盘映像中读入内存，映射到请求的虚拟页面，并在页表中标记物理页面号（PFN），同时标记该页面有效，最后返回处理器异常断点，处理器得到了有效的页面，程序得以继续运行。

在图 2.14 中，进程 A 的虚拟地址 8200（0x2008）通过查表，得到 1 号物理页面。1 号物理页面的基地址是 4096，在此基础上把虚拟地址低 12 位作为偏移量加上去，即对应到物理地址 4104（0x1008）。

图 2.15 是 32 位系统中一种典型的页表入口格式。除高 20 位作为物理地址索引外，其余各位含义如下。

3 1	3 0	2 9	2 8	2 7	2 6	2 5	2 4	2 3	2 2	2 1	2 0	1 9	1 8	1 7	1 6	1 5	1 4	1 3	1 2	1 1	1 0	9	8	7	6	5	4	3	2	1	0
Page Physical Base Address																						avl		G	PAT	A	D	A	PCD	PWT	U/S	R/W	P

图 2.15　32 位系统的页表入口格式

- P(present)：表示该页是否存在于物理内存。如果不存在，访问该页将触发一次缺页异常。
- W/R：读写标记，表示该页是只读的还是允许写入的。
- U/S：标记是用户页还是系统页（**user/supervisor**）。如果是系统页，则该页只允许内核访问。
- A（**accessed**）：表示该页被访问过（读或写）。
- D（**dirty**）：脏页，表示该页已经被写过。被写过的页，在交换时不能简单地丢弃，必须要保存到磁盘上，等待下一次换入时才能获得正确的数据。初始化时 A 和 D 位被软件清零，处理器访问时将其置位。
- PCD（**Page Cache Disable**）：禁止缓存标记。当页表所关联的是 I/O 内存时必须禁止缓存，否则读写该内存不能反映外设的真实情况。具有独立 I/O 地址空间的情况不考虑这一位。
- PWT（**Page Write-Through**）：用于控制页面缓存方式：直写（Write-through）或回写（Write-back）方式。
- PAT（**Page Attribute Table**）：页属性。在一些处理器中，用来表示页单位大小（4KB 或 4MB）。
- G（**Global**）：用于标记此页是否为全局页表。
- avl（**available**）：供系统使用的一些标记位。

2. 页表

在虚拟存储管理方式中，页表负责将虚拟地址转换到物理地址。在具体实现时还需要考虑到，由于使用地址高 20 位作为页表索引，页表可能会非常大（$2^{20} \times 4$ 字节，每个页表项对应一个 32 位地址，即 4 个字节）。

Linux 系统采用多级页表的方法解决这个问题。多级页表的基本思想是，虽然进程的虚拟地址空间很大，但并不会用到所有的虚拟地址，因此没必要把所有的页表项都保留在内存中。

图 2.16 是多级页表查表示意图。Linux 内核设计了三级页表结构，在这个结构中，虚拟地址被分为全局页目录、中间页目录、页表和偏移地址四段。系统的页目录基址寄存器指向全局页表（一级页表）首地址，PGD 作为全局页表项索引，查到中间页目录（二级页表）首地址，再以中间页目录项作为索引在表中查到页表（三级页表）基地址，通过页表定位到物理页面，再加上偏移地址，最终得到物理地址。

传统的 Arm 32 位系统采用两级页表方式，这种情况下，只要将三级页表结构其中一级折叠起来就可以实现。如下是内核 4.19 版本 Arm 两级页表模式定义的常数，中间级页表只有一项，实际上等效于两级页表：一级页表 2048 项，二级页表 512 项。

```
/* arch/arm/include/asm/pgtable-2level.h */
# define __PAGETABLE_PMD_FOLDED
...
# define PTRS_PER_PTE    512
# define PTRS_PER_PMD    1
# define PTRS_PER_PGD    2048
```

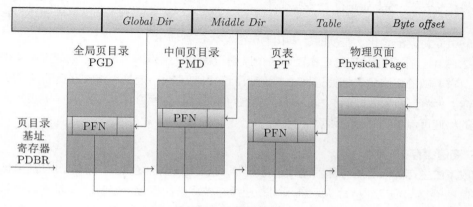

图 2.16　多级页表

为了满足对大容量存储空间的需求，Linux 在 2010 年 10 月加入了 LPAE（**Large Physical Address Extensions**，大容量物理地址扩展）支持。LPAE 使用三级页表，每级 512 个页表项（每项 64bit 地址位）。限于 4GB 的地址范围，全局页表目前只用了 4 项。如下是三级页表模式定义的常数：

```
/* arch/arm/include/asm/pgtable-3level.h */
...
# define      PTRS_PER_PTE        512
# define      PTRS_PER_PMD        512
# define      PTRS_PER_PGD        4
```

虚拟存储另一个要解决的问题是速度。在直接存储器管理方式下，读取一条指令只需要访问一次存储器，而通过页表查找指令再将指令读入 CPU 至少需要访问三次存储器。一个经典的解决方法是采用转换检测缓冲（**Translation Look-aside Buffer**，TLB）技术，它利用了程序的空间区域性原理：程序在大量的时间里只集中在一小块区域操作（运行程序或读写数据）。一些常用的页表入口被缓存在 TLB 中，TLB 通常是 CPU 存储器管理单元的一部分。当发出虚拟地址请求时，处理器先尝试从 TLB 寻找相匹配的入口，如果找到，则直接将虚拟地址转换成物理地址并对数据进行处理，如果没有找到，再通过操作系统的存储器管理进行转换。

3. 交换

当一个进程需要把一个虚拟页面调入物理内存时，如果系统中已没有空闲的物理页面，操作系统必须丢弃其中的某些物理页面以换取空间，此过程称为交换。

如果被丢弃的页面自上次换入以来未被修改过，则不需要保存，直接用新的页面将它覆盖即可，因为磁盘上有它的备份，下次再使用时可以重新从磁盘中换入。但如果页面被修改过，则操作系统必须将它保存在交换文件中，以备下次访问时再次将其换入内存。由于需要通过硬盘访问，换入换出操作非常耗时，因此操作系统必须设计一个高效的算法，尽可能减少交换的频次。

Linux 使用最近最少使用（Least Recently Used，LRU）算法来决定将要抛弃的页面。其基本思想是，近期使用过的，在不远的将来再次使用的可能性很大；长期不用的，以后很可能再也不用了。LRU 策略为系统中的每个页面设置一个年龄，它随页面访问次数而变化，长期不被访问的页面将逐渐老化。交换时，老化的页面将先行被换出。

图 2.13 中，在对进程 B 的虚拟页面 1 的映射过程中，假设内核选择了物理页面 4 作为替换对象，它要做的事情是：根据进程 B 对应页面的入口情况决定是否将物理页面 4 的数据保存到磁盘，再将页表项入口的 P（present）位置为无效；将进程 B 的虚拟页面 1 的页表入口填入对应的物理页面号，并标记该页面有效。

4．高速缓存

构成系统主存的大容量存储器是动态存储器，速度比 CPU 慢很多，而与 CPU 速度匹配的静态存储器价格却很高。计算机系统采用高速缓存技术解决了这一矛盾，其基本思想是，在 CPU 和主存之间增加一层少量的静态存储器，此静态存储器即为高速缓存 cache。图 2.17 是其中的一种实现方式。

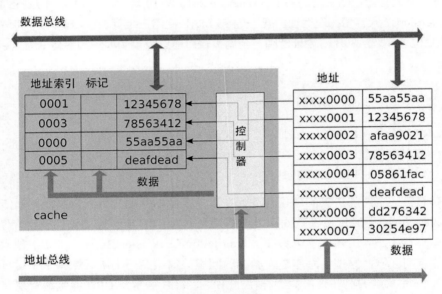

图 2.17　高速缓存

当处理器访问内存时，该内存单元地址同时也被 cache 控制器截获。控制器先在自己的存储空间内查找是否有对应地址的映射并且数据是否有效。如果有效，则直接使用该存储空间与 CPU 交换数据（称为一次命中）。由于 cache 由静态存储器构成，访问速度比访问主存（动态存储器）要快得多。如果数据无效（hit miss），再由 cache 控制器从主存中复制到 cache 存储单元，并标记该单元对应的主存地址以及数据有效情况，这一过程比较费时，基本等同于对主存的访问。但在随后对该地址进行访问时就可以直接通过静态存储器了。只要程序运行遵循区域性原理，一个设计合理的高速缓存系统可以用极少的成本代价换来系统性能的极大提高。

虚拟存储技术和高速缓存技术都是用小容量的高速存储设备代替大容量低速存储设备，在空间不足时都需要使用交换技术，但二者的设计存在明显的不同。

- 目的不同。虚拟存储技术是为了扩大系统的地址空间，高速缓存技术则是为了提高对存储器的访问速度。

- 实现方法不同。虚拟存储技术的换页可以通过操作系统内核的软件方法实现，而高速缓存技术的交换必须通过硬件实现。操作系统只在启动过程中对高速缓存控制器初始化，决定映射方式和映射策略。此后软件不会再关心主存地址和 cache 地址的关系，高速缓存对软件来说是透明的。

2.2.3 文件系统

文件系统是管理数据的软件，它将存储在物理介质上的数据以某种方式组织起来，使用文件和目录这样的逻辑概念代替物理存储设备使用的数据块的概念。不同的组织方式就形成了不同的文件系统。多文件系统支持是 Linux 的一个显著特征。

1. Linux 文件系统类型

Linux 通过单一的树状结构可以访问所有的文件系统。每安装（mount）一个文件系统，不管属于什么类型，都会将其添加到文件系统目录树中。安装的文件系统会注册到虚拟文件系统（Virtual File System，VFS）中，虚拟文件系统则为用户层软件提供统一的系统调用接口。如图 2.18 所示。Linux 的虚拟文件系统支持三种类型的文件系统。

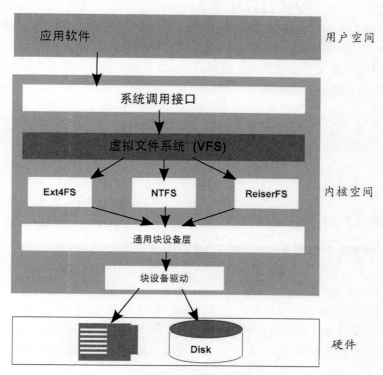

图 2.18　虚拟文件系统的地位

（1）基于磁盘、光盘及 U 盘等非易失性存储介质的文件系统，这类文件系统为数众多，包括传统的 FAT 系列、NTFS、Ext 系列、HFS、光盘 UDF、ISO9660，以及针对闪存（FLASH Memory）的文件系统 JFFS2（Journal Flash File System version 2）、YAFFS2（Yet Another Flash

File System，version 2）。由于闪存使用寿命有擦除次数的限制，针对闪存的文件系统特别考虑了损耗平衡问题。

（2）通过网络协议实现的远程网络的文件系统，如 NFS、SAMBA/CIFS、NCP、CODA 等。

（3）特殊文件系统，如通过内核实现的进程管理 PROCFS、系统管理 SYSFS 等。它们有文件系统之形，但无文件之实，也叫虚拟文件系统（为了与 VFS 相区别，有的地方称其为伪文件系统，pseudo filesystem）。这类文件系统只在 Linux 系统内部使用。

不论文件系统属于什么类型，挂载（mount）一个文件系统时都会将其加入到文件系统的目录树中。根文件系统比较特殊，它是在内核启动时挂载的。包含文件系统的设备就是块设备。

Linux 文件系统认为块设备是简单的线性块集合，它不需要了解数据块应该放在物理介质上的什么位置，这些都是设备驱动程序的任务。设备驱动程序把对数据块的请求映射到正确的物理设备上（磁盘、磁道、扇区等参数）。为了便于管理，存储文件时，文件系统以固定大小的块为单位进行分配。即使是一个字节大小的文件，在单位块大小 4096 字节的文件系统上也要独占 1 个块（4KB）。

2. Ext2FS

最初的 Linux 只支持 MINIX 文件系统。由于 MINIX 本身是为教学目的设计的，有很大的局限性，它能够支持的最大文件只有 64MB，文件名最长 14 个字符。1992 年 4 月，第一个专为 Linux 设计的文件系统 ExtFS（Extended File System，扩展文件系统）进入 0.96c 版的 Linux 内核。它支持的最大文件是 2GB，最大文件名长度为 255 个字符。随后在此基础上又开发了功能较为完善的 Ext2FS 以及日志型文件系统 Ext3FS 和 Ext4FS。Ext 系列的文件系统被大多数 Linux 发行版作为默认的文件系统选项。这里以 Ext2FS 为例说明该类文件系统的组织原理。图 2.19 是某一分区上 Ext2FS 的布局。

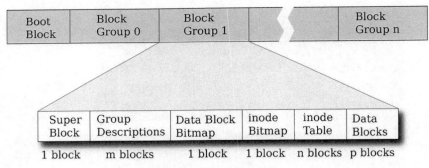

图 2.19　Ext2FS 分区布局

Ext2FS 文件系统在格式化时，将分区按 1024 字节或 2048 字节（或其他 2 的整数次幂单位）划分成大小相同的块（Block），不同分区上，块的大小可以不同，但在同一个 Ext2FS 文件系统上，块的大小必须是相同的。若干块又被聚在一起形成一个组（Block Group），每个组中包含的块数也是固定的。

超级块（Super Block）中包含了描述文件系统基本尺寸和形态的信息，文件系统管理器利用它们来使用和维护文件系统，第 0 组的超级块在挂载时由内核添加到 VFS 中，其他组的超级块则很少用到。为了防止文件系统被破坏，第 1 组包含了一个备份超级块，用于在文件系统出现故障时通过 fsck 命令加以恢复。

组描述符（Group Descriptions）记录了组内数据块位图和 inode 位图的块号，以及创建目录的数量。同超级块一样，只有第 0 组的组描述符才会被内核用到。

块位图（Block Bitmap）和 inode 位图的每一位用来标记一个组中块的占用/空闲情况。当块大小设置为 1KB 时，1 个组就是 8K 个块，在一个 32GB 的分区上最多有 4K 个组。

inode 是 Ext2FS 文件系统（实际上也包括其他 inode 型文件系统）最重要的元数据（meta data）信息，文件属性和数据入口都保存在 inode 中。每个 inode 的大小也是一样的（128 字节或 256 字节），并且也是在分区格式化时就已经规划好的。图 2.20 是 Ext2FS 文件系统的 inode 结构。

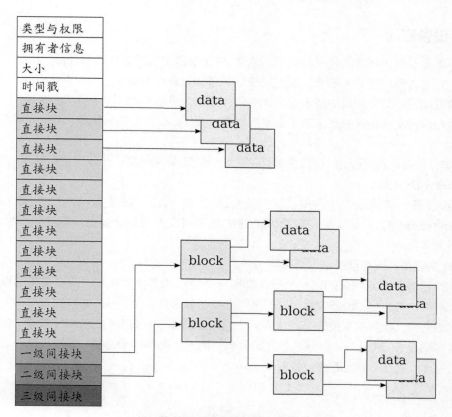

图 2.20　Ext2FS inode 结构

除了文件属性信息外，inode 通过直接块地址和多级间接块地址标记数据所在的位置。仍以 1KB 大小的块为例：每个直接块地址指向一个数据块，当文件不超过 12KB 时，这个文件的所有数据位置就可以从这 12 个直接块中找到。超过 12KB 的文件，则要使用间接块查找数据。每个块地址 4 字节，一级间接块的 1KB 数据包含了 256 个块地址，最大可以访问 256×1KB 的文件。当动用到三级间接块时，可访问的最大文件超过 16GB（256^3×1KB）。1KB 块的 Ext2FS 文件系统可支持的最大分区是 2TB。更大的文件或更大的分区，可通过格式化时选择更大的块来实现。

注意到，inode 中并不包含文件名，那么文件是怎么找到的呢？

当要读取文件/home/harry/examples.desktop 时，文件系统首先根据从超级块中找到的根目录 inode，去读取根目录的数据块，在其中找到存放 home 的数据块的地址，进而找到 harry 对应的 inode,再从 harry 的数据块中找出文件 examples.desktop 的 inode,最后从这个 inode 指向的数据块中读取文件。

由此我们知道,目录也是文件,也是通过 inode 表示的。不过目录的数据块中存放的不是通常意义下的数据,而是该目录下的文件和子目录的名称以及对应的 inode。这种文件名和 inode 分离的方式,使得构造硬链接非常容易:只要将两个文件的 inode 设成同一个值就可以了,此时两个文件指向同一个数据块。

虽然 Ext2FS 稳定可靠,但缺乏日志功能,在出现意外事故时数据很难恢复,目前在主流发行版中已被功能完备的日志型文件系统 Ext4FS 取代。

2.2.4 设备驱动

设备驱动专指与特定硬件设备交互的软件,它负责提供应用程序访问设备的接口。在 Linux 系统中,它或者是内核的一部分,或者以模块的形式加载进内核,工作于内核空间。

设计驱动程序的主要目的在于将操作抽象化。Linux 系统中的所有硬件设备都被视作文件,可以通过与普通文件相同的系统调用来实现打开、关闭、读取和写入操作。Linux 系统支持三类设备。

- 字符设备:无须缓冲,可直接读/写的、面向字节流的设备,如串口设备/dev/ttyS0、I2C 总线设备/dev/i2c-1 等。
- 块设备:通常是以块为单位读/写的设备,如 SATA 磁盘/dev/sda1、MMC 存储器 /dev/mmcblk2p1 等。访问块设备最有效的方法是通过文件系统。块设备驱动也是文件系统的基础。
- 网络设备:网络设备通过套接字访问。

除网络设备外,系统中的每一个设备都用一个特殊的文件来与对应的设备驱动程序相关联,这个特殊的文件称为设备文件,它们集中存放在/dev 目录中。设备文件拥有一个主设备号和一个次设备号。相同的主设备号对应同一个设备驱动程序,如下面的 SATA 硬盘,所有分区的主设备号都是 8;次设备号供驱动程序区分同类型设备的不同子设备,如硬盘第一个分区的次设备号是 1、第二个分区的次设备号是 2……

```
$ ls -l /dev/sda*
brw-rw----  1 root disk      8,  0 12月    10 00:01 sda
brw-rw----  1 root disk      8,  1 12月    10 00:01 sda1
brw-rw----  1 root disk      8,  2 12月    10 00:01 sda2
brw-rw----  1 root disk      8,  5 12月    10 00:01 sda5
```

1. 字符设备

字符设备驱动程序在初始化时完成下述工作。

(1)在 char_device_struct 结构的 chrdevs 数组中添加一个入口来将其注册到 Linux 内核。

(2)注册(或申请)一个主设备号,作为 chrdevs 数组的索引。

(3)注册一个文件操作指针 file_operations,它包含一组文件操作方法:打开、读、写、关闭等。内核将这些方法与系统调用相关联(open、read、write、close 等)。

字符设备卸载时,应将主设备号从 chrdevs 数组中删除。

```
/* include/linux/cdev.h */
struct cdev {
    struct kobject kobj ;
    struct module * owner ;
    const struct file_operations * ops ;
    struct list_head list ;
    dev_t dev ;
    unsigned int count ;
};


/* fs/char_dev.c*/
static struct char_device_struct {
    struct char_device_struct * next ;
    unsigned int major ;
    unsigned int baseminor ;
    int minorct ;
    char name [64];
    struct cdev * cdev ;
} * chrdevs [ CHRDEV_MAJOR_HASH_SIZE ];
```

用户程序通过系统调用 open()打开字符设备文件时,内核根据主设备号映射到对应的设备驱动,并通过读/写等方法实现与用户空间的数据交换。

2. 块设备

块设备不像字符设备那样必须按字节顺序访问,它允许不按顺序地随机访问固定大小的数据块。块设备驱动程序支持大多数与字符设备类似的文件操作机制,像字符设备一样,需要注册一个主设备号和一个块操作指针 block_device_operations,该指针包含一组块操作方法。不同之处在于,Linux 用户空间并不直接和块设备打交道(虽然可以这样做,例如使用 dd 命令直接读/写磁盘扇区),而是通过文件系统交换数据。

3. 网络设备

网络设备驱动程序可以像其他 Linux 设备驱动程序一样建立到 Linux 内核中。所不同的是,字符设备和块设备在文件系统中都有对应的设备文件,而网络设备没有,内核初始化网络时将检测到的设备记录在内核中。使用 ifconfig 命令的 "-a" 选项可以列出网络设备文件名。网络设备的访问特点也决定了很难将其归入字符设备或者块设备类中,但仍可以通过文件方式访问。用户空间程序创建网络套接字时可以得到套接字文件描述符。

2.2.5 网络连接

完备的网络功能是 Linux 的特点之一。Linux 诞生于互联网,它的开发者和用户又通过网络交换信息和代码。Linux 广泛地用于各种服务器和网络产品中,各种 Linux 发行版提供了大量的网络应用程序。从某种程度上说,Linux 就是互联网系统的代名词。本节将简要介绍 Linux

的网络基础知识。

1. TCP/IP 网络简介

在网络通信中，使用一个 32 位的整数来标识每台主机的网络地址，称为因特网协议（Internet Protocol，IP）地址[1]，书写时将其拆成四个字节，每个字节写成一个十进制数，中间用"."分隔，称作"点分十进制表示法"，如 192.168.2.100。这个地址实际上包含两个部分：网络地址和主机地址。依据不同的分类，每个部分的长度是可以变化的。例如网络地址是 192.168，主机地址是 2.100。主机地址又可进一步划分为子网地址和主机地址（子网地址是 192.168.2，主机地址是 192.168.2.100）。这样的网络地址结构允许部门划分自己的子网络，如在大学实验室中，每个教室内的计算机即构成了一个子网络。图 2.21 描述了这一应用场景。

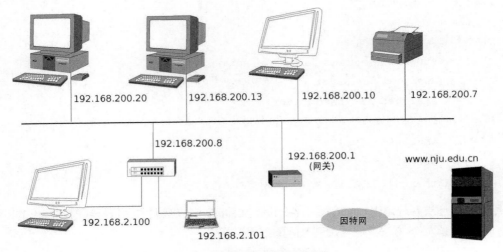

图 2.21 实验室环境的网络拓扑结构

计算机使用数字形式的 IP 地址没有问题，但对人来说就不方便了，因此又有了字母形式的地址表示方式，如将 202.119.32.7 记为 www.nju.edu.cn。点分十进制形式地址和字母形式地址有简单的对应关系（需要注意的是，点号分隔的每一段字符和点号分隔的数字之间没有直接的对应关系）。网络中专门使用一台服务器来存放这个对应表，这个服务器被叫作域名系统（Domain Name System，DNS）。当你通过浏览器访问 www.nju.edu.cn 这个地址时，域名系统将它转换成数字 IP 地址，让你的 IP 地址和浏览器访问的 IP 地址进行连接对话，对话的数据被包装在一系列的 IP 包中。

同一子网内的主机之间可以直接传送 IP 包。当访问子网外的主机时，IP 包将被传送到一个特定的主机上，这个主机就是网关（或称路由器）。每个 IP 包中都包含了目的地 IP 地址，路由器将根据预先设定的路线（路由表）将 IP 包送往正确的地址。

2. 分层网络协议

Linux 系统的网络协议分不同层次进行开发，每一层负责不同的通信功能。描述网络中各协议层的一般方法是使用国际标准化组织提出的开放系统互联（Open System Interconnection，OSI）网络模型。OSI 的七层网络模型多见于研究领域，Linux 操作系统主要按 TCP/IP 的四层

---

1 这里仅讨论第 4 版 IP 协议，即 IPv4。

网络模型实现。图 2.22 是这两种模型的近似对应关系。其中链路层的设备驱动、网络层和传输层位于内核空间，通过系统调用为用户空间提供套接字接口。

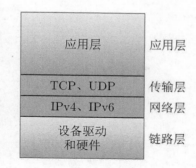

图 2.22 OSI 和 TCP/IP 分层模型

在 TCP/IP 的四层协议系统中，由下到上的每一层分别完成不同的功能。

（1）链路层。也称作数据链路层或网络接口层，通常包括操作系统中的设备驱动程序和计算机中对应的网络接口卡，它主要解决物理信号的传输问题。

以太网允许多个主机同时连接到同一根物理电缆，传输中的每一个数据包都可以被所有主机看见，因此每一个以太网设备有一个唯一的地址，任何传输给该地址的以太网数据帧将被该地址的以太网设备接收，而其他主机则忽略这个数据帧。这个唯一的地址标识内置于每个以太网设备中，称为 MAC（**Media Access Control**）地址，在出厂时就已经写在网卡的固化存储器上了。MAC 地址由六个字节构成，通常表示成"68:f7:28:09:9e:28"这样的形式。

（2）网络层。也称作互联网层，主要处理分组在网络中的活动，例如分组的选路。在 TCP/IP 协议族中，网络层协议包括 IP 协议、因特网控制消息协议（**Internet Control Message Protocol**，ICMP），以及因特网组管理协议（**Internet Group Management Protocol**，IGMP）。

（3）传输层。为两台主机上的应用程序提供端到端的通信。在 TCP/IP 协议族中，有两种典型的传输协议：传输控制协议（**Transfer Control Protocol**，TCP）和用户数据报协议（**User Datagram Protocol**，UDP）。

TCP 为两台建立连接的主机提供可靠的数据通信。它所做的工作包括把应用程序交给它的数据分成合适的小块交给下面的网络层，确认接收到的分组，设置发送最后确认分组的超时时钟等。由于传输层提供了可靠的端到端的通信，因此应用层可以忽略所有这些细节。而 UDP 则是无连接的不可靠通信协议，它只是把称作数据报的分组从一台主机发送到另一台主机，但不保证该数据报能到达另一端，也不保证到达的顺序，任何必需的可靠性必须由应用层来提供。

（4）应用层。负责处理特定的应用程序细节。普通计算机用户使用的大量软件都位于这一层，如网络浏览器、即时通信工具、ssh、VNC 等。

以太网数据帧可以携带多种协议，这些协议按一定的格式附加在数据头部作为协议标识符，以便以太网物理设备能正确地接收数据包并将它们传给上面的协议层。图 2.23 简单说明了主机传输数据时以太网数据帧逐层打包的信息内容。

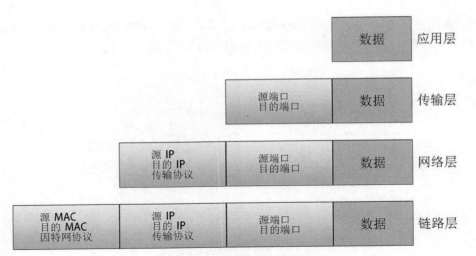

图 2.23　TCP/IP 协议层

3. 套接字接口

　　套接字用于描述计算机网络中的一个结点。两台计算机通信时，双方各自用一个套接字来描述自己那一端。Linux 系统中的网络应用层软件通过套接字接口获得一个文件描述符，允许应用软件以文件的方式访问网络。清单 2.6 是通过套接字访问 HTTP 主页的一个简单的网络客户端例子。HTTP 服务器使用众所周知端口 80 提供网页浏览服务，程序读取主页文档并打印。真正的浏览器还需要将读取的数据根据 HTML（**Hyper Text Markup Language**，超文本标记语言）标记按正确的格式显示出来。

清单 2.6　http 客户端 webclient.c

```
1    # include <stdio.h>
2    # include <stdlib.h>
3    # include <string.h>
4    # include <unistd.h>
5    # include <sys/types.h>
6    # include <sys/socket.h>
7    # include <netdb.h>
8    # include <netinet/in.h>
9    # include <arpa/inet.h>
10
11   # define BUFSIZE 4096
12   int main (int argc, char * argv [])
13   {
14       int sockfd, datalength ;
15       struct sockaddr_in saddr ;
16       struct in_addr addr ;
17       struct hostent *h;
```

```
18      char httphead [256], buffer [ BUFSIZE ];
19      char * eoc = " Connection : close \r\n\r\n";
20
21      if (argc < 2) {
22          printf (" Usage : %s host \n"
23                  "i.e: %s www.google.com \n", argv [0], argv [0]) ;
24          return -1;
25      }
26
27      /* 创建套接字，TCP 协议 */
28      sockfd = socket (AF_INET, SOCK_STREAM, 0) ;
29
30      /* 将主机名转为点分十进制数字格式   */
31      if ( (h = gethostbyname (argv [1]) ) == NULL) {
32          herror (" gethostbyname ") ;
33          return -1;
34      }
35
36      /* 填充目标套接字地址（IP 地址和端口）  */
37      bzero (&saddr, sizeof (saddr) ) ;
38      saddr.sin_family = AF_INET ;
39      saddr.sin_port = htons (80) ;     /* HTTP 众所周知端口     */
40      addr = * ( (struct in_addr *) h->h_addr) ;
41      saddr.sin_addr.s_addr = addr.s_addr ;
42
43      if (connect (sockfd, (struct sockaddr *) &saddr ,
44                  sizeof (struct sockaddr))== -1){
45                  perror (" conenct ");
46                  return -1;
47      }
48
49      /* HTTP 请求协议头  */
50      sprintf (httpheaD, " GET / HTTP /1.1\ r\ nHost : %s\r\n", argv [1]);
51      write (sockfd, httphead, strlen (httphead));
52      write (sockfd, eoc, strlen (eoc));
53
54      while ((datalength = read (sockfd, buffer, BUFSIZE))> 0){
55              write (STDOUT_FILENO, buffer, datalength);
```

```
56        }
57
58        close (sockfd);
59
60        return EXIT_SUCCESS ;
61    }
```

2.3 小结

本章从硬件、软件两方面介绍计算机系统的基本组成。计算机的核心硬件包括中央处理器（CPU）、存储器、I/O 接口和外设，处理器通过总线和设备交换信息。操作系统则是软件的核心，构成 Linux 系统核心的主要模块有进程控制、存储器管理、文件系统、设备驱动和网络连接。

2.4 本章练习

1. 解释以下概念：

嵌入式系统、指令集、VLSI、汇编器、bit、byte、cache、CPU、文件系统、SRAM、DRAM、TTL。

2. 在 B 组中找出与 A 组概念对应的词汇。

A：编程语言、个人计算机、超级计算机、集成电路、输入设备、输出设备、操作系统、应用软件、文件系统。

B：Python、LCD、MacBook、编译器、DRAM、Java、扫描仪、NFS、微处理器、LaTeX、打印机、鼠标、RTEMS、Cray-I、太湖神威、SQLite、NTFS。

3. 十六进制与八进制相比有什么优点？

4. "力量"两个汉字的国标码（GB18030）和 Unicode 各是什么？试用文本编辑工具创建两个文本文件，输入这两个字并分别按国标码和 UTF-8 编码保存（文件大小应在 7 个字节以内）。再次打开，如果出现异常，试解释这一现象。

5. C 语言定义的 float 型变量为 IEEE-754 规范的 32 位浮点数。试编写一个用定点算法实现规格化浮点数加减运算的子程序（程序中不得定义浮点变量，不得调用数学函数库），并给出验证结果。（例如 0.25 和 −12.5 可分别表示为 0x3E800000 和 0xC1480000，二者相加，结果是 0xC1440000。）

6. 如何暂停一个正在运行的进程？试编写一个不断打印一个递增数字的小程序作为测试对象，让其暂停和继续。

7. 僵尸进程是如何产生的？它有什么危害？如何避免产生僵尸进程？

8. 试将清单 2.4 改写为在父子进程间读写消息队列的形式。

9. 下面的程序在运行时输出什么结果？有几个进程？

```
1    # include <stdio.h>
2    # include <unistd.h>
```

```
3
4    int main (int argc, char * argv [])
5    {
6        int x = 100;
7
8        fork () ;
9        fork () ;
10       fork () ;
11
12       printf ("%d\n", x ++) ;
13       return 0;
14   }
```

    10. 设处理器对 DRAM 的访问时间是对 SRAM 访问时间的 10 倍，而 DRAM 的单位价格是 SRAM 的 1/10，当 cache 容量达到主存的 1%时，cache 命中率可以达到 80%。试计算此存储器系统的性能与极限性能（全部采用 SRAM）的差距是多少，价格差距是多少。

03
chapter

Linux 桌面系统

　　Linux 操作系统的发行版众多。不同的发行版给用户的第一印象就是它们各具风格的桌面
环境。本章以 Ubuntu 发行版为例，介绍 Linux 操作系统安装以及一些典型的桌面应用软件。

3.1　安装 Linux

3.1.1　选择一个发行版

Linux 发行版众多，各有特色。选择发行版时至少应考虑下面三个问题。

（1）如何使用这台计算机：日常办公、网络浏览、娱乐或是开发？大量的通用软件能够支持一般的日常使用，但作为开发工具，应考虑开发软件的适用性。对那些有专用软件需求的 Linux 用户，发行版选择空间也会受到一定的限制[1]。

（2）对计算机技术的了解程度。普通用户选择发行版，可以从稳定性、易用性、灵活性以及目的性加以考虑。初学者更多考虑易用性，专业人员更多考虑性能方面的问题。

（3）仅个人使用还是供多人使用、亦或是作为服务器使用？作为服务器使用的计算机，应尽可能选择可靠性高的操作系统，软件应少而精。文件服务器需要多关注磁盘控制器的性能，计算服务器还要求高性能处理器和大容量内存。通用计算机则以易用性为主。

许多发行版都可以从网上获得安装文件，安装文件通常是光盘镜像的 ISO 格式文件，需要使用人员下载后将文件写到一个安装介质上（光盘或 U 盘）。如果是虚拟机安装，ISO 文件可以直接使用。有的发行版还会直接寄送安装光盘。一些发行版提供的安装光盘除了具备安装系统功能以外，还提供了一个可以直接在光盘上运行的试运行系统（LiveCD 或 LiveDVD）。试运行系统可以帮助用户对系统作出评估，以决定是否安装这个系统。试运行系统因为没有多余的存储设备，速度比较慢，一般不当作正常系统使用。

本书以 Ubuntu 18.04 LTS 为例讲解 Linux 系统的安装和使用，其中的方法对其他发行版也有借鉴作用。

3.1.2　制作安装工具

如果已有安装光盘，并打算用光盘安装的，可跳过本小节内容。

现在多数发行版已不再免费邮寄安装光盘,因此你需要用一台计算机到网上下载安装文件的光盘镜像，并使用这台计算机将光盘镜像文件写到光盘（DVD）或 USB 上。个人计算机已进入 64 位时代，如果你的处理器是 64 位的，最好选择 64 位的安装版。64 位的计算机可以支持 32 位的系统，反之则不行。这里下载的文件是 ubuntu-18.04.1-desktop-amd64.iso。文件名中的 amd64 专指在个人计算机上使用的处理器指令集 AMD64，它包括 Intel X86-64 位处理器和 AMD 64 位处理器（由于历史原因，Intel 真正意义的 64 位处理器与 AMD 64 不兼容，通常不用在个人计算机上。它的指令集另有一个名字）。

下载镜像文件之后，强烈建议同时下载校验文件 md5sums 或 sha256sums，并对镜像文件进行校验对比。Linux 中计算校验和的命令是 md5sum 或 sha256sum。校验方法很简单：

```
$ md5sum ubuntu-18.04.1-desktop-amd64.iso
```

将计算结果与校验文件的内容进行对比。如果不一致，说明在下载过程中有误码，需要重

1　软件本身一般不会主动限制发行版，但由于软件是在特定发行版平台上开发的，有可能出现在某个发行版能正常使用的软件而换一个发行版（有时甚至只是换了一个版本）却不能使用的情况。

新下载，否则可能导致制作的安装盘不能工作或安装过程中出错等现象。

    Linux 或 Windows 操作系统都有图形用户界面工具，利用图形用户界面工具将 ISO 文件写到光盘上，Ubuntu 网站上已有详细介绍，在此不再赘述。唯一需要注意的是，ISO 文件是一种文件系统的镜像，它具有文件系统的结构，不能把它作为普通文件复制到光盘上。

    现在，光驱已不是个人计算机的标准配置，因此更多的人会使用 U 盘来安装系统。将 ISO 镜像文件写入 U 盘，使用图形化工具 usb-creator 就可以解决。如果不具备图形用户界面工具，可以使用 Linux 的基本命令 dd 将镜像文件写入 U 盘。下面是具体的制作步骤。

    （1）插入待制作的 U 盘。

    （2）打开一个终端，使用 fdisk 命令确认 U 盘设备文件。此命令的选项"-l"需要超级用户权限，我们使用 sudo 命令提权：

```
$ sudo fdisk -l
Disk /dev/sda:465.8 GiB,500107862016 bytes,976773168 sectors
Units : sectors of 1*512=512 bytes
Sector size(logical/physical):512 bytes/4096 bytes
I/O size(minimum/optimal): 4096 bytes/4096 bytes
Disklabel type: dos
Disk identifier: 0x3f234741

设备       启动      Star         末尾        扇区       Size   Id  类型
/dev/sda1  *   2048       3074047    3072000   1.5G   7  HPFS/NTFS/exFAT
/dev/sda2  3074048 182177099   179103052  85.4G   7  HPFS/NTFS/exFAT
/dev/sda4  182177790 976768064  794590275 378.9G   f  W95 扩展 (LBA)
/dev/sda5  943816704 974502899   30686196  14.6G   7  HPFS/NTFS/exFAT
/dev/sda6  974502963 976768064    2265102   1.1G  82  Linux 交换/ Solaris
/dev/sda7  182177792 424364031  242186240 115.5G  83       Linux
/dev/sda8  424366080 943802367  519436288 247.7G  83       Linux


Partition 4 does not start on physical sector boundary.
Partition 6 does not start on physical sector boundary.
Partition table entries are not in disk order.

Disk /dev/sdb: 1.9 GiB, 2032664576 bytes, 3970048 sectors
Units: sectors of 1*512=512 bytes
Sector size(logical/physical): 512 bytes/512 bytes
I/O size(minimum/optimal): 512 bytes/512 bytes
Disklabel type: dos
Disk identifier: 0x118c7381

设备       启动    Start      末尾      扇区    Size   Id   类型
/dev/sdb1      2048   264191   262144   128M   c   W95 FAT32 (LBA)
```

```
        /dev/sdb2              264192  3970047  3705856   1.8G  83  Linux

        Disk /dev/sdc: 7.5 GiB, 8010194944 bytes, 15644912 sectors
        Units: sectors of 1*512=512 bytes
        Sector size(logical/physical): 512 bytes/512 bytes
        I/O size(minimum/optimal): 512 bytes/512 bytes
        Disklabel type: dos
        Disk identifier: 0x40014000

        设备      启动    Start       末尾       扇区     Size  Id  类型
        /dev/sdc1  *     1142528    15644911  14502384  6.9 G  c   W95 FAT32(LBA)
```

上面列出了三个物理盘设备：/dev/sda、/dev/sdb 和/dev/sdc。/dev/sda 容量 465.8GiB[1]，有 7 个分区（由于有逻辑分区的存在，实际上并没有 7 个分区）；/dev/sdb 容量 1.9GiB，有两个分区；/dev/sdc 容量 7.5GiB，这一步需要确定把 ISO 文件写到哪个盘上。下载的镜像文件 ubuntu-18.04.1-desktop-amd64.iso 的大小是 1.8GB，因此，至少需要一个 2GB 容量的 U 盘。

（3）假定我们需要把 ISO 文件写在/dev/sdb 上，接着就可以执行下面的命令了：

```
$ sudo dd if=ubuntu-18.04.1-desktop-amd64.iso of=/dev/sdb
```

dd 是裸数据复制命令，参数 if 指定输入文件，参数 of 指定输出文件。dd 命令不是通过文件系统复制文件，而是将输入文件按物理顺序复制到输出文件。注意：按物理方式操作/dev/sdb 设备时需要超级用户权限。

将 U 盘插入系统时，分配的设备文件名（/dev/sdb 或/dev/sdc）会因时而异，千万不要错认。即使使用图形界面的制作工具，也需要操作人员认清操作对象。否则错误的设备文件操作有可能会抹掉重要的数据。

在普通的 PC 上，写入过程大约需要 5 分钟左右。dd 操作完成后，U 盘安装系统就制作好了。

3.1.3 选择安装方式

目前，多数人的日常工作仍离不开 Windows 操作系统。出于这方面的考虑，在个人计算机上安装 Linux 系统可以有下面几种选择方案。

1. 双系统安装

保留原有的 Windows 操作系统，再另外安装一个完整独立的 Linux 操作系统。安装完成后，系统启动时会出现一个提示界面，由使用者选择这次要使用哪个操作系统。如果想换到另一个系统，则必须重新启动切换。

这种安装方式需要预先在 Windows 系统中腾出一个硬盘的分区，供 Linux 在安装过程中

1　因为计算方法的不同，商业上标称 500GB 容量的存储设备，按计算机科学的计算方法往往达不到这个标称值。为了区别起见，按计算机科学方法计算的容量单位通常在中间加一个字母"i"，表示 information technology。下面的 U 盘容量标称单位相同。

调整使用。由于 Linux 操作系统的多文件系统支持这一特性，所以在使用过程中可以随时调看 Windows 分区中的文件。如果仅仅是读写数据文件，不涉及 Windows 系统中的程序的话，不必重启切换到 Windows 系统就可以直接读写 Windows 分区的文件。但反过来，在 Windows 系统使用过程中一般无法查看 Linux 分区中的文件。

双系统安装的顺序比较重要。Linux 系统安装时会单独安装一个引导加载器（Boot Loader），将磁盘分区中可识别的操作系统作为 Boot Loader 的引导选项，在系统开机启动时供用户选择。而 Windows 系统安装时没有这个步骤，它会独占系统的引导部分。因此，在已有 Windows 系统的计算机上安装 Linux，开机时，用户有机会选择使用哪个操作系统。而如果 Windows 系统最后安装，之前安装的 Linux 系统将无法在启动阶段被引导，只能在 Windows 系统启动正常工作后依赖 Windows 的引导能力（例如，在 Windows 里安装一个引导加载器）。

2. 虚拟机安装

将 Linux 系统安装到 Windows 系统的虚拟机中，是多数 Windows 用户的选择，特别是刚开始使用 Linux 的用户。这样既可以照顾到日常工作使用 Windows 的需要，也可以很方便地使用 Linux。推荐使用的虚拟机是 VMware 公司开发的 VMware Workstation 或 Oracle 公司开发的 VirtualBox，后者遵循开源版权协议 GPLv2。在虚拟机上安装系统，不用过多关心硬盘分区问题，也不用担心虚拟机中的误操作对主系统造成的损坏。虚拟机安装的最大问题是网络访问。通过虚拟机的网络地址转换（Net Address Translation，NAT）从虚拟机向外访问比较容易，而从外部登入虚拟机则比较麻烦。

由于真正的系统仍然是 Windows，系统的可靠性也取决于 Windows。当 Windows 系统重新安装后，虚拟机 Linux 系统中的资料有可能无法恢复。

3. 完全独立安装

完全独立安装的顾忌最少，安装后的遗留问题也最少。对那些已经具备一定 Linux 使用经验的人来说是一个比较省心的选择，而对那些偶尔仍有使用 Windows 软件需求的用户来说，可以选择在 Linux 的虚拟机里安装 Windows。Linux 的虚拟机推荐使用 Oracle 公司开发的 VirtualBox。VirtualBox 有一种"无缝模式"，当虚拟机操作系统启动后，它可以让虚拟机的系统看上去仿佛不存在一样，而当鼠标移动到屏幕边界时会自动弹出虚拟机的菜单。

由于市场上购买的笔记本电脑多数都已安装了授权的 Windows 操作系统，在使用虚拟机安装 Windows 系统时要注意版权的一致性。

3.1.4 安装过程

安装 Linux 系统与安装其他操作系统相同：修改计算机 BIOS 中启动设备的顺序，将光盘或者 U 盘设为第一启动设备。下面是具体的安装步骤。

1. 语言选择

开机后，Ubuntu 安装系统将进入一个图形交互界面，如图 3.1 所示。这里先选定语言，再单击"安装 Ubuntu"。选定的语言主要用于安装过程，也会决定今后运行系统的默认语言环境。系统运行时，可以随时切换到英语环境，其他语言环境则需要在系统安装完成后另外添加。

图 3.1 语言选择

2. 键盘布局

下一步是设置键盘布局（见图 3.2）。多数人会选择美式英语键盘。同一种语言的键盘布局会有一点小差别，比如英式英语键盘会将美元符号替换成英镑符号。而其他语言的键盘布局变化更大一些，例如德语键盘会有一些英语里没有的字母，个别字母的位置也会变动。

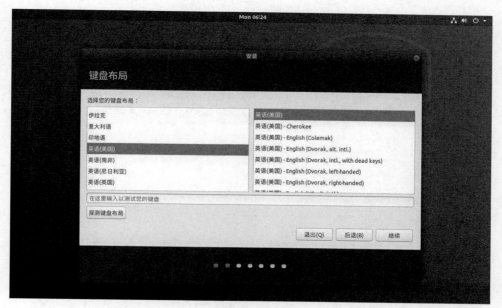

图 3.2 键盘布局

3. 初始安装内容

设置键盘布局后单击"继续"，进入下一个界面（见图 3.3）。这里确定在安装过程中需要安装哪些软件。如果想让安装过程尽快完成，可以选择最小安装方式。但安装系统发布后，往往一些软件还会继续更新，因此下载的安装盘可能不是最新的系统，在安装过程中会将一些软件通过网络更新。若安装时没有联网条件的话可以选择不下载更新。

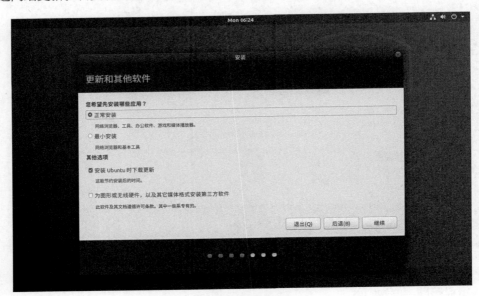

图 3.3　选择安装内容

4．安装类型

在安装类型界面下，主要涉及硬盘分区。

在没有安装操作系统的 PC 上安装 Linux，可以采用最省心的安装方式（见图 3.4）。如果有自己的规划，也可以选择"其他选项"，然后手工划定分区。划定分区应做如下考虑。

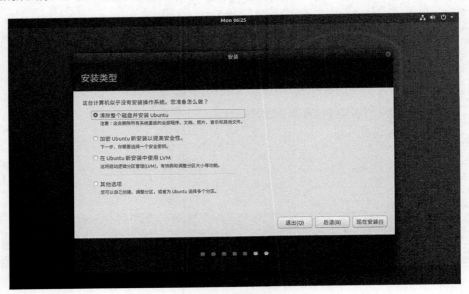

图 3.4　安装类型

- 分区数量通常不宜过多，过多的分区会造成分区间隙磁盘空间的浪费。
- 系统软件会安装到根分区。Ubuntu 18.04 基本系统安装完成后会消耗 5GB 左右的磁盘空间，安装了一些常用软件（语言包、图文处理、影音播放以及一些娱乐软件）后会占到 15GB 左右。如果考虑用 Linux 做一些开发工作，根分区还应留出 10GB 左右的磁盘空间（取决于开发规模），故保守的规划应在 30GB 左右。

• 用户数据最好独立分区，不要与根分区混在一起，用户数据尽量保存在用户分区。这样，当系统发生故障无法启动时，只需要在系统分区上重新安装系统，只是损失掉安装系统的时间，用户数据不会丢失。

• 如果内存较小（1GB 以下），可以考虑在硬盘划出一个 1GB～2GB 的交换分区。交换分区不是必需的。即使前期没有规划交换分区，也可以在系统运行有需求的时候创建一个交换文件。

图 3.5 采用手工分区方式将硬盘划成两个分区，第一分区 40GB，作为根文件系统，剩余部分作为第二分区，挂载到/home，作为用户目录。两个分区均格式化成 Ext4FS。

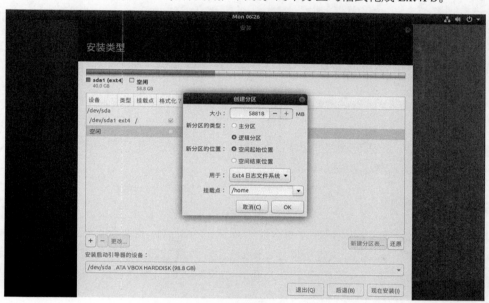

图 3.5　手工分区

5. 选择时区

分区划定后，安装系统会让你选择一个时区。之前将语言设定为中文时，时区自动定位在中国。

6. 创建用户

下一步，安装系统会要求安装人员为 Ubuntu 创建一个用户，如图 3.6 所示。所有 Linux 或 UNIX 系统都会有一个名为 root 的用户，称为超级用户，它的权限来自它的用户 ID 和组 ID 号设置（UID=0,GID=0）。Ubuntu 也有超级用户，但默认不给他设定密码，因此此也就无法正常登录。安装过程中创建的用户将被加入 sudo 组，sudo 组用户可以用自己的密码获得超级用户的权限，起到 Ubuntu 管理员的作用，因此这个组的用户很重要，系统维护的工作也由他们完成。

如果选择了"自动登录"，系统每次启动后会以这个用户的身份自动登录。但在退出登录或者因较长时间没动作导致计算机待机后，再次使用这个用户登录时会需要密码。除非确定是个人使用，否则出于安全原因，不建议选择"自动登录"功能。

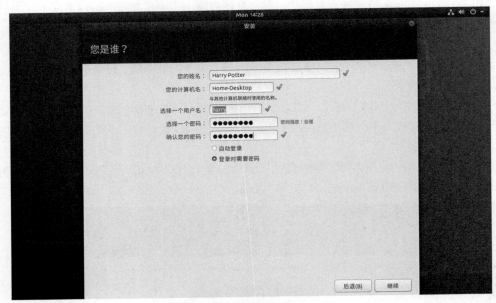

图 3.6　创建用户

完成以上设定后，系统就开始了安装过程。安装完成后会提示用户重启机器以使用新系统。重启时注意弹出安装光盘或者拔出 U 盘。

3.1.5　完成安装

首次登录后，系统会要求更新一些软件。默认的 Ubuntu 安装后，已有火狐浏览器、LibreOffice 办公套件、nautilus 文件管理器、totem 多媒体播放器、图形化文本编辑器 gedit 等常用软件，中文界面安装后一般也已安装了 ibus 中文输入法。作为普通消费型计算机，上网浏览、编辑文档、影音娱乐已经基本够用了。

3.2　Linux 系统桌面环境

桌面环境是运行于操作系统之上、管理计算机系统的一组软件，一般专指图形用户接口，包括窗口管理器、文件管理器、设备管理器、壁纸、图标、拖放等图形界面工具，它也是各发行版给用户的第一直观印象。

比较常见的 Linux 桌面环境有 GNOME、KDE、Unity、XFCE4 等，不同发行版通常会有一个默认的选择，用户也可以根据自己的喜好安装其他的桌面环境。同一台计算机上的不同用户，在登录时也可以选择使用不同的桌面环境。

3.2.1　外观

Ubuntu 18.04 默认的桌面环境是 GNOME 3，它使用 gnome-shell 作为图形外观，使用 nautilus 作为默认的文件管理器。

桌面上方是系统菜单条，菜单条左边"活动"下方是窗口切换器，单击后会将桌面应用窗口缩小平铺，并且在桌面右边露出窗口（又叫工作区）列表。此时可以将一些应用拖进不同的窗口中，并选择当前的工作窗口。使用组合键 Ctrl+Alt+↑/↓，可以在窗口之间进行切换。左下角是应用程序菜单，单击后会展现所有应用程序图标；用鼠标右击某个图标，在弹出的快捷菜单中选择"Add to Favorites"，可将它添加到左边栏。左边栏又称"停靠栏"（英文 Dock）或收藏栏，用于放置使用频度较高的应用程序。系统菜单条中间位置是日历和通知消息。通知消息可能是系统的软件升级提示、软件故障报警或是其他由用户设置的消息。右边是系统菜单，包括声音和屏幕亮度设置、网络连接、电源显示和控制、用户管理以及其他系统设置等。被激活的应用程序菜单也会出现在系统菜单条的左边。如图 3.7 所示。

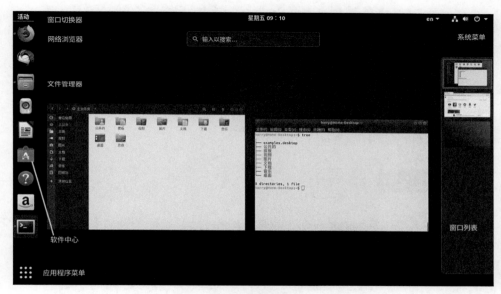

图 3.7　桌面环境

3.2.2　桌面环境配置

1. 环境配置

图 3.8 是部分系统菜单功能。通过系统菜单，用户可以改变系统的行为，以适用自己的习惯和环境。"设备"子菜单可以管理显示器、键盘、鼠标、打印机等，用户管理功能则在"详细信息"子菜单中。

2. 外观设置

Ubuntu 默认安装的桌面本身不具备太多的配置能力，系统菜单与外观相关的部分仅能改变桌面背景和停靠栏的风格。如想体现个性化的用户环境，可借助第三方工具 gnome-tweaks（在软件中心中搜索 gnome-tweaks 并安装）。图 3.9 所示是 gnome-tweaks 的设置界面。

为配合 gnome-tweaks，Ubuntu 软件仓库中提供了少量的 gnome-shell 扩展。更多样式可通过 GNOME 官网下载安装。根据网站提示，安装额外的扩展可能会使系统变慢，建议用户根据机器性能适当选择。

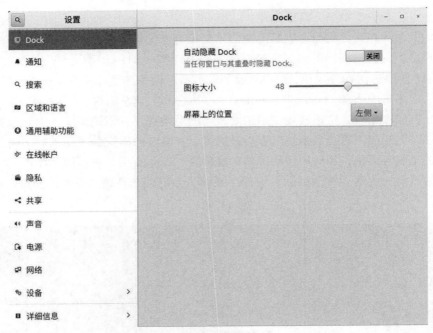

图 3.8　系统菜单

图 3.9　gnome-tweaks 界面

3.3　常用软件

3.3.1　文件管理器

Ubuntu 默认的文件管理器是 nautilus（见图 3.10）。nautilus 可以浏览本地和网络上的目录和文件，具有查找文件、修改文件属性、批量重命名文件等功能。

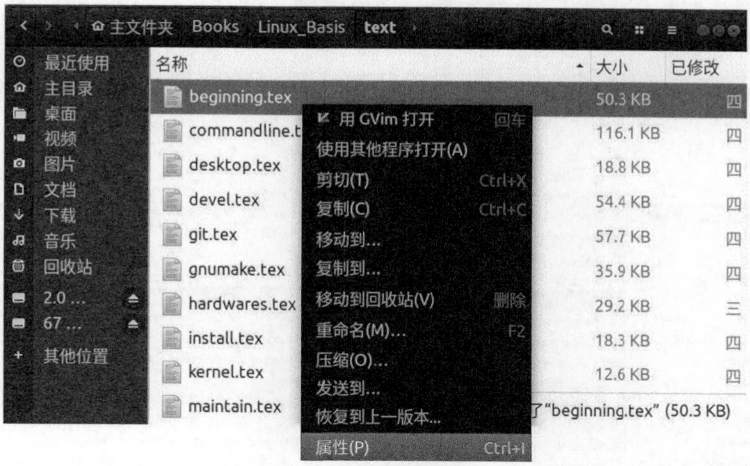

图 3.10　文件管理器

3.3.2　软件安装工具

Ubuntu 桌面系统的软件安装工具是 gnome-software（软件中心），其界面美观，对每个软件都有简短的说明和截图，安装前就可以大致了解软件功能，如图 3.11 所示。gnome-software 类似手机上的软件安装器，比较符合用户的软件分类习惯；但给出的软件选择范围小，仅有应用软件，很少有开发工具。

图 3.11　gnome-software 应用程序管理器

另一款功能强大的软件安装工具是 synaptic（中文译为"新立得"），它是 Ubuntu 标准的软件包管理器 apt 的图形化界面前端, Ubuntu 软件仓库中的所有软件都可以通过它安装。

图 3.12 是 synaptic 的主界面。synaptic 对软件进行了详细的分组，易于查找，操作简便，适合初学者使用；但它不是系统默认安装的包管理器，同样也需要在 gnome-software 中搜索安装。

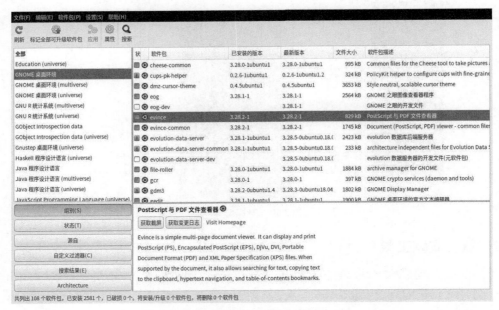

图 3.12　synaptic 软件包管理器

最基础的包管理器当然是 apt，不过它涉及命令行操作和大量的操作选项，初学者不易上手。相关内容将在 6.3.3 小节详细介绍。

3.3.3　文本编辑工具

Linux 系统有两款非常专业的文本编辑工具：vim 和 emacs，它们以强大的文本编辑能力、灵活的扩展方式在开源软件界受到极大的欢迎。特别是以字符界面为主的 vim，在网络远程访问中更能发挥作用。遗憾的是，这两款编辑器使用门槛比较高，大量的控制命令无法以菜单的形式体现，必须靠大脑记忆再配合熟练的手工操作才能发挥高效的编辑能力，让许多初步接触 Linux 的用户望而却步。

其实，vim 从 4.0 版本开始就可以使用图形界面了。图形界面的 gvim 除保留了原有的键盘操作习惯以外，还提供了友好的菜单和鼠标控制方式，以满足不同层次用户群的需要。vim 的网站提供了第三方插件的链接。利用这些插件，用户可以根据自己的习惯配置 vim。图 3.13 是安装了 syntastic 插件后的 gvim 界面，菜单栏上已经提供了多种编程语言的语法处理工具。假如用户真的喜欢写字板这样的编辑器，vim 也可以做得跟它完全一样。

考虑到非专业计算机人员的使用，Linux 开发了多款简单易用的图形界面的文本编辑工具。Ubuntu 默认的桌面文本编辑器是 gedit（**GNOME desktop text editor**）。对编辑效率没有特别要求的情况下，gedit 会是一款比较方便的编辑工具。图 3.14 是 gedit 的工作界面。

打开文件时，gedit 会根据文件名后缀确定文件遵循的语法规则。如果没有后缀，它会尝试做一些猜测。编辑文件时，语法关键字会以特定的颜色显示。编辑器首选项中提供了文件浏览样式及关键字配色方案。左侧边栏打开时，可以启用文件浏览功能，方便选择要编辑的文件。右边概览图可以显示文档编辑的位置，也可以通过鼠标拖曳帮助编辑者迅速定位。

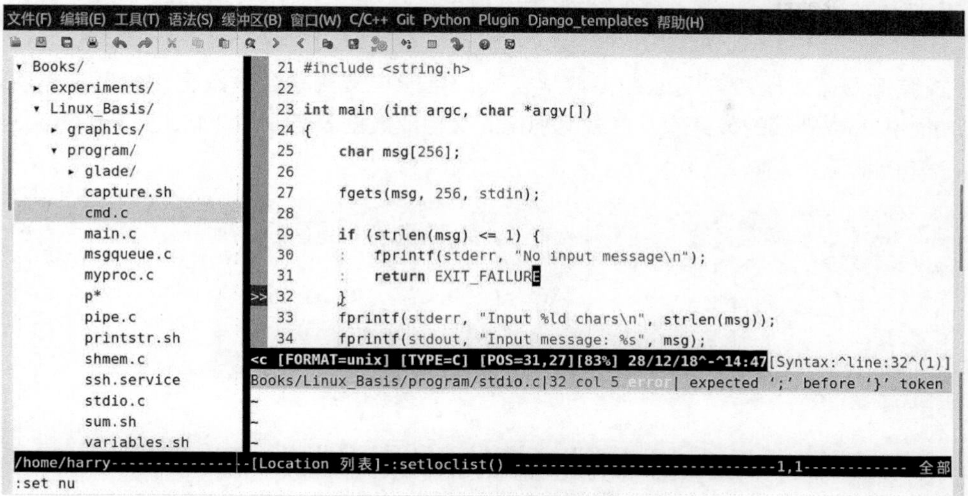

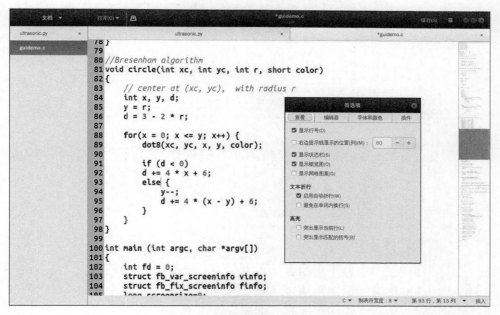

图 3.13 gvim——图形界面版本的 vim

图 3.14 gedit

3.3.4 文档排版工具

1. 文字办公软件

LibreOffice 是一款开源免费的全能办公套件，可运行于 Microsoft Windows、GNU/Linux 以及 Mac OS X 等操作系统上。它的前身 OpenOffice.org 经过了多年的开发和积累，已被全球范围内的众多用户使用。目前，LibreOffice 正处于活跃开发期，大约每 6 个月就会发布一次新版本。

LibreOffice 由文档编辑器、表单工具、演示稿编辑器、画图工具、数学公式编辑器和数据库管理六部分组成。文档编辑器用于编辑带有格式的打印文稿；表单工具用于处理数据表格，包括数值计算及统计作图；演示稿编辑器用于制作会议、演讲的电子投影稿；画图工具用于制作一些有规则的图形，包括框图和流程图，它们可以成为打印文稿和电子投影稿的组成部分；数学公式编辑器可以比较方便地编辑数学公式，且能与文稿融合。数据库管理工具可访问 LibreOffice 内部或外部的数据库，形成可视化的文档或数据表格。图 3.15 是 LibreOffice 处理文稿和表单的截图。

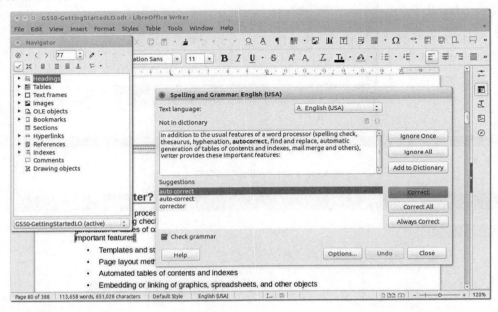

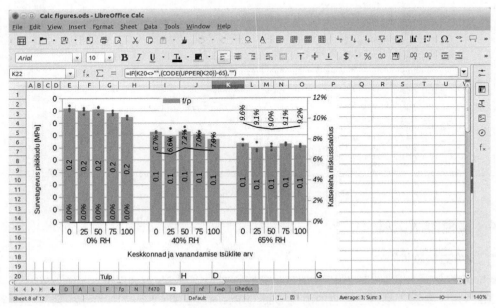

图 3.15　LibreOffice 文稿和表单处理

LibreOffice 原生的文档格式是开放文档格式（**O**pen **D**ocument **F**ormat，ODF）。ODF 是基

于 XML（eXtensible Markup Language，可扩展标记语言）的压缩文档。由于 ODF 已实现了标准化（ISO/IEC 26300），使得可以在不同编辑器版本、不同平台上保持文档格式的一致性。除了 ODF 以外，LibreOffice 还支持一些非开放格式，如微软的 Word、Excel、PowerPoint 以及 Publisher 等，它力图与微软的格式相兼容，但由于标准问题，目前对非开放格式支持的效果仍不理想。

LibreOffice 支持扩展功能，可以使用 LibreOffice Basic、Python、C/C++、Java 等多个编程语言为 LibreOffice 开发扩展程序，以丰富其功能。另外，它还支持模板功能，在编辑文档时可以使用 LibreOffice 模板库中已有的模板或者创建自己的个性化模板。

2. LaTeX

严格地说，办公软件不能算排版系统，用它制作的文档的规范性离排版要求还有一定的差距。比如，页面如何布局、图文如何设计、字体字号的使用等，很多排版问题都是文档编辑者想当然自行规定的，也不太考虑全文的格式统一。懂得专业排版知识的人毕竟是少数，多数人使用办公软件只是为了排出一个带格式的文档。即使有专业人员给出了文档模板，这个模板所制定的规则在编辑文档过程中也很容易被破坏。使用通用办公软件确实可以排出符合规范的论文和书籍，但仅靠熟练使用软件是不够的，还需要丰富的排版知识。

TeX 是完全意义上的排版系统，它并不是 Linux 系统所独有，因为 Linux 发展之初没有字处理软件，而且 TeX 又是免费的，这导致 Linux 用户很早就接受了这个软件。TeX 的作者是美国计算机科学家高德纳[1]。TeX 由希腊文 $\tau\varepsilon\chi$ 演变而来，它是英语 technology（技术）的词源（正因如此，多数人将 TeX 读作 tεx 或 tεk 而不是 tεks）。高德纳在编写《计算机编程艺术》这本书时开发了这个排版系统。使用 TeX 排版时，文档编辑者需要使用一组特定的命令，TeX 系统会根据这些命令形成格式化文档，这些特定的命令就像过去印刷厂的排字工。

由于 TeX 的命令过于原始，相当难用。一些软件人员基于 TeX 命令做了上层包装。其中，最著名的是莱斯利·兰波特[2]开发的系统，这套系统根据他的名字被命名为 LaTeX。

LaTeX 的原始文件是普通的纯文本。除了一些命令以外，它对格式没有要求，最终需要用一个编译命令（目前主要是 xelatex）生成 PDF 格式的文件。使用 LaTeX，作者在编辑文稿时，可以套用相应的模板，无需了解很多专业的排版知识，只需要考虑文章的内在逻辑结构，如：哪些文字组成一个段落，哪些段落形成一个章节，某个图表说明什么问题，公式或定理的推导关系，等等。LaTeX 是一个专业的排版系统，会自动编排章节序号、字体字号、页面布局等与排版相关的内容。这个系统在编排理工类文章时，优势尤其明显。

3. LyX

虽然 LaTeX 的易用性比原始的 TeX 有了很大的提高，但仍然需要记忆很多控制命令。对于习惯使用所见所得编辑工具的人来说，看不到最终的文档样式，心里总是忐忑不安。因此，一个 TeX 图形前端 LyX [3]应运而生，它看上去像 Office 工具那样可以编辑带格式的文档（见图 3.16），但又与 Office 不同：它采用形式与内容分离的策略，编辑过程中不会改变模板；图

1　Donald Ervin Knuth（1938.1.10– ），生于米尔沃基，美国计算机科学家、数学家，1963 年加州理工学院数学博士。因其对于算法和程序设计的分析获得 1974 年图灵奖，其贡献集中体现在他的著作《计算机编程艺术》中。

2　Leslie B. Lamport（1941.2.7– ），美国计算机科学家，1972 年布兰代斯大学数学博士。因其对分布式和并行计算的贡献获得 2013 年图灵奖。

3　该软件最初名为 Lyrix，由于与另一款软件名冲突而改成现在的名字。名称来自软件生成的文件名后缀。

形化界面上看到的样式不含纸张布局，需要再加工才能生成最终的 PDF 打印文档，其后台工具便是 TeX 系统。LyX 可以降低使用 LaTeX 的门槛，也可以将文档导出为 tex 文档格式，方便习惯直接用 TeX 系统的用户操作。图 3.16 是 LyX 的编辑界面，图 3.17 是编译后生成的 PDF 文档。

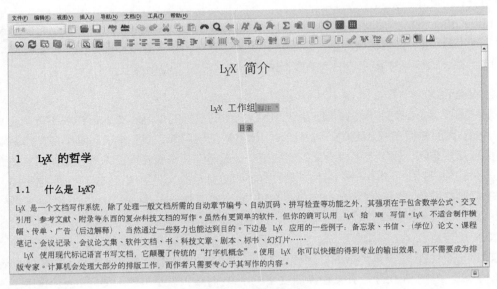

图 3.16　LyX 编辑界面

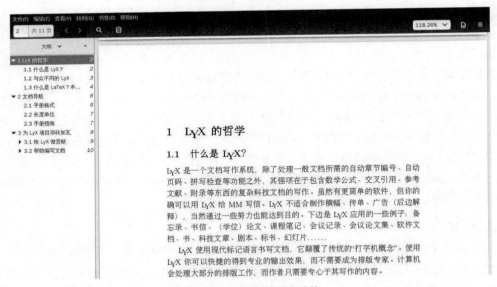

图 3.17　LyX 生成的 PDF 文档

3.3.5　图形处理工具

1. GIMP

GNU 图像处理程序（**GNU Image Manipulation Program**，GIMP）是由志愿者开发的开源位图图像编辑软件，用于图像绘制、照片修饰及编辑、裁剪、加工、图像格式转换以及其他专业任务。软件原名为通用图像处理程序，1997 年将名称中的通用（General）改成了 GNU，成为 GNU 项目的一员。它还直接导致了 GTK+（**GIMP Tool Kit**）[1]图形用户开发工具的诞生。目前 GIMP 是 Linux 系统中主流的图像编辑工具，而 GTK+则是 GNOME 桌面环境基础的图形库。

GIMP 支持多种位图格式文件以及部分矢量图形文件的导入和导出。

2. inkscape

inkscape 是一款矢量图形编辑器。默认方式下，它编辑生成基于 XML 的可缩放矢量图（**Scalable Vector Graphics**，SVG）格式文件。与位图（点阵图）不同，矢量图使用数学公式描述图形特征，可以随意缩放而始终保持图像的清晰度。除了 SVG 格式以外，inkscape 还接受导入矢量图 PDF、AI（**Adobe Illustrator**）、XFIG 格式及常见位图格式 PNG、JPG、BMP 等。导出文件除了图形格式文件以外，还可以产生 TeX 格式的文件，用于融合 LaTeX 文档。

inkscape 默认以图形界面方式编辑图像，也可以命令行方式运行。命令行方式常常用来进行图形文件格式转换：

```
$ inskcape tux.svg -D --export-pdf=tux.pdf --export-png=tux.png
```

上面的命令可以将文件 tux.svg 转换成 PDF 文件格式和 PNG 文件格式。

3. ImageMagick

ImageMagick 是一个比 GIMP 还要古老的位图显示、转换和编辑工具，它支持超过 200 种图形文件格式——其中大部分我们可能终生都不会用到。作为图形编辑工具，ImageMagick 远不如 GIMP 功能完善，但它有强大的命令行操作选项，用于图形显示和转换非常方便。例如，将一个 bmp 格式的文件转换成 jpg 格式，只需要一条命令：

```
$ convert foo.bmp foo.jpg
```

ImageMagick 会自动根据文件名后缀决定转换格式。

将一幅图片旋转 45°，也只需一条命令：

```
$ convert foo.jpg -rotate 45 bar.jpg
```

命令行工具为批量处理带来了很大方便，多个图形文件转换只需要写一个简单的脚本就可以完成。

3.3.6 多媒体软件

totem 是基于 GNOME 桌面环境的多媒体播放器，默认的多媒体引擎是 GStreamer。GStreamer 是一个基于流水线的多媒体框架。借助 GStreamer，程序员可以很方便地创建各种多媒体组件功能，从简单的音视频播放到媒体编辑器、流媒体广播等多种媒体应用。totem 也是 Ubuntu 默认安装的影音播放器。

mpv 是另一款可选的多媒体播放器，它的核心编解码组件是 FFmpeg。FFmpeg 是著名

1　GTK+是从 GIMP 项目中剥离出来的。为了与原有的 GTK 区别，在软件名称上加了一个后缀"+"。下一个大版本 GTK4 将不会再使用"+"。

的开源音视频编解码库。mpv 的前身是 MPlayer，部分 FFmpeg 的开发人员也是 MPlayer 的项目成员。

3.3.7　工程类软件

1. octave

MATLAB 是极负盛名的科学与工程计算工具软件，但 MATLAB 属于付费软件。octave 是一款为 Linux 系统开发的用于科学计算及数值分析的自由软件，属于 GNU 项目之一，它的核心由一组内置的矩阵运算语言和可加载函数组成，语法与 MATLAB 基本一致。规范的代码在 MATLAB 和 octave 上都可以运行，但二者的工具包不一样，octave 不能直接调用 MATLAB 的工具包。

octave 的名称来自美国的化学教授奥克塔夫·列文斯比尔[1]。octave 的作者不是列文斯比尔教授本人，而是他的学生约翰·伊顿（John Eaton）。出于对老师高超的数值运算能力的敬仰，学生以他的名字来命名这款软件。

从 4.0 版本开始，octave 默认的工作方式是基于 Qt 库的图形用户界面。图 3.18 是它的运行界面，图 3.19 是 octave 生成的两幅函数图。

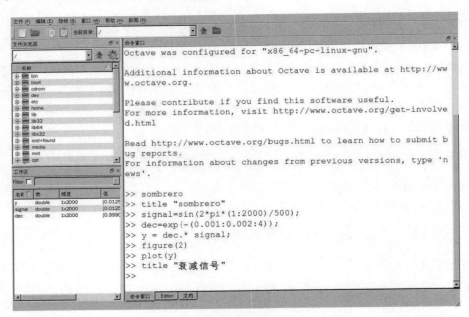

图 3.18　octave 用户界面

octave 内建了 GUI 开发工具，因此它除了可以用于数值计算以外，还可以用于构造图形用户界面应用程序。

2. gnuplot

gnuplot 是基于命令行的 2D/3D 专业作图工具，主要用于科学、工程类的数据可视化[2]。下面是 gnuplot 的一段指令，这段指令用于在一个窗口中画出三个函数图形。

1　Octave Levenspiel（1926.7.6—2017.3.5），生于上海，1952 年俄勒冈州立大学博士。
2　虽然软件名称中有"gnu"，但 gnuplot 与自由软件运动的 GNU 没关系，它也不是 GNU 项目的产品。

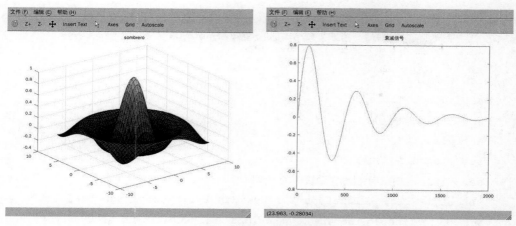

图 3.19　octave 输出图形

```
$ gnuplot

        G N U P L O T

        Version 5.0 patchlevel 7   last modified 2017 -08 -16


        Copyright (C)1986 -1993, 1998, 2004, 2007 -2017
        Thomas Williams, Colin Kelley and many others


        gnuplot home : http :// www.gnuplot.info
        faq, bugs, etc :   type "help FAQ"
        immediate help :   type "help" (plot window : hit 'h')


Terminal type set to 'qt'
gnuplot > set title "Some Math Functions"
gnuplot > set xrange [ -10:10]
gnuplot > set yrange [ -2:2]
gnuplot > set zeroaxis
gnuplot > set style line 1 linewidth 2 linecolor rgb "#FF0000"
gnuplot > set style line 2 linewidth 3 linecolor rgb "#0000FF"
gnuplot > set style line 3 linewidth 4 linecolor rgb "#D4A020"
gnuplot > plot (x/4)**2 linestyle 1, sin (x) linestyle 2, 1/x linestyle 3
```

其中，set title 设置图的标题，set xrange 和 set yrange 设置 x 轴、y 轴坐标范围，set zeroaxis 画坐标轴，接着设置三种线型，最后使用 plot 成图。[1]

gnuplot 的指令可以写成文件，在命令行中由 gnuplot 命令调用执行。通过 set terminal 和 set output 可以将图形输出到不同格式的文件中。清单 3.1 是由 gnuplot 指令组成的文件，它将数据文件 plot.dat（清单 3.2）生成图形文件 plot.pdf（见图 3.20）。

1　gnuplot 很多命令可以缩写，如 lw=linewidth,lc=linecolor,w=with,…。详细用法请参考 gnuplot 用户手册。

```
set terminal pdf
set output "plot.pdf"
set xlabel "年份"
set ylabel "百分比"
set yrange [0:80];
set title  "主流手机操作系统市场占有率"
set style line 1 linetype 1 linewidth 2 linecolor rgb "#FF0000"
set style line 2 linetype 2 linewidth 2 linecolor rgb "#0000FF" pt 9
 set style line 3 linetype 3 linewidth 2 linecolor rgb "#80008F"
set grid
set key at 2018,60
set key box
plot "osphone.dat" using 1:2 with linespoint linestyle 1 \
     title "Android", \
     "osphone.dat" using 1:3 with linespoint linestyle 2 \
     title "iOS", \
     "osphone.dat" using 1:4 with linespoint linestyle 3 \
     title "Symbian"
```

清单 3.2　gnuplot 数据

```
# 历年手机操作系统市场占比
# 数据来源：https://statcounter.com
# 年份  安卓      iOS       塞班
2009    2.41     34.01     35.49
2010    8.82     25.48     32.29
2011    19       22.29     31.68
2012    27.41    24.04     18.15
2013    39.21    24.03     6.82
2014    53.65    23.95     2.7
2015    64.2     20.2      1.18
2016    69.11    19.29     0.51
2017    72.63    19.65     0.21
2018    75.45    20.47     0.11
2019    74.83    22.8      0.05
```

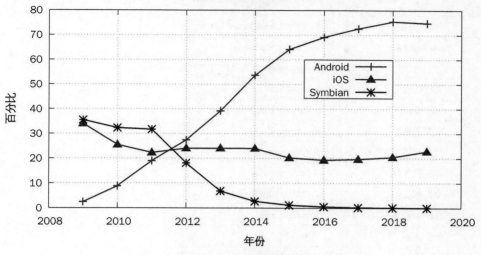

图 3.20　gnuplot 输出图形文件

3.4　小结

本章介绍了 Ubuntu 的安装以及基本软件的构成。Linux 操作系统的发行版众多，从普通用户的角度来看，发行版之间的差别主要体现在默认软件包的组织方式上；对于系统管理员来说，不同发行版在系统管理、配置方法上会有一定的差别。本章虽然介绍的是 Ubuntu Linux 桌面系统，但对其他发行版也有一定的借鉴作用。表 3.1 中列出了 Linux 桌面系统常用软件。

3.5　本章练习

1. 什么是 Linux 系统的桌面环境？桌面环境和图形用户界面有什么共同点和不同点？

2. Ubuntu 的文件管理器的作用是什么？作为文件管理工具，你感觉 nautilus 还缺什么功能？

3. 文本编辑器和 Office 文档编辑器各自的适用场合是什么？Office 工具可以作为文本编辑器使用吗？如果可以，为什么 Ubuntu 安装了 LibreOffice 还要安装 gedit？如果不可以，除了习惯因素以外，还有哪些技术方面的原因？

4. 请思考软件依赖关系是如何形成的。媒体播放器 totem 依赖哪些软件？（提示：Debian 系发行版请阅读/var/lib/dpkg/status 文件。）这种依赖关系对于操作系统来说是优点还是缺点？

表 3.1　桌面系统常用软件

功能	软件名
文件管理器	nautilus
软件包管理	synaptic

功能	软件名
网络浏览器	Firefox, Chromium, Chrome
文本编辑器	gedit, gvim, emacs
文档浏览器	evince, xournal（带编辑功能），calibre
文字处理	LibreOffice
排版系统	LyX（基于 TeX 引擎），Texmaker（LaTeX 前端）
视频播放	totem, mpv, VLC
音频播放	Rhythmbox
媒体编辑工具	Kdenlive, pitivi
图像处理工具	GIMP, ImageMagick
矢量图编辑器	inkscape, xfig
备份工具	deja-dup
远程桌面客户端	remmina, vncviewer
科学计算	octave

　　5. 有条件的情况下，尝试安装一个 Linux 的发行版，并安装几个不同的桌面环境，了解这个发行版默认安装的主要软件工具，体验不同桌面环境下的效果。

命令行工作方式

04
chapter

命令行工作方式是类 UNIX 系统的特色，它占用资源少，效率高，快捷方便，能够实现对计算机系统的完全控制。图形界面工具对发行版依赖较多，而命令行工具基本与发行版无关。很多嵌入式 Linux 系统受资源所限，必须使用命令行方式交互。在图形界面日益丰富的今天，命令行方式非但没有消亡，反而越来越受到开发人员的重视。"图形界面方式让容易的事变得容易，而命令行方式让困难的事变成可能。"

Linux 操作系统提供两种典型的操作界面：命令行界面（**Command Line Interface**，**CLI**）和图形用户界面（**Graphical User Interface**，**GUI**）。支持命令行工作方式的环境，叫作 shell。shell 是命令行解释器，它是通过键盘与操作系统进行交互的程序。类 UNIX 系统中曾经使用过很多种 shell。目前，Linux 系统中使用最普遍的是 bash（**Bourne Again SHell**）。[1]

4.1.1　两种字符界面

命令行界面又称字符界面。广义的字符界面还包括图形界面中的终端环境。在 Linux 系统中，有两种使用命令行的方式：在图形界面的菜单选项中选择"终端"（Terminal），会创建一个终端窗口，又叫终端模拟器。Linux 允许在图形界面上打开多个终端窗口。Ubuntu 的默认终端是 gnome-terminal，多个终端窗口也可以标签的方式合并在一个窗口中，通过组合键 Ctrl+PgUp/PgDn 在终端之间切换。这个窗口虽然是图形界面的一部分，在窗口管理器下工作，但窗口内只能以字符为操作单位，用户必须通过键盘与系统进行对话，在多数情况下鼠标无法发挥作用。不懂得命令的用法，就不能有效地在终端窗口使用计算机。

第二种是纯字符界面。UNIX 系统最初的设计只有字符界面，这是真正的终端（不是模拟器），它只需要一个字符显示器和一个键盘。每个终端通过调制/解调器连接到主机，多个 UNIX 用户通过各自的界面同时使用一台计算机。图形界面是在 UNIX 系统发明后很久才出现的。Linux 系统的字符界面总是可用的——即使在图形界面发生故障或是崩溃时。在个人计算机系统上，如果使用 lightdm 作为显示管理器，纯字符界面可以通过控制键 Ctrl+Alt+Fn（n 从 1～6）进行切换。在默认的系统安装下，这六个都是字符界面。从 Ctrl+Alt+F7 之后都是图形界面。但桌面系统通常只启动一个图形界面，因此 Ctrl+Alt+F8 之后的切换是不起作用的（原因见 6.2.1 小节）。

获得终端控制权后，也可以用命令 chvt 切换终端。

对于开发者来说，纯字符界面比窗口终端更具实用价值。它无需启动图形界面，不需要图形显示器，占用资源极少，硬件开销极低，特别是通过网络访问时，对双方的计算机配置要求都很低。但在纯字符界面下不能使用鼠标。

现今的计算机性能都足够高，除非必要，无需区分是终端模拟器还是纯字符界面，二者都能满足命令行工作的要求。

在终端模拟器的命令行环境中，双击鼠标左键，可以选中鼠标所在位置的一个单词；三击鼠标，可以选中鼠标所在的一行文字；按住鼠标左键并拖动鼠标，可以选中需要的文字。选中的文字可以通过鼠标中键复制到光标位置，还可以通过组合键 Ctrl+Shift+C 和 Ctrl+Shift+V 在终端之间进行复制粘贴。

4.1.2　认识终端环境

打开终端后，会看到在光标位置出现如下的提示信息，表示当前所处的环境。

1　Bourne Shell 由贝尔实验室研究人员 Stephen Richard Bourne 开发，作为 1979 年发布的第 7 版 UNIX 默认的命令行解释器。bash 是 GNU 项目的 shell，开发者是美国软件工程师 Brain J. Fox。

```
harry@Home-Desktop:~$
```

提示符告诉用户当前是什么身份、在哪个目录位置。这是一个很有用的提示。提示符的样式是由环境变量 PS1 设定的。在命令行中，可以通过下面的方式设置环境变量：

```
harry@Home-Desktop:~$ PS1 ='\u@\h:\t\$'
```

注意：赋值号（等号）两边不留空格。

echo 命令可以用来显示变量，包括环境变量。

```
harry@Home-Desktop:21:15:07$ echo $PS1
\u@\h:\t\$
harry@Home-Desktop:21:15:12$
```

利用变量、环境变量可以在 shell 环境中进行各种操作和运算，这是 shell 程序的重要基础。在定制环境变量 PS1 时用到的符号有特定的含义。常用的符号在表 4.1 中列出。

表 4.1 中的所有符号，都必须在前面加转义符"\"才有意义，否则将被当作字符本身对待，直接显示该字符，而反斜线会影响其后字符的功能。根据表 4.1 中的说明，提示符\u@\h:\w\$的含义是在提示符位置显示：用户名@主机名:工作目录$ 。如果是超级用户，则用#替换$。

下文为简洁起见，命令行的提示符部分不再专门打印，只用"$"或"#"来区分普通用户和超级用户。

表 4.1　定制提示符用到的符号

字符	含义	字符	含义
a	响铃	A	24 小时制 HH:MM
d	日期	D{格式}	格式化日期
e	逃逸符 Esc	h	主机名最后位 "." 之后
H	主机名	j	job 数目
l	shell 终端设备名	n	回车+ 换行
r	回车	s	shell 程序名
T	12 小时制 HH:MM:SS	t	24 小时制 HH:MM:SS
@	上午/下午	u	用户名
v	bash 版本	V	bash 发布版（包括子版本号）
w	当前目录	W	不含上级目录的当前目录
#	命令序号	!	历史命令序号
$	root 提示#，其他提示$	\nnn	八进制字符码
\	反斜线	[]	用于包裹非打印字符

4.1.3　环境变量 PATH

shell 有很多预定义的环境变量，在 shell 中执行命令时，有些命令会将这些环境变量作为自己的默认参数。利用命令 env 可以显示所有的环境变量。

PATH 是一个重要的环境变量，它是一组目录的列表，目录之间用冒号":"分隔。它指明了可执行程序的查找范围：只有在这些列表目录下的程序才可以直接用程序名执行，否则必须明确指定程序的目录。例如，下面这条命令用于显示当前日期/时间：

```
$ date
2018 年 09 月 17 日 星 期 一 11:43:00 CST
```

命令 date 位于/bin 目录中，/bin 在环境变量 PATH 的列表中（可通过 echo $PATH 查看）。将它复制到自己的目录下，改个名字，再执行一次：

```
$ cp /bin/date mydate
$ mydate
mydate : 未 找 到 命 令
```

虽然可执行程序 mydate 在当前目录下，但不属于 PATH 环境，因此不能直接执行，必须要指明该程序的完整路径[1]才能执行。习惯上，当前目录下的程序采用下面的方式执行：

```
$ ./mydate
2018 年 09 月 17 日 星 期 一 11:47:05 CST
```

即用一个点"."表示当前所在的工作目录。上述命令中的"."也可以用当前目录完整的路径名表示，但显然不如用一个点表示方便。如果想把当前目录加入环境变量 PATH，可以用下面的赋值方法：

```
$ PATH=.: $PATH
```

此后无论身处哪个目录，这个目录下的可执行程序就都可以直接用程序名作为命令执行了。这种改变 PATH 环境变量的做法极不可取。因为当前目录会随着工作目录的改变而改变，看似方便，但容易造成安全隐患。

4.1.4 命令行的格式

在命令行提示符下输入一行字符，以回车键结束，这一行命令就是我们需要计算机完成的工作。命令行中一条命令的完整格式是：

```
$ command [ options ] [ arguments ]
```

Linux 中的命令 command 有以下几种类型：

（1）可执行程序。它们通常是高级语言编写的源程序经编译产生的二进制文件，也包括需要解释器解释的脚本语言程序，如 Perl、Python 的脚本。操作系统中的大多数命令皆属此类。

（2）shell 内部命令。shell 自身的命令，属于 shell 功能的一部分，如 cd、alias、export 等。不同的 shell 都有自己的一套内部命令，但在类 UNIX 系统中使用的 shell，其内部命令在很大程度上是重合的。

（3）别名。用户根据习惯或需要，通过 alias 命令定义的命令。例如：

```
$ alias ls='ls --color=auto'
```

---

1 目录（directory）和路径（path）经常混用。严格地说，目录是指存储文件的结构点，在有的系统中又叫文件夹；路径是一条指向终点的通道。如果终点是文件，则不宜称作目录。

给命令 ls 另定义一个命令（为了保持习惯的一致性，仍以 ls 命名），使它的输出结果带有色彩标记。

取消别名的命令是 unalias。

（4）shell 函数。将 shell 脚本中的函数导入环境得到的命令（见 5.3.2 节）。

选项 options 告诉命令以何种方式执行，通常前面有"-"或"--"。前者称作"短选项"，属于 UNIX 风格，使用很少的字符（通常是一个字母或数字）表示；后者称作"长选项"，属于 GNU 风格，使用完整意义的单词或词组表示。多个选项有时候可以合并在同一个"-"后。少数情况下，选项字母前面没有"-"（属于 BSD 风格。相同字母的选项，有"-"的和没有"-"的功能可能有差别）。本书尽量使用短选项方式。

参数 arguments 通常是命令的操作对象。有的命令可能没有选项和参数，有的命令可能有不止一个选项或参数，有的选项可能要求后面紧跟它的参数。

命令、选项和参数之间用空格分开。在命令行中，所有与 Linux 系统操作相关的字母都是大小写敏感的[1]。

命令行中的参数和选项，在 C 语言中是通过主函数的参数实现的。清单 4.1 是一个简单的例子，用于说明程序是如何接受命令行的选项和参数的。该程序根据选项"-l"和"-u"将字符串参数转换成小写字母或大写字母。

清单 4.1　命令行处理选项和参数的方法示例 cmd.c

```
 1    # include <stdlib.h>
 2    # include <stdio.h>
 3    # include <string.h>
 4    # include <unistd.h>
 5    # include <ctype.h>
 6
 7    int main (int argc, char * argv [])
 8    {
 9        int  opt, len, i;
10        char string [256];
11
12        if (2 == argc) {    /* 如果仅有一个参数, 就打印这个参数*/
13            fprintf (stdout, "%s\n", argv [1]) ;
14            return EXIT_SUCCESS ;
15        }
16
17        while ( (opt = getopt (argc, argv, "u:l:" ) ) != -1) {
```

1　有些文件系统（如 FAT16、FAT32、VFAT）不区分文件名的大小写。一个被格式化成 FAT 的 U 盘，访问这个盘上的文件时，文件名就不必区分大小写。由于 FAT 文件系统并非源于 UNIX/Linux，它的行为与 Linux 没有直接关系。

```
18          switch (opt) {
19          case 'u':     /* 选项-u 将参数转换成大写字母   */
20              len = strlen (optarg) ;
21              for (i = 0; i <= len ; i ++)
22                  string [i] = toupper (optarg [i ]) ;
23              fprintf (stdout, "%s\n", string) ;
24              break ;
25          case 'l':     /* 选项-l 将参数转换成小写字母   */
26              len = strlen (optarg) ;
27              for (i = 0; i <= len ; i ++)
28                  string [i] = tolower (optarg [i ]) ;
29              fprintf (stdout, "%s\n", string) ;
30              break ;
31          default  :    /* 选项格式不符, 打印错误提示   */
32              fprintf (stderr, " Usage : %s [-u/-l] string \n", argv [0]);
33              exit (EXIT_FAILURE) ;
34          }
35      }
36
37      return EXIT_SUCCESS ;
38  }
```

使用 GCC 编译器将清单 4.1 编译成可执行程序:

```
$ gcc cmd.c -o cmd
```

编译成功的可执行程序 cmd 即可作为命令直接执行:

```
$ ./cmd -l Hello
hello
$ ./cmd -u "Hello, World"
HELLO, WORLD
```

命令行带有选项和参数的特点使得它在运行程序时具有很高的灵活性。所有在图形界面下可以通过鼠标点击启动的程序,都可以通过命令行输入命令的方式启动,反之则不尽然。例如使用下面的命令直接打开指定网页:

```
$ firefox www.google.com
```

而使用鼠标则缺乏这种灵活的手段。

4.1.5 快捷键和符号

在命令行中运行的程序,有时候想让它提前终止,或者因为屏幕显示内容过多,想让它暂停，这时可以通过快捷键进行操作。表 4.2 罗列了命令行操作中常用的快捷键，方便用户对程序的控制。

表 4.2　命令行使用的快捷键

快捷键	功能
Ctrl+C	终止当前任务（发送 TSTP 信号）
Ctrl+\	终止当前任务（发送 QUIT 信号）
Ctrl+L	清屏，相当于命令 clear
Ctrl+S	暂停终端打印输出
Ctrl+Q	继续终端打印输出
Ctrl+Z	进程挂起（见 4.8.4 节）
Ctrl+D	退出当前终端（相当于 exit 命令）

终端支持大多数命令和参数的自动补全功能。也就是说，对于较长的命令或参数，无需输入所有字母，只要输入前几个字母，在适当的时候使用 Tab 键，命令或参数就会自动补齐。"适当的时候"是指已输入的字母在当前候选命令或参数中只有一个。例如，设置网络地址的命令 ifconfig，输入前三个字母"ifc"后按 Tab 键，如果系统中没有其他以这三个字母开头的命令，完整的 ifconfig 命令就自动出来了。

使用自动补全功能的好处不仅仅是快捷方便，更重要的是不容易出错。

命令行中还有其他一些起特殊作用的符号。

（1）分号（;）

多数情况下，一个命令行只执行一条命令。如果需要在同一行执行多条命令，每条完整的命令之间应用分号分开。使用分号分隔的命令按先后顺序执行，前面的错误不影响后面的命令：

```
$ uptime ; sleep 3; uptime
```

上面命令的功能是两次读取计算机的运行时间和载荷，前后相隔 3 秒。

（2）反斜线（\）

当命令行很长、需要换行时，在行尾输入"\"后回车到下一行继续输入。一行命令可接受的字符数是几百 KB，大多数情况下，这种换行操作不是必需的，除非是为了易于阅读。

反斜线的另一个功能是对特殊符号的转义。当文件名中有特殊符号干扰了对命令行的理解时，反斜线可将它转换为普通符号；或者通过反斜线将一个普通符号变成具有语法意义的特殊符号，如"\n"。

例如，删除一个名为"（strange file）"的文件（文件名包含括号和空格）的命令如下：

```
$ rm \(strange\ file\)
```

（3）引号（' 和 "）

用于将一串字符框在一起成为一个整体。两种引号在多数情况下功能相同，可以互换，但必须首尾对应。当字符串中含有单引号时，可以考虑使用双引号来框字符串，反之同理。也可以通过转义符（\）将引号变成普通的符号。例如：通过下面的命令定义一个 shell 变量 var，它是一个完整的语句""May I help you?"，he asked."。

```
$ var='" May I help you ?" , he asked .'
```

少数情况下，单引号和双引号不同。单引号对一些特殊符号不转义，例如：

```
$ var='Hello'; echo "$var"
Hello
$ var='Hello'; echo '$var'
$var
```

（4）反引号（`）

两个反引号之间的字符串会被当作一条命令执行，返回这条命令执行的字符输出结果。例如：

```
$ var=`./cmd -u "Hello, World"`
$ echo $var
HELLO, WORLD
```

这里的 cmd 沿用了清单 4.1 的程序。

反引号的这种功能不便阅读、不能嵌套，在 bash 中最好使用括号"( )"代替。bash 保留反引号功能的目的只是为了与其他 shell 兼容。

（5）括号（()）

$与括号结合，表示命令替换，返回这个命令的结果。相比反引号的功能，它可以实现命令的嵌套。例如：

```
$ var=$(ls $(pwd)/*.c)
```

将当前目录下".c"文件的列表赋值给变量 var。

（6）花括号（{}）

当 shell 变量后面紧接字母时，用花括号明确变量名：

```
$ var='hello '
$ echo ${var}world
hello world
```

4.2 目录

在任何一个环境中生存，首先要熟悉环境。进入命令行方式，直接面对的就是文件系统环境。本节讨论对目录和文件的基本访问方法。操作之前，先明确自己的身份：普通用户，即只在本人目录下有写权限，超出此范围，访问权限会受到限制。没有特殊原因，不应动用超级用户权限。

4.2.1 游走于目录之间

在 Linux 系统中，所有文件和目录都被组织成一个树形结构。即使不同的物理存储设备，包括同一硬盘的不同分区、不同的外挂硬盘、U 盘、光盘，以及网盘，也都在这一棵树上。观察这棵树的命令就是 tree，默认的参数是当前目录：

```
$ tree
.
|-- examples.desktop
|-- 公共的
|-- 模板
|-- 视频
|-- 图片
|-- 文档
|-- 下载
|-- 音乐
`-- 桌面
8 directories, 1 file
```

tree 命令不在系统的默认安装里。如果运行时提示没有这条命令，可以通过下面的方法单独安装：

```
$ sudo apt install tree
```

用户权限切换 sudo 命令见 4.7.4 节，安装包管理 apt 命令见 6.3.3 节。

1. 转移目录

这棵树看起来枝叶稀疏，是因为在一根小树枝上。不妨向上走两步再看看：

```
$ cd ..
$ tree
.
`-- harry
        |-- examples.desktop
        |-- 公共的
        |-- 模板
        |-- 视频
        |-- 图片
        |-- 文档
        |-- 下载
        |-- 音乐
        `-- 桌面
9 directories, 1 file
```

在根目录上运行 tree 命令，会看到长长的、枝枝权权的清单。

cd（**c**hange **d**irectory）是 shell 的内部命令，表示改变工作目录，两个点 ".." 表示上一级目录。cd 通常带一个参数或不带参数。不带参数时，表示回到个人用户的主目录（环境变量 HOME 指向的目录）。参数表示转移到的目的地目录。"～"也表示用户的主目录，它在不允许参数为空时使用。例如将文件 file.txt 复制到主目录：

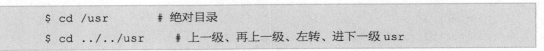
```
$ cp file.txt ~          # cp 命令的第二个参数不能为空
```

目录有两种表示形式，分别是绝对目录和相对目录。考虑到目录和文件两种情形，统称为绝对路径和相对路径。

（1）绝对路径：从上到下将所有目录依次串在一起，一直到最末端的目录或文件，每一层目录或文件之间用"/"分隔，最上层的根目录（树根）用"/"表示。

（2）相对路径：以当前位置为起点，向上或向下走到枝杈上。与绝对路径不同的是，相对路径的起点不是"/"。

图 4.1 中，从用户 harry 的主目录走到/usr，下面两条命令的参数分别对应的是绝对目录和相对目录形式：

```
$ cd /usr          # 绝对目录
$ cd ../../usr       # 上一级、再上一级、左转、进下一级 usr
```

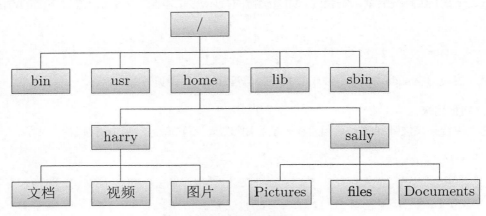

图 4.1 用户目录结构

2. 创建和删除目录

将一些相关的文件专门放在一个目录里，可以让工作变得更有条理，更易于维护。例如，Ubuntu 系统会给每个用户创建文档、图片、视频等目录。用户还可以根据自己的需要创建美食、旅游、股票目录。创建目录的命令是 mkdir（**make directories**）。使用 mkdir 可以一次创建多个目录，只要将多个目录名作为命令的参数即可。如果创建的是多层目录，但上级目录还不存在，可以使用选项-p 或--parents，表示连同父目录一起创建：

```
$ mkdir -p foods travel/nanjing/friends travel/beijing stocks
```

一个空目录可以用 rmdir（**remove directories**）删除。若是非空目录，即使这个目录里只有一个空文件（文件长度为 0），也不能用 rmdir 删除。

3. 定位当前位置

想知道现在在哪个目录下工作，只要看看提示符就可以了（系统默认设置的提示符格式）。如果是程序想知道当前的工作环境呢？可以用命令 pwd（**present working directory**）输出当前工作目录：

```
$ cd ~/travel/nanjing/friends
$ pwd
/home/harry/travel/nanjing/friends
```

4. 目录和文件的命名

从操作系统的角度看,目录也是文件的一种,以下讨论的与文件相关的问题,对目录同样适用(反之则未必)。

几乎所有的可显示字符都可以作为文件名,包括英文字母、数字、符号以及非英文字母。只是,不讲规则的命名会给今后的操作带来麻烦。因此,遵守一些规则还是有好处的。下面是在命令行中命名文件的一些建议。

* 文件名尽量仅包含字母、数字、点号和下划线,供图形桌面使用的文件可以比较随意。

* 以点号"."起头的文件名是隐藏文件,可以通过文件管理器的设置或者命令行文件列表的特定选项让它们不显示出来。隐藏文件的目的不是为了让别人看不到,而是让自己不会经常看到。列文件清单命令的特定选项可以让隐藏文件显示出来,文件管理器可以设置成显示或不显示隐藏文件。

* Linux 系统的文件名区分大小写。harry、Harry 和 HARRY 是三个不同的文件,它们可以同时存在于一个目录下(FAT 文件系统除外)。

* 尽量不要使用特殊符号作为文件名。例如,斜线是目录、文件之间的分隔符,空格是命令、选项、参数之间的分隔符,引号是字符串数组的标记,分号是多个命令的分隔,星号、问号是通配符。正常情况下,在命令行中创建带有这些特殊符号的文件名比较有难度。

* Linux 在系统层面上没有扩展名的概念,但遵守规范的文件名后缀格式便于自己和他人识别,有些软件会对特定文件后缀有简化的操作方式(如 GNU Make 的隐含规则)。另外,由于受到其他图形桌面操作系统的影响,很多 Linux 的应用软件也被默认设置为与特定的文件名后缀关联,因此,应该合理地利用文件名前缀和后缀。

如果在文件名中使用中文,还应该注意中文编码问题。如果是独家维护的操作系统,互相之间进行文件交换时使用的是相同的编码,这个问题一般不会暴露出来。但如果与其他操作系统交换文件,双方使用的编码方式不一致,就会导致乱码的出现。目前我国主要使用两种中文编码:GB(GB2312、GB18030,中国国家标准)系列字符集和国际统一码(Unicode,ISO 标准)系列字符集,这两套字符集完全不兼容。因此,在一个编码系统下看到的正常文字,拿到另一个编码系统中可能会完全看不懂。例如,在个人主目录下用 tree 命令看到的目录树,用下面的操作再看一遍,会发现大不相同:

```
$ LC_ALL="zh_CN.gbk"   # 语言环境设为中文 GBK
$ tree
.
|-- examples.desktop
|-- \344\270\213\350\275\275
|-- \345\205\254\345\205\261\347\232\204
|-- \345\233\276\347\211\207
|-- \346\226\207\346\241\243
```

```
|-- \346\241\214\351\235\242
|-- \346\250\241\346\235\277
|-- \350\247\206\351\242\221
`-- \351\237\263\344\271\220
$ LC_ALL="zh_CN.utf-8"# 改回默认的 UTF-8
```

　　如果一定要在文件名中带有中文，建议使用 UTF-8 标准（Unicode 的一种）。Unicode 完整地支持包括中文在内的多国语言文字，并且很多程序语言在处理文字时也优先支持 Unicode。

　　除了中文文件名的问题，中文文本编码也存在同样的问题。好在大多数文本阅读器/编辑器都能自动识别文本编码，阅读非英文文本文件早已不是问题。但少数情况下这个问题仍有可能暴露出来，比如在访问某些中文网站的时候看到乱码。

　　在终端模拟器上设定编码的方法是：在"终端"菜单项下选择"设定字符编码"，然后选定需要设定的编码。

4.2.2　目录层次结构

　　Linux 系统的目录结构遵循文件系统层次结构标准（**Filesystem Hierarchy Standard**，FHS）。该标准由 Linux 基金会维护，它规定了操作系统中的目录结构及它们的内容。以下是构成 Linux 目录的主要内容。

　　/ 根目录：所有目录或文件的起点。一些嵌入式 Linux 会将初始化脚本 init 放在根目录，或者将/sbin/init 链接到根目录的 linuxrc。

　　/bin：系统基本命令，是二进制（**binary**）可执行程序，目录由此得名。单用户可以使用这些命令启动或者修复系统。系统正常运行时也可以为普通用户提供系统的基本操作。

　　/boot：存放系统引导（Boot Loader）文件。该目录仅保存系统引导进程中使用的文件，如 Boot Loader 配置文件、内核镜像文件以及初始化 RAM Disk（initrd）。Linux 的初始化进程（init）及所需的配置文件应该放在/sbin 和/etc 目录中。

　　/dev：设备文件目录。该目录下包含系统已驱动的所有设备（字符设备和块设备）相关的设备文件，它们可能是通过 mknod 创建的，也可能是由内核的 DEVTMPFS 文件系统机制自动生成的。

　　/etc：存放主机的全局配置文件。一些规模较大的软件包会在该目录下或者二级目录/usr下建立自己的子目录，用于管理自身的配置。/etc 目录下一般不存放二进制可执行文件。该目录最初被 UNIX 命名时意为附属目录（**et cetera**），用于存放那些不明确属于哪个专属目录的文件。[1]

　　/etc　目录下还可能有以下一些分支。
- /etc/opt—— /opt 下附加包的配置文件目录。
- /etc/sgml——处理 SGML 软件的配置文件目录。
- /etc/X11——X-Window 系统的配置文件。
- /etc/xml——处理 XML 软件的配置文件目录。

1　在 GNOME 邮件列表上，有人将其解释为可编辑文本配置（**Editable Text Configuration**）或扩展工具箱（**Extended Tool Chest**）。

/home：用户目录。用于存放除超级用户以外的其他个人用户的数据。个人用户的主目录在这个目录下。

/lib：用于支持/bin 和/sbin 程序的基础库文件存放目录。它有几个变体：/lib32、/lib64 等，分别针对不同的二进制格式。

/media：移动存储设备的挂载点，包括光盘、U 盘。

/mnt：临时挂载的文件系统会连接到这个目录下。

/opt：存放可选的（**optional**）应用软件，通常是在系统软件仓库之外的软件。

/proc：该目录下的文件提供系统的所有进程（**process**）信息，这些信息是在系统运行中自动产生，并且是在不断变化的。该功能在内核中通过 PROCFS 伪文件系统实现。

/root：超级用户的主目录。与普通用户不同，超级用户的主目录不在/home 中，而在根文件系统中。由于/home 通常是另一个分区的挂载点，root 的主目录位置保证了即使其他分区出问题，root 也能正常工作。

/run：存放系统自启动以来的运行时可变数据，如登录的用户、守护进程等。这些数据对系统来说不是必需的，通常在这个目录上挂载临时文件系统 TMPFS。

/sbin：系统级基本二进制命令（**system binary**）存放目录，普通用户不能使用这些命令修改系统设置。

/srv：系统服务目录，例如 FTP 服务器的上传/下载文件区、NFS 服务器的目录等。

/sys：伪文件系统 SYSFS 的挂载点，提供内核运行时信息，包括设备、驱动程序和内核特性等。

/tmp：临时文件目录。

/usr：二级目录结构，UNIX 系统资源（**UNIX System Resources**）。绝大多数应用软件都以这个目录为起点。这是 Linux 桌面系统中最大的目录。有的系统将它专门做成一个分区，可以供不同的版本、不同的系统挂载。

/usr 目录下还有更细的分工。

- /usr/bin——提供给所有用户使用的应用软件的二进制可执行程序目录。
- /usr/include——C 语言的标准 include 文件。扩展开发包的 include 文件也会在此目录下独立创建一个子目录。
- /usr/lib——存放了/usr/bin 和/usr/sbin 二进制可执行程序使用的库文件（共享库），也包括开发软件包需要的静态库。相应的变体（如/usr/lib32）是针对不同二进制格式的库。
- /usr/local——三级目录结构，该目录下的程序或文件与主机系统可以没有直接关系，通常也包含与一级目录结构或二级目录结构相似的目录。
- /usr/sbin——给管理员使用的二进制应用程序的目录，例如守护进程、网络服务等。
- /usr/share——存放与系统架构无关的应用程序数据，如文档、手册等。
- /usr/src——源代码目录，主要是 Linux 内核及其头文件。
- /usr/X11R6——X-Window 系统。

/var：存放变化的文件。这些文件在系统正常工作时会不断地变化，例如日志文件等。

FHS 标准最初的名称是文件系统标准（Filesystem Standard），1997 年发布 2.0 版时使用现名，最新的 3.0 版于 2015 年 5 月 18 日发布。Linux 系统原则上遵循这一目录标准，但也有一些发行版在一些细节上有变化。

4.3　文件属性

4.3.1　列文件清单

有关文件的操作，最基本也是最常用的命令就是列文件清单 ls。我们在个人主目录下不带选项不带参数地执行 ls 命令：

```
$ ls
examples.desktop    stocks      公共的   视频   文档   音乐
foods               travel      模板     图片   下载   桌面
```

如果终端支持彩色显示，可以看到用不同颜色显示的不同文件[1]：蓝色表示目录文件，红色表示压缩包文件，绿色表示可执行文件，粉红色表示媒体文件（图像、声音、视频等），浅蓝色表示链接文件，白色表示没有特别属性的文件。颜色是表示文件属性最简洁明快的方式，但不够详细。

4.3.2　文件的完整属性

ls 命令有一个较常用的选项 "-l"（long），可以列出文件的详细信息，一个不太常用的选项 "-i"，用于显示文件的索引结点 inode 信息：

```
$ ls -li
6817091 -rw-r--r--  1 harry harry 8980 9月   13 17:09 examples.desktop
6817035 drwxrwxr-x 2 harry harry 4096 9月   19 12:09 foods
6817045 drwxrwxr-x 2 harry harry 4096 9月   19 12:09 stocks
6817029 drwxrwxr-x 4 harry harry 4096 9月   19 12:09 travel
6817066 drwxr-xr-x 2 harry harry 4096 9月   13 17:19 公共的
6817090 drwxr-xr-x 2 harry harry 4096 9月   13 17:19 模板
6817074 drwxr-xr-x 2 harry harry 4096 9月   13 17:19 视频
6817033 drwxr-xr-x 2 harry harry 4096 9月   13 17:19 图片
6817047 drwxr-xr-x 2 harry harry 4096 9月   13 17:19 文档
6817024 drwxr-xr-x 2 harry harry 4096 9月   13 17:19 下载
6817059 drwxr-xr-x 2 harry harry 4096 9月   13 17:19 音乐
6817083 drwxr-xr-x 2 harry harry 4096 9月   13 17:19 桌面
```

清单中的每一行列出了一个文件的完整属性，包括 8 个字段：inode、文件类型和操作权限、链接数、所属用户、所属组别、文件大小、最后修改日期（日期和时间）、文件名。

* inode 记录了文件在文件系统中的入口地址。
* 文件类型和操作权限由 10 个字符组成（对应 16 位二进制），其中文件类型是该字段的第一个字符（16 位二进制的高 4 位），用字母或 "-" 表示。表 4.3 列举了表示文件类型的字母

1　ls 命令本身并不直接显示颜色，通常它是加了选项--color=auto 后的别名。试试在终端上执行 type ls 看看结果？

和符号。

- 操作权限按用户本人、组别和其他人分成三部分，每一部分由读允许、写允许和运行允许组成，分别用字母 r（read）、w（write）、x（execute）表示，一共 9 个字符，如果某个权限不具备，则将相应位置上的字母用"-"代替。

表 4.3　文件类型的表示

符号	意义	常见来源
-	普通文件	由编辑工具创建或应用软件生成
b	块设备文件	由命令 mknod 创建
c	字符设备文件	由命令 mknod 创建
d	目录文件	由命令 mkdir 创建
l	符号链接文件	由命令 ln 选项-s 创建
p	管道文件	由命令 mkfifo 或 mknod 创建
s	套接字文件	由系统调用 bind()创建

普通文件的"x"标记表示它是一个可执行程序。不符合可执行文件格式的，即使将该属性位强制修改为"x"也不能正确执行。目录文件的可执行标记"x"表示允许访问（进入）。其他类型文件的可执行属性没有意义。

- 普通文件的链接数在使用命令 ln 时会自动增加（仅针对硬链接，见 4.4.4 节关于 ln 的介绍），目录文件的链接数由一级子目录数决定，包括目录"."和".."。
- 对于设备文件，文件大小字段显示的是主设备号和次设备号。主设备号用于内核识别设备驱动，次设备号用于驱动程序识别子设备。

有关 ls 命令的常用选项见表 4.4。

4.3.3　文件的属性位

inode 信息中，文件类型和操作权限是一个 16 位的二进制数，上一节已提到，其中最高 4 位用于表示文件类型，表示操作权限的低 12 位含义见表 4.5。

文件的 s 权限，对于文件拥有者来说，称为 SETUID，对于组来说，则是 SETGID，它赋予文件执行者以文件拥有者或文件属组的执行权限。对于目录，还有一个粘滞位 t（sticky bit），表示该目录下的文件和目录的写权限仅对文件拥有者本人有效。

多数情况下，在文件清单中看到的三组"rwx"标记对应 12 位的低 9 位，每 3 位二进制（或者说一个八进制）为一组。但当设置了 s 位或 t 位后，SETUID 在文件拥有者的"x"位上置标记"s"，SETGID 在属组的"x"位上置标记"s"，粘滞位在其他人的"x"位上置标记"t"。如果该位不具备可执行属性，则"s"和"t"显示为大写字母。对于不可执行文件来说，SETUID 和 SETGID 没有意义。

4.3.4　改变文件的属性

改变文件属性主要涉及改变权限和属主。执行改变文件属性的命令要求用户具有对该文件的操作权限，改变属主时还需要具有对目标属主的操作权限。

表 4.4　ls 命令常用选项

选项	功能
-1（数字）	一行显示一个文件
-a	显示所有文件（包括以"."开头的隐藏文件）
-i	显示文件的索引结点号
-c	按创建时间排序，新文件在前
-S	按文件大小排序，大文件在前
-t	按修改时间排序，新文件在前
-X	按扩展名字母顺序排序
-v	按版本号排序
-r	反向排序
-d	对于目录，仅列出目录名本身，不列出目录下的内容
-l（字母）	长列表，列出文件的完整属性
-g	与 l 类似，但不列出用户名
-o	与 l 类似，但不列出组别
-n	与 l 类似，但以数字 ID 方式显示用户和组别
-h	文件大小用易读方式表示（如 1.2KB、32MB 等）
-I	不显示指定类型的文件

表 4.5　文件操作权限各位含义

对象	标记符	标记位	权限说明
特殊位	s	04000	置 SETUID 位
	s	02000	置 SETGID 位
	t	01000	粘滞位
所有者	r	00400	读允许
	w	00200	写允许
	x	00100	执行允许
组成员	r	00040	读允许
	w	00020	写允许
	x	00010	执行允许
其他人	r	00004	读允许
	w	00002	写允许
	x	00001	执行允许

1. 改变权限

使用 chmod（**change mode**）命令可根据需要改变文件的读写属性，一般格式是：

```
$ chmod mode file
```

或

```
$ chmod [ugoa]+/-/=[rwxsXt] file
```

mode 一般按表 4.5 中标记位或结果的 4 位八进制数表示，例如"0644"即表示文件拥有者可读写、同组和其他人可读的不可执行文件。如果不足 4 位，则表示前面的数字是 0。下面的命令将文件 examples.desktop 的属性改成"-rw-------"：

```
$ chmod 600 examples.desktop
```

在 chmod 命令的第二种形式中，u、g、o、a 分别针对用户本人（**user**）、用户组（**group**）、其他人（**others**，不包括 user 和 group）、所有人（**all**），+/-/=表示为它们添加、去除或者赋予某个权限。例如，给文件 file 加上 SETUID、去掉同组人和其他人的读权限，使用下面的命令：

```
$ chmod u+s ,go -r file
```

使用 chmod 统一改变一个目录下的所有文件和子目录的权限，需要使用递归选项"-R"。

2. 改变用户和组别

chown（**change own**er）和 chgrp（**change group**）命令用于重新指定文件所属用户和组别。chown 命令中还可以同时包含组别：

```
# chown root:harry examples.desktop
```

根据分组策略原则，改变组别需要具有超级用户权限。

3. 改变文件的时间

文件系统中记录了文件的三个时间信息：最后访问时间、最后修改时间和最后状态改变时间。stat 命令可以显示文件的这三个时间信息：

```
$ stat examples.desktop
文件: examples.desktop
大小: 8980               块: 24       IO 块: 4096      普通文件
设备: 805h/2053d Inode: 16678661           硬链接: 1
权限: (0644/-rw-r--r--) Uid: (1000/ harry) Gid: (1000/ harry)
最近访问: 2018-12-24 21:14:50.680213529 +0800
最近更改: 2018-03-16 14:55:44.624701535 +0800
最近改动: 2018-03-16 14:55:44.624701535 +0800
创建时间: -
```

使用不带选项的 touch 命令时，会用当前时间覆盖文件的时间戳；选项"-t"用于将特定的时间赋给文件。单独改变最后修改时间或最后访问时间可使用选项"-m"（**m**odification）或"-a"（**a**ccess）。touch 也常常用来创建空文件。

4.4 文件操作

本节讨论除文件属性外其他一些较常用的文件操作。

4.4.1 复制文件

cp（**copy**）命令将一份文件复制为两份。复制单个文件时，命令格式是

```
$ cp [选项]源文件    目标文件
```

如果目标文件已存在，复制时会将目标文件覆盖，用复制的源文件替换。为避免误操作，复制时可以加一个选项"-i"（interactive），表示交互操作方式：当目标文件存在时，会提示用户确认覆盖或放弃。

复制多个文件时，最后一个参数必须是目录，复制的结果是将前面所列的文件复制到目标目录下。如果包含了目录复制，应给出选项"-r"（recursive），表示递归操作，否则目录和目录里的内容都将被跳过。表4.6列出了一些常用的选项。

表 4.6　cp 的常用选项

选项	功能
-l	用硬链接代替复制
-s	用软链接代替复制
-i	显示交互性提示
-f	不提示，强制覆盖
-u	跳过比源文件时间戳更新的文件
-n	不覆盖已存在的文件
-p	保持属性（类型、权限、时间）
-P	不跟随源文件的软链接
-d	保持软链接
-r/-R	递归复制（包括目录及子目录）
-a	等效于-dR --preserve=all

对文件名具有某种特征的一组文件进行操作时，为避免输入烦琐和遗漏，Linux 系统使用了一种称作通配符的符号系统。通配符是正则表达式在 shell 环境下的延伸。表 4.7 列出了在文件操作中常用的通配符。

例如，要将 foods 目录下的所有文件和目录（不包括 foods 本身）复制到 travel 目录下，执行的操作应该是：

```
$ cp -ri foods/* travel
```

表 4.8 展示了部分 POSIX 格式和字符集的对应关系。POSIX 格式也可以代替部分通配符形式，例如列出当前目录下文件名含有数字的文件：

```
$ ls *[[: digit :]]*
```

但这种使用方式不太常见，因为并没有起到足够的简化作用，不如"*[0-9]*"简单。

表 4.7　常用的文件操作通配符

符号	含义	举例
?	匹配任意一个字符	"???"（三个字符的文件名）
*	匹配任意个字符（.起头的除外）	"*.c"（以.c 为后缀的文件名）
[ ]	匹配列表中的字符	"*[Aa]"（以字母 A 或 a 结尾的文件名）
		"[A-Z]*"（任意大写字母开头的文件）
^、!	不包含	"[^0-9]*"（不以数字开头的文件名）
{ }	匹配括号中的列表	"*.c,[a-z]*"（所有以.c 为后缀和以小写字母开头的文件）

表 4.8　POSIX 格式对应的字符集形式

POSIX	字符集	含义
[:digit:]	[0-9]	任一数字
[:xdigit:]	[0-9A-Fa-f]	十六进制字符
[:alpha:]	[a-zA-Z]	任一字母
[:upper:]	[A-Z]	任一大写字母
[:lower:]	[a-z]	任一小写字母
[:alnum:]	[a-zA-Z0-9]	任一字母或数字
[:word:]	[A-Za-z0-9_]	文字字符（字母、数字及下划线）
[:ascii:]	[\x00-\x7F]	ASCII 字符
[:blank:]	[\t]	空白（空格或制表符）
[:cntrl:]	[\x00-\x1F\x7F]	控制字符
[:graph:]	[\x21-\x7E]	可见字符（除控制字符和空白符）
[:print:]	[\x20-\x7E]	可打印字符（除控制字符以外的字符）
[:punct:]		标点符号
[:space:]	[\t\r\n\v\f]	空白符（包括换行）

对于软链接文件（见 4.4.4 节），在复制时可能会有不同的要求：按文件类型复制或按文件内容复制。选项"-a""-P"、"-d"在复制过程中会保持文件类型属性。

cp 命令仅能复制普通文件和目录文件，复制其他类型的文件可能得不到预期的结果。例如复制管道文件或者设备文件，实际上是从管道或设备中读取数据，再将数据写入目标文件，也就是说只是创建了一个普通文件，而不是创建了一个新的管道文件或者设备文件。并且管道或设备有可能是阻塞的，复制过程能否进行，取决于读数据时的阻塞情况。此外，跨分区复制时，还要考虑文件系统对文件属性的支持情况。例如 FAT 文件系统不支持 inode，当其作为目标文件载体时不能创建链接，作为源文件载体时也不能传递操作权限信息。

4.4.2　文件搬家

mv（**move**）命令有两种功能：将一个文件搬到另一个文件上，即文件改名；将若干文件搬到一个目录里，即搬家。与 cp 命令类似，为避免覆盖已有的文件，选项 "-i" 也用于交互提示。

4.4.3 删除文件

rm（**remove**）是删除文件的命令。它和桌面环境中将文件移动到回收站的操作有所不同：回收站只是一个临时存放文件的目录，移动到那里的文件并不释放硬盘存储空间，仅当从回收站清除文件后，该文件才永久消失；而 rm 则是将文件直接永久删除。使用选项 "-i"，会在每个文件删除之前给出一个提示，输入 "y" 表示确认，其他任何输入都将跳过这个删除操作。

删除一个只读文件也会收到警示，输入 "y" 表示确认，将执行删除操作，其他输入都会忽略这个删除命令。

```
$ ls -l file?
-rw-rw-r-- 1 harry harry 0 9月  20 08:44 file1
-r--r--r-- 1 harry harry 0 9月  20 08:44 file2
$ rm file?
rm:是否删除有写保护的普通空文件   'file2 ' ?   y
```

如果想在操作过程中避免烦琐的确认，直接删除指定文件，可使用选项 "-f" 或 "--force"。

选项 "-d" 用于删除空目录。选项 "-r" 用于执行目录的递归操作，即逐层从下到上删除目录和文件。

在终端中，使用 rm 命令删除的文件不能用正常手段恢复。使用交互提示选项 "-i" 可以让用户的操作更慎重一些，但仍然需要用户细心、耐心地操作，特别是在使用通配符 "*" 操作文件时更应谨慎。

4.4.4 文件链接

ln（**link**）用于创建文件或目录的链接。在 Linux 的文件系统上，链接有两种形式：硬链接和软链接。不指定选项 "-s" 时，ln 命令默认创建硬链接。指定选项 "-s" 则创建软链接（**soft link**），或称符号链接（**symbolic link**）。以下是在一个空目录中的操作练习，用于展示链接的效果。#后面的文字是注释，不是键盘输入和屏幕显示：

```
$ cp /etc/passwd .             # 复制一份文件到当前目录
$ cp passwd file1              # 将文件在当前目录复制一份
$ ln file1 file2               # 创建一个硬链接
$ ln -s file2 file3            # 创建一个软链接
$ ls -li                       # 显示带 inode 的长列表
1833959 -rw-r--r--    2 harry harry 2457 9月  20  09:21  file1
1833959 -rw-r--r--    2 harry harry 2457 9月  20  09:21  file2
1834314 lrwxrwxrwx    1 harry harry    5 9月  20  09:21  file3 -> file2
1831629 -rw-r--r--    1 harry harry 2457 9月  20  09:21  passwd
```

注意到，文件 passwd、file1 和 file2 长度相同，目前都是一样的内容。从列出的 inode 中可以发现，file1 和 file2 有着相同的数值，表示它们存储在相同的位置，链接数表示它们都有两个链接。使用文本编辑工具修改这三个文件后再打印一次文件列表，会发现文件 file1 和 file2

总是保持同步变化，而文件 passwd 则是独立的。这就是硬链接的表现：每增加一个链接，链接数会增加，但它们仍存储在相同的位置，只是用了不同的名字。改变其中任何一个文件的内容都会影响到所有 inode 相同的文件。删除文件时，链接数会递减，直到删除最后一个文件，文件才最终从存储设备上消失，存储空间得以释放。

再看文件 file3，它没有与其他文件相同的 inode，文件类型被标注为 "l"，长度是 5 个字节。用编辑器打开后，会发现它与文件 file2 的内容相同，并且保持与 file2 的同步更新。删除文件 file3 也不会影响 file2，但删除文件 file2 后再打开 file3，原来的内容就消失了。

简单归纳一下链接的特点。

（1）硬链接和软链接的共同点是，它们都可以用不同的文件名访问相同的信息，信息本身只存储一份，不会额外占用磁盘存储空间，与复制文件不同。

（2）硬链接和软链接的不同点是，硬链接的每个文件的地位是平等的;而软链接的源文件消失后，目标文件就失效了。

在 Linux 系统上，创建硬链接有两个限制条件：一、不能跨分区，因为在不同分区上的 inode 没有相通性；二、不能链接目录，这也是多数操作系统的限制条件，这一点并非技术上不可实现，主要是为了避免造成目录循环。而软链接则没有这些限制。

了解了链接的特性，cp 命令中的 "-a" 选项就比较容易理解了：不加 "-a" 选项复制文件时，软链接文件复制到目标文件，目标文件是一个完整的链接源的备份；而加了 "-a" 选项后，复制的结果仍然是一个链接文件。

软链接有点像 Windows 操作系统中的快捷方式（shortcut），但本质上它们是不同的。软链接是文件系统的功能,软链接的源文件和目标文件始终保持同步；而快捷方式是一个普通文件，其功能是由操作系统而非文件系统实现的：系统软件读取并分析快捷方式的内容，然后根据内容完成相应的工作。快捷方式和它对应的源文件在文件系统层上没有任何关系。

链接在 Linux 系统中的使用非常普遍。Linux 系统的动态库通常都会有三种形式：包含完整版本号的原文件、只包含大版本号的运行时（run-time）文件、用于开发的链接库文件。它们的内容完全一样，使用链接，可以节省存储空间，也可以保证它们的一致性。不同版本的软件，只要修改一下链接，就可以很方便地在同一个系统中共存。

4.4.5 浏览文件

1. 全文浏览

用文本编辑器查看文件的内容可能是最简单的办法，在图形桌面上可以直接操作。但如果只是简单地浏览文件内容,打开文本编辑器的时间较长,而且可能因为误操作导致文件被修改。

在终端上浏览文件，有几个常用命令。

cat（concatenate files）：读取文件内容并送到标准输出设备上。对篇幅不长的文件，cat 是一个便捷的命令。它有两个比较实用的选项："-n" 会给显示的文件标上行号，"-b" 将非空行标记行号，对浏览程序清单这样的文件很方便。

more：如果是篇幅很长的文件，cat 命令会从头到尾显示完整的文件，最后在终端上显示的只是最后一段。more 则可以分屏显示，显示满一屏时会暂停，等待用户输入一个键再显示下一段内容：空格键继续显示下一屏，回车键向下走一行，"b" 键回翻上一屏，"10z" 以 10 行为单位下翻。more 还可以在浏览文件的过程中用正则表达式进行匹配搜索，定位显示。

less 与 more 类似，但比 more 支持更多的特性。

cat 的功能不止浏览文件。结合命令行的重定向功能，它还可以用于许多场合，在 shell 程序里经常会用到。表 4.9 列出了它的常用选项。

表 4.9 cat 的常用选项

选项	功能
-n	打印行号
-b	跳过空行行号
-s	去除连续的多个空行
-v	用ˆM 标记打印不可显示字符
-T	用ˆI 显示制表符
-E	行尾显示$
-A	显示所有字符，等效于-vET

2．其他浏览方式

如果只关心文件开头部分或者结尾部分，可以使用 head 或 tail 这两个命令。默认方式下，它们打印文件的前 10 行或最后 10 行的内容。选项"-n"或"--lines="用于指定打印的行数。除了以行为单位的打印，还可以用"-c"或"--bytes="选项以字符（字节）[1]为单位打印。

tail 命令还有一个有用的选项"-f"或"--follow"，用来跟踪一个不断增加的文件尾部。有些程序在运行时会不断地向指定文件输出信息。比较典型的就是各种服务器软件，会不停地向日志文件输出信息。tail -f 可以在不干扰服务器工作的情况下即时监控服务器最后的输出内容。Linux 还有一个怪异的命令 tac，它是 cat 的反写。正如其名，tac 将文件以行为单位反序打印输出。日志文件的内容一般按时间先后顺序书写，tac 则可以将日志文件内容的先后顺序掉过来，即新的日志打印在前面。

4.4.6 查找文件

1．locate

根据文件名特征查找文件最快捷的命令是 locate，它从数据库中搜索文件名关键字，迅速地打印出结果。由于依赖数据库，可以发挥速度的优势，但如果数据库没得到及时更新，查找文件就会出错。系统一般会设定在夜晚更新数据库，以免打扰使用者的正常工作。

例如，查找文件名中包含"locate"的文件：

```
$ locate locate
/usr/bin/fallocate
/usr/bin/locate
/usr/bin/mlocate
/usr/bin/msd-locate-pointer
/usr/bin/updatedb.mlocate
```

1　如果是中文文档，一个汉字可能是 2 个、3 个或更多个字节。

```
/usr/include/c++/7/bits/allocated_ptr.h
...
```

2. whereis

如果查找的是可执行程序或者手册页，利用 whereis 命令也可以很快找到。它只在环境变量 PATH 和 MANPATH 指定的范围内查找。由于范围很小，查找速度也很快：

```
$ whereis locate
locate:/usr/bin/locate/usr/share/man/man1/locate.1.gz
```

3. find

桌面系统的文件管理器提供的查找手段一般局限比较大，支持按文件名、日期、大小进行搜索，更多的文件特性在其中也不方便体现。前面提到的 locate 和 whereis 只能根据文件名的线索查找，命令 find 则可以以更加灵活的方式达到目的。表 4.10 列出了部分 find 常用的选项。

表 4.10   find 的部分选项

选项	功能
-maxdepth levels	最大查找目录深度
-mindepth levels	最小查找目录深度
-amin n	最后访问时间在 n 分钟之前的
-anewer file	在文件 file 修改之后访问过的文件
-atime n	最后访问时间在 n×24 小时之前的
-cmin n	文件状态 n 分钟之前变化的
-cnewer file	在文件 file 状态变化之后，状态发生了变化的文件
-ctime n	文件状态在 n×24 小时之前变化的
-executable	具有可执行属性的文件和目录
-readable	具有读权限的文件
-writeable	具有写权限的文件
-perm mode	权限位，可以用八进制数字表示，也可以用[ugoa]形式
-gid n	根据文件的组 ID 查找
-group gname	根据组名查找
-uid n	根据用户 ID 查找
-user uname	根据用户名查找
-type c	根据文件类型（表 4.3）查找，普通文件类型是 f
-newer file	在文件 file 之后修改过的文件
-samefile file	与文件 file 有相同 inode 的文件
-size n	按文件大小查找，可使用 k、M、G 等字母单位
-inum n	按 inode 查找文件（用-samefile 更方便）
-name pattern	按文件名查找，可以用通配符
-delete	删除找到的文件
-exec cmd	对找到的文件用命令 cmd 处理

查找文件选项中用到的数字 n，可以用前缀+/-来表示大于或者小于。

下面的命令删除个人目录下所有大于 20MB 的文件：

```
$ find ~ -size +20M -delete
```

下面的命令将当前目录下的所有 ".c" 和 ".h" 文件移到 "文档" 目录下[1]：

```
$ find . -name "*.[ch]" -exec mv {} ~/ 文档    \;
```

此命令需要做一些解释：查找命令的作用范围是从当前目录（"."）向下，不限深度；查找文件名的通配符 "*.[ch]" 的含义见表 4.7；选项 "-exec" 表示对找到的文件执行文件移动命令 mv（每一个文件对应一个 "{}"），将它移动到用户主目录下的 "文档" 目录；mv 命令会执行多次，同一行的命令用分号 ";" 分隔，为避免 ";" 被 shell 理解为 find 命令的分隔，需用转义符 "\" 转义。

按多个逻辑关系查找文件时，find 支持逻辑运算操作。表 4.11 是逻辑运算符的简单说明。

例如，下面的命令查找根目录一层权限为-rw-------的文件或者权限不是 drwx------的目录：

表 4.11 条件查找的逻辑运算

运算符	功能
-and（简写-a）	操作符两边的条件都成立
-or（简写-o）	操作符两边的条件至少有一个成立
-not（简写!）	操作符后面的条件反转

```
$ find / -maxdepth 1 \( -type f -perm 600 \) -o \( -type d ! -perm 700 \)
```

在有逻辑运算时，默认的顺序是从左到右。括号 "()" 用于提高运算优先级。由于括号在命令行中有特定的含义，这里用 "\" 将其转义。括号和选项之间要留有空格。

4.4.7 文件比较

比较两个或两组文件之间的差异，可以使用 diff（**difference**）命令。因为是程序操作，比使用肉眼观察要可靠得多。

- 人工阅读文档时，有些符号在某些字体显示下容易混淆，如数字 "0" 和字母 "O"、数字 "1" 和字母 "l"，有的符号甚至无法分辨，如空格和制表符。而 diff 可以准确地区分不同的符号，毕竟它是机器，和人的行为方式完全不同。

- 在另一些场合下，差异并没有实际意义，例如文档中连续的多个空格或空行、制表符和空格；一些程序语言对大小写字母也不敏感。此时，使用 diff 的不同选项可以让比较的结果忽略这些差异，使问题更加集中。

图 4.2 是两篇看上去不一样、但内容完全一样的文档。使用不带选项的 diff 命令会发现其实每行都有不同：

```
$ diff star1.txt star2.txt
1,4c1,5
< Twinkle, twinkle, little star,
```

---

1 本示例仅用于说明 find 命令的用法。其作为批量移动文件的实际操作是有缺陷的，因为它没有考虑不同子目录中的同名文件在移动过程中的覆盖问题。

```
     < How I wonder what you are.
     < Up above the   world so high,
     < Like a diamond in the sky.
     ---
     > Twinkle, twinkle, little star,
     > How I wonder what you are.
     >
     > Up above the world so high,
     > Like a diamond in the sky.
```

```
Twinkle, twinkle , little star,
    How I wonder what you are.
Up above the   world so high,
    Like a diamond in the sky.
```

```
Twinkle, twinkle, little star,
How  I  wonder   what you are.

Up  above  the  world so high,
Like  a  diamond  in  the  sky.
```

(a) star1.txt

(b) star2.txt

图 4.2　用于文件比较命令的两段短文

而使用 "-B"（忽略空行）和 "-w"（忽略空格）选项后，两个文件的比较结果则完全相同。
使用 diff 进行文件或目录比较的命令格式是：

```
$ diff [ options ] FILE1 FILE2
```

FILE1 和 FILE2 可以是文件或目录。在进行目录比较时，diff 对两个目录下的同名文件进
行比较。表 4.12 列出了 diff 的常用选项。

表 4.12　diff 的常用选项

选项	功能
-q	给出相同或不同的简短结论
-c,-C NUM	分别输出差异处前后 NUM 行内容（默认是 3）
-u,-U NUM	合并输出差异处前后 NUM 行内容（默认是 3）
-y	并排两列输出
-t	输出时将制表符扩展成空格
--tabsize	制表符对应的空格数（默认是 8）
-r	目录递归（用于目录比较）
-N	将空缺文件作为空文件处理（用于目录比较）
-x PATTERN	排除文件名匹配 PATTERN 的文件（用于目录比较）
-X FILE	排除文件名匹配 FILE 的文件（用于目录比较）
-i	忽略字母大小写
-E	忽略制表符扩展
-Z	忽略尾部空格

选项	功能
-b	忽略多个连续空格的差异
-B	忽略空行
-w	忽略所有空格
-a	将文件作为文本文件处理（比较二进制文件）
--color[=WHEN]	彩色输出（never、always 或者 auto）

diff 还有两个长选项：-ignore-file-name-case 和-no-ignore-file-name-case。默认方式下，diff 对文件名大小写敏感。而有些文件系统不区分文件名大小写，这两个选项可以决定是否忽略文件名大小写的差别。

在比较二进制文件时，diff 通常是直接给出两个文件相同或者不同的结论，而不指出具体的差别。当使用选项"-a"时，也完全可以给出定量的结果，但二进制的比较结果对修改文件没有太大帮助，如果要修改，只能是全文替换。因此 diff 一般不用于比较两个二进制文件。

在实际使用 diff 时，比较的结果通常会通过重定向输出到一个文件，这个文件又叫补丁文件。Linux 系统还提供了专门的工具 patch，即用补丁文件升级软件。除了用于普通的文件比较以外，patch 也是数据库备份、系统升级、版本控制的重要基础工具。

Linux 还提供一个三方比较命令 diff3，使用场合并不多。另一个不太常用的比较命令 comm 用于逐行比较两个已排序的文件，输出二者的交集和差集。

4.4.8 文件处理

1. 文本内容匹配

如果需要在一组文件中查找特定的内容，grep（**g**lobal **r**egular **e**xpression **p**rint）是一个非常有用的工具。默认方式下，它直接打印满足匹配条件的文件名（如果以通配符作为文件名参数的话）和特征文本所在行：

```
$ grep 'harry' /etc/passwd
harry:x:1000:1000:Harry Potter,,,:/home/harry:/bin/bash
```

在彩色终端上，grep 通过"--color"选项支持匹配文字彩色显示，很多系统已经默认加上这个选项作为别名。其他一些常用选项见表 4.13。

表 4.13　grep 的常用选项

选项	功能
-E	扩展型 regex（ERE）
-F	将匹配模型作为固定字符串
-G	基本型 regex（BRE）
-P	Perl 兼容型 regex（PCRE）
-A	指定行数 N，打印匹配行和其后 N 行
-B	指定行数 N，打印之前 N 行和匹配行
-C	指定行数 N，打印匹配行和前后 N 行

选项	功能
-q	安静模式，不打印信息
-s	文件不存在或不可读时，不打印出错信息
-e	指定匹配模式
-f	从指定文件中获取匹配模式
-w	按一个完整的字符串（单词）匹配
-x	整行匹配
-v	反匹配，打印不匹配的行
-i	忽略大小写
-r	递归模式，读取每个子目录下的文件
-c	打印符合匹配条件的行数
-l	打印匹配的文件名，一旦匹配，则结束该文件扫描
-L	打印不匹配的文件名，一旦匹配，则结束该文件扫描
-h	不标示匹配行所属的文件名
-H	标示匹配行所属的文件名
-n	标示匹配行的行号
-o	仅打印匹配的字符，而不是一行
-a	接受二进制文件
-b	打印匹配位置的字节偏移量

2. 流编辑

除了使用文件编辑器直接编辑文件以外，Linux 还提供了一些程序化的编辑工具，它们无需人工操作，而是以程序的方式编辑文件。sed（stream editor，流编辑器）是其中最常用的一个，在完成差不多功能的情况下，它比 awk 和 Perl 要小得多。sed 还有一个文件编辑器无可替代的功能：它可以编辑 shell 变量。

表 4.14 列出了 sed 的一些常用选项。默认方式下，编辑命令脚本写在命令行的引号中，无需指定选项 "-e"，若选项明确时，编辑命令也可以不加引号。

表 4.14　sed 的常用选项

选项	功能
-e script	执行脚本 script
-f script-file	执行脚本文件 script-file 中的命令
-i[suffix]	直接在文件内编辑（无此选项时，默认输出到标准输出设备）。如提供 suffix，则以 suffix 作为备份文件的后缀
-n	安静模式，通常与 p 命令结合，仅打印特征行信息
-E，-r	使用扩展型正则表达式

作为流编辑器，sed 每次只从文件读入一行，对该行进行指定的处理、输出，接着读入下一行，整个文件像流水一样被逐行处理，然后逐行输出。处理时，当前处理的行存储在临时缓

冲区中，该缓冲区称为"模式空间"；处理完成后，缓冲区的内容送往"保留空间"，接着处理下一行，直到整个文件处理完毕。

表 4.15 列出了 sed 的常用编辑命令，与编辑器 vim 使用的编辑命令有很大的重叠。sed 的编辑命令支持正则表达式。

表 4.15　sed 的常用编辑命令

命令	功能	示例
{ }	命令块	
:	标号	
b	跳转	
t	条件跳转	
T	条件跳转	
=	打印当前行号	
#	注释	
q	退出	
p	打印	打印当前模式空间
P	打印	打印当前模式空间，直到第一个换行位置
n,N	下一行	将下一行送入模式空间
h	空间复制	模式空间复制/追加到保留空间
g	空间复制	保留空间复制/追加到模式空间
l	清晰打印	明示不可见字符（换行符\r、行尾$等）
c	行替换	1,10cnew text，用新的字符串替换模式空间
s	串替换	1,10s/abc/ABC/，用 ABC 替换 abc
d	删除行	/this/d，删除带有"this"的行
D	删除行	删除模式空间，直到第一个新行位置
i	前插入行	5iNew Line，在第 5 行前面插入新行
a	后插入行	5aNew Line，在第 5 行之后插入新行
r	插入文件	5r hello.h，在第 5 行之后插入文件 hello.h
w	写文件	3,8w newfile，将第 3～8 行写入文件 newfile
x	交换	模式空间与保留空间互换
y	映射转换	y/source/dest

编辑文件时，模式空间可以用行号或行号范围指定，也可以用/pattern/匹配方式指定。例如，下面的命令打印文件 hello.c 中含有#include<...>的行：

```
$ sed -n '/#include <\(.\+\)>/p' hello.c
```

下面的命令将文件 hello.c 中的小写字母移位，即 a→b,b→c,…,z→a，起到一个简单的加密作用：

```
$ sed 'y/abcdefghijklmnopqrstuvwxyz/bcdefghijklmnopqrstuvwxyza/' hello.c
```

一次执行多个编辑项时，sed 命令允许重复使用"-e"选项，或者用分号（;）分隔各个编辑项。由于分号在命令行中有特殊用途，因此后一种方法应将编辑命令置于引号中。

sed 处理后默认输出到标准输出设备。通常有两种方式保存处理结果：输出重定向或者使用"-i"选项直接编辑修改文件。

sed 的脚本功能可以使编辑工作更加灵活。例如，打印原文件中含有 if 语句的行号，可以先创建清单 4.2 这样的脚本。

清单 4.2　sed 脚本 sedscr

```
# print line number
/ if /{
    =
    p
}
```

然后用下面的方式执行：

```
$ sed -f sedscr hello.c
```

3. 压缩和解压

Linux 系统使用的开源压缩算法列在表 4.16 中以便对比。

表 4.16　常见压缩格式

格式	算法	压缩命令	解压命令	压缩效率	算法复杂度
gz	DEFLATE	gzip	gunzip	低	低
bz2	Burrows–Wheeler	bzip2	bunzip2	中	高
xz	LZMA2	xz	unxz	高	中
lzma	LZMA	lzma	unlzma	高	中

文件压缩后，通常还需要使用规范的格式进行包装（有的压缩命令允许以裸数据保存），表 4.16 中"格式"列的文件后缀就是 Linux 系统习惯的包装命名方式。在默认压缩方式下，输出文件名就是在原文件后面加上格式后缀。

每个压缩命令都可以使用一个 0～9 的数字作为选项，用来指定压缩率指标，数字越大，压缩率越高，同时意味着算法耗时也更多。

```
$ gzip -9 file        # 将 file 以最大压缩率压缩成 file.gz
$ gunzip file.gz      # 将 file.gz 解压
```

本节涉及的压缩算法都属于无损压缩，压缩后的文件可以节省磁盘空间，通过解压算法又可以完美地恢复原来的数据。在图像、音视频文件中采用的压缩算法常常是有损压缩，有损压缩利用人的感知特性，有目标地去除一些非敏感特征，从而在保持信息基本完整的情况下获得更高的压缩率。例如，将一幅 BMP 格式的图像转成 PNG 格式时，使用的是 DEFLATE 算法，与 gz 格式的压缩效率相当，属于无损压缩；而转成 JPG 图像格式时，可以牺牲图像的部分信息以换取更高的压缩率，但无法还原成与原图一样的图像。

4．打包和拆包

我们经常需要将一组文件打包合并成一个文件，便于携带和传输。为了减小体积，还要进行压缩。有一些命令专门完成这项工作。tar（tape archive）是一个常用的工具。它可以通过不同的选项选择压缩方式，将打包和压缩一次完成。表 4.17 列出了一些常用的 tar 选项。

表 4.17　tar 的常用选项

选项	功能
-A	追加
-c	创建一个新的打包文件
-d	找出打包文件和文件系统的不同
-u	更新文件包中的指定文件
--delete	删除打包文件中的成员
-r	在打包文件后追加文件
-t	列打包文件的成员清单
-x	从打包文件中提取文件
-X	排除指定文件中列出的文件
-f	指定打包文件名
-j	使用 bzip2 压缩
-J	使用 xz 压缩
-z	使用 gz 压缩
-C	进入指定目录后再进行操作
-v	显示处理文件的过程

tar 命令的传统使用方式选项前面没有"-"。选项必须包含 A、c、d、r、t、u、x 中的一个。例如，将目录"桌面"下的所有文件以 bzip2 格式压缩并打包成文件 desktop.tar.bz2：

```
$ tar cjf desktop.tar.bz2 桌面/
```

拆包时，tar 能自动识别压缩文件的格式，因此不需要用参数指定。错误的参数反而会导致命令执行失败。下面是解压命令的例子：

```
$ tar xvf desktop.tar.bz2 -C 下载
```

上面的命令表示在"下载"目录下解压文件 desktop.tar.bz2，解压过程中会显示压缩包里的文件名。

zip 是 Linux 系统中不太常用的一种压缩包格式，它使用 zip/unzip 命令。例如，下面的命令将目录 travel 打包后生成一个 travel.zip 文件，选项"-r"表示子目录递归：

```
$ zip -r travel.zip travel
```

zip3.0 版之后具有压缩分包功能。下面的例子将 foo 目录下的文件以 2MB 为单位生成若干压缩包，文件名后缀依次是.z01、.z02、…、.zip：

```
$ zip -s 2m -r split.zip foo
```

经 zip 命令压缩打包的文件，可使用 unzip 命令列表或解压拆包。常用的选项有："-l"——列表，"-x"——解压，"-d"——指定解压目录，"-t"——检查校验。上面生成的 travel.zip 文件经下面的命令处理后，会在"桌面"目录里展开：

```
$ unzip travel.zip -d 桌面
```

4.5 学习更多的命令

Linux 系统中的基本命令虽然短小精悍[1]，但却功能完备，每个命令都做得非常精致，通过不同的选项达到调动系统资源的目的。再结合 shell 提供的编程能力，灵活组合各种命令，可以满足大部分非图形处理的要求。然而，shell 中执行命令的一个最大问题也来自它们的繁多选项。即使熟练的 Linux 用户，也未必能全部记住这些命令和它们的所有选项。

4.5.1　使用帮助选项

大部分命令都包含一个帮助选项"--help"，并且内容都已经是本地化的。如果在执行某项操作时，知道使用哪个命令，但不知道具体细节，利用这个选项打印出的信息将很有帮助。

4.5.2　手册页

感谢软件的开发人员，除了开发出色的软件，还同时编写了相当规范的使用说明书，这个说明书又叫手册页（manual page）。Ubuntu 系统中几乎所有的程序都可以通过命令 man 调出说明书，它比命令本身的"--help"选项打印的信息更全面。如果不知道 diff 命令怎么用，只需要使用 man diff，就可以查到详细的使用说明：

```
DIFF (1)              User Commands      DIFF (1)


NAME
      diff - compare files line by line


SYNOPSIS
      diff [ OPTION ]... FILES


DESCRIPTION
      Compare FILES line by line.


      Mandatory arguments to long options are mandatory for short options
too.
```

1　有的发行版（特别是嵌入式 Linux）使用一个叫做 busybox 的软件包，它包含 100 多条有关文件处理、进程控制、系统管理、网络及各种服务的 Linux 基本命令，几乎涵盖了本章讨论的所有命令，全部加起来 1MB 左右（不包括 libc 的动态库），平均每条命令不足 8KB。

```
        -- normal
               output a normal diff (the default)

        -q, -- brief
               report only when files differ

...
```

这本说明书共有 8 卷，按表 4.18 的"内容"列分类。

表 4.18 帮助文档说明书分类

卷号	内容
1	可执行程序或 shell 命令
2	编程中使用的系统调用函数
3	编程中使用的库函数
4	设备文件（通常位于/dev 目录）
5	文件格式和规范（通常是各种命令用到的配置文件）
6	游戏
7	杂项（包括宏包和规范，如 man（7），groff（7））
8	系统管理命令（通常只提供给 root 用户）

每篇帮助文档包括概述（SYNOPSIS）、详述（DESCRIPTION）、选项（OPTIONS）、遵循标准（CONFIRMING TO）、作者（AUTHORS）、参见（SEE ALSO）等小节，很多文档中还包含命令的使用范例。函数帮助中（卷 2 和卷 3）有函数格式原型、参数和返回值的说明，有些还给出了完整的使用例子。这给 C 语言编程带来了很大方便，著名的文本编辑器 vim 就可以直接在编辑界面中通过快捷键打开所关注的函数的帮助文档。

有的命令可能会同时属于说明书的不同卷，例如，kill 既是一条命令，也是一个系统调用函数。查阅文档时，首先会在第 1 卷查到它是一个命令，在帮助文档最后会显示：

```
SEE ALSO
        kill (2) , killall (1) , nice (1) , pkill (1) , renice (1) , signal
(7) , skill (1)
```

kill（2）表示它存在于说明书第 2 卷。若想打开第 2 卷的帮助，需要在 man 命令的参数名后面加上卷号的后缀：

```
$ man kill.2
```

有时候，用户想做一件事情，但不知道准确的命令，只是大致知道一些关键词，此时可以使用"-k"选项让 man 在说明书中进行模糊查找，例如：

```
$ man -k printf
asprintf (3)     - print to allocated string
dprintf (3)      - formatted output conversion
fprintf (3)      - formatted output conversion
```

```
      fwprintf (3)      - formatted wide - character output conversion
      printf (1)        - format and print data
      printf (3)        - formatted output conversion
      snprintf (3)      - formatted output conversion
      sprintf (3)       - formatted output conversion
      swprintf (3)      - formatted wide - character output conversion
      vasprintf (3)     - print to allocated string
      vdprintf (3)      - formatted output conversion
      vfprintf (3)      - formatted output conversion
      vfwprintf (3)     - formatted wide - character output conversion
      vprintf (3)       - formatted output conversion
      vsnprintf (3)     - formatted output conversion
      vsprintf (3)      - formatted output conversion
      vswprintf (3)     - formatted wide - character output conversion
      vwprintf (3)      - formatted wide - character output conversion
      wprintf (3)       - formatted wide - character output conversion
```

用户可以根据查到的列表清单这个线索再继续使用 man 详细查阅。man -k 也可以用另一个命令 apropos 代替。

说明书存放在系统/usr/share/man 目录（三级目录结构是/usr/local/share/man），以子目录man1～man8 分卷管理。每个文件就是一个 troff（**typesetter roff**，一种格式化文档）格式的帮助文档。为了节省空间，一些文件会采用压缩格式存放，man 命令会自动解压。

4.5.3 shell 内部命令帮助

一些 shell 的内部命令，由于不是以独立的软件发布的，因此其帮助文档可能未被归入说明书，help 可用于查找这类命令的帮助。help 本身也是 bash 的内部命令。

4.6 正则表达式

正则表达式（**Regular Expression**，又称规则表达式，简写作 regex 或 regexp）是一种描述文本特征的逻辑语言。它使用一套预定义的符号代替通用的匹配规则，在文字搜索、编辑器中的查找/替换、数据库检索、网页关键字匹配上都有应用。Linux 系统的命令 grep 和 sed 就是两个典型的应用。很多文档编辑器的查找/替换可以直接使用正则表达式实现，一些编程语言内建或通过扩展库支持正则表达式功能。

试想，如果需要在文本中"找出由 4 个字母构成的单词"或者"提取文档中的 email 地址"，这种编辑工作用纯手工的方式完成会有多烦琐！但如果编辑器支持正则表达式，解决这类问题就方便多了。

POSIX 规范支持两种正则表达式类型：基本型（**Basic Regular Expressions**，BRE）和扩展型（**Extended Regular Expressions**，ERE），曾经的第三种类型——简单型（**Simple Regular Expressions**，SRE）已由基本型取代。在基本型系统中，一些元字符（起语法作用的特殊字符）需要做转义处理，即在该字符前面加"\"；支持正则表达式的 Linux 文本编辑软件有很多，不同软件在使用正则表达式时，在特殊符号的处理上可能略有不同。

本节介绍的部分正则表达式可以在 gedit 软件环境的查找/替换功能下进行测试（有些表达式可能在 gedit 中不能支持）。

4.6.1 匹配规则

表 4.19 列出了常用的匹配规则，涵盖了单个字符串搜索的绝大多数情况。例如，"找出由 4 个字母构成的单词"这一要求，若考虑仅有首字母大写的可能，可以表述为：

```
\b[a-zA-Z][a-z][a-z][a-z]\b
```

表 4.19　regex 基本匹配规则

字符	匹配内容	说明
Work	Work	大小写字母、数字、空格按原样匹配
ab|XYZ	ab 或 XYZ	"|"表示"或者"，在一次匹配中允许出现多个"|"
.	任意一个字符	行编辑工具中，.不匹配换行符\n
[aeiou]	五个小写元音字母之一	匹配括号中的任意一个字符
[A-Z]	任意一个大写字母	当匹配范围是连续符号时，可用连字符简化，如果"-"在开始或结尾，则仅表示连字符本身
[^0-9]	除数字以外的任一字符	[ ]内的^表示除...之外
\w	任一字母、数字或下划线	等效于[_0-9A-Za-z]
\W	除\w 以外的任一字符	等效于[^\w]
\d	任意一个数字字符	等效于[0-9]
\D	除数字以外的任一字符	
\l	任意一个小写字母	等效于[a-z]
\u	任意一个大写字母	等效于[A-Z]
\s	匹配一个空白	包括空格、制表符、回车、换行
\S	匹配任意一个非空白特殊符号	与\s 相反
\b	匹配字符串边界	\bthe\b 匹配单词 the，但不匹配 these 或 other 中的 the
\B	匹配非边界，与\b 相反	\Bthe\B 可以匹配 other，但不匹配 the
^	字符的开始位置	行编辑工具中，^匹配行的开始位置（与[ ]中的含义不同）
$	字符的结束位置	行编辑工具中，$是行的结束位置
\n	换行符	ASCII 码 10
\r	回车符	ASCII 码 13
\t	制表符	

4.6.2 重复匹配

除了用特定的符号表示一类字符以外，正则表达式还定义了一组字符的重复操作规则。表 4.20 列出了常用的符号。

表 4.20　regex 重复操作规则

字符	匹配内容	说明
( )	括号内的字符或字符串	括号内的字符串整体视为一个子模式
?	0 次或 1 次前面的表达式	(at)?可匹配空字符或 "at"
+	1 次以上前面的表达式	a?匹配任意个连续字母 a
*	任意次前面的表达式	\d*匹配任意位数的十进制数字（包括空）
{n}	n 次前面的表达式	
{n,}	n 次以上前面的表达式	
{m, n}	m 到 n 次前面的表达式	
\n	子模式的序号	匹配前面第 n 个( )内的子模式

有了表 4.20 提供的功能，"由 4 个字母构成的单词"可以更简洁地表示为：

```
\b[A-Za-z][a-z]{3}\b
```

不要混淆 "( )" 和 "[ ]"，前者包裹的一串符号是一个整体，作为字符串匹配：后者是一串符号的列表，它只匹配其中的一个字符。在匹配方式上，"( )" 等同于不加括号的字符，但它可以成为一个已定义的表达式子模式，供之后引用。在一个表达式中，每个定义的子模式以出现的先后顺序序号为标记，序号从 1 开始。引用时用\n 表示对应的子模式。如

```
\b[a-z]([a-z])\1[a-z]\b
```

表示匹配 4 个小写字母构成的单词，中间的 2 个字母相同（如 food、keep）。

表 4.19 和表 4.20 中使用的特殊符号，如 "." "^" "$" "?" "+" "*" 括号等，在表示其符号本身时，需要转义（扩展型规则表达式中，括号不需要转义）。例如，匹配一个带小数点的数字，使用\d+.\d*可能匹配到 10e3，正确的形式应该是\d+\.\d*。

表示反斜线字符本身时，也需要转义，即用 "\\" 表示一个反斜线字符。

4.6.3　非贪婪匹配

正则表达式在进行重复匹配时的基本规则是，在使整个表达式得到匹配的前提下，匹配尽可能多的字符。这种行为被称作贪婪匹配。例如，使用规则^.+l 在字符串 "hello, world" 中匹配字符，得到的是 "hello, worl" 而不是 "hel"。若想找出最短的匹配字符串，使用^.+?l 可以得到 "hel"。这种行为被称作非贪婪匹配（或称懒惰匹配）。"?" 是正则表达式中的另一种用法，它被放在重复表达式之后，表示在使表达式匹配成功的前提下使用尽可能少的重复。表 4.21 是非贪婪匹配的几种形式。

表 4.21　regex 非贪婪匹配

符号	意义
*?	重复任意次，但尽可能少重复
+?	重复 1 次以上，但尽可能少重复
??	重复 0 次或 1 次，但尽可能少重复

符号	意义
{n,m}?	重复 *n* 到 *m* 次，但尽可能少重复
{n,}?	重复 *n* 次以上，但尽可能少重复

4.6.4 特殊匹配规则

正则表达式还包含一些条件匹配和一些特定的匹配标志，如表 4.22 所示。

表 4.22 扩展匹配方式

符号	含义
(?ILMSUX)	设置 I、L、M、S、U、X 标志
(?:pattern)	象征性地创建一个子模式，匹配结果不保存
(?P<name>...)	以名称 name 定义一个子模式，而不是序号 id
(?P=name)	按名称 name 匹配之前定义的子模式
(?#comment)	注释性匹配，所有内容忽略
(?=pattern)	前向肯定断言，pattern 存在时匹配之前的内容
(?!pattern)	前向否定断言，pattern 不存在时匹配之前的内容
(?<=pattern)	后向肯定断言，pattern 存在时匹配后面的内容
(?<!pattern)	后向否定断言，pattern 不存在时匹配后面的内容
(?(id/name)Y|N)	条件匹配，如果 id 或 name 存在则匹配模式 Y，否则匹配模式 N。N 是可选项

表 4.22 中，I、L、M、S、X、U 标志分别表示下面的意思。

I（Ignore）忽略字母大小写

L（Locale）\w、\W、\b、\B 依赖本地语言字符集

M（Multiline）多行模式，^、$既匹配串首尾也匹配行首尾

S（dot all）点匹配所有符号，包括换行符

X（verbose）忽略空格和注释

U（Unicode）\w、\W、\b、\B 依赖 Unicode 字符集

正则表达式引擎在匹配字符时是自前向后搜索的，已匹配过的字符默认不再用于之后的匹配。例如，在句子"To be or not to be."中进行两个字母的单词匹配，依据单词前后的空格（包括句子开头和句子结尾），使用（^|) \w\w (\.|) 会漏掉两个"be"，原因是这两个单词前面的空格已被之前的匹配消耗掉了。前后向肯定/否定断言方式可以应用于这类场合，在这几种方式中，匹配模式不消耗字符串。这个例子中，使用（?<=^|) \w\w (\.|) 可以得到需要的结果[1]。

4.7 磁盘和用户管理

4.7.1 磁盘分区

各种存储盘（包括磁性介质的硬盘、电子的固态硬盘及 U 盘）都必须经过分区、格

---

1 就这个例子来说，更简洁的表达式可以用\b\w\w\b 匹配。

式化，成为文件系统后才能被计算机作为文件存储设备使用。常用的基本分区工具有 fdisk、sfdisk 和 cfdisk，其中 cfdisk 是基于 ncurses 库的字符界面交互方式，简单明了，易于上手。插入一个 16GB 的 U 盘后，使用命令 cfdisk /dev/sdb 可以打开 U 盘的分区界面，见图 4.3。

图 4.3　cfdisk 分区界面

分区命令需要超级用户权限，并且应谨慎操作。错误的操作会导致分区上的数据丢失。不带参数时，cfdisk 默认对/dev/sda 操作。图 4.4 是在 U 盘上"新建"了两个主分区后看到的结果，其中一个 32MB，剩余的留给第二分区。

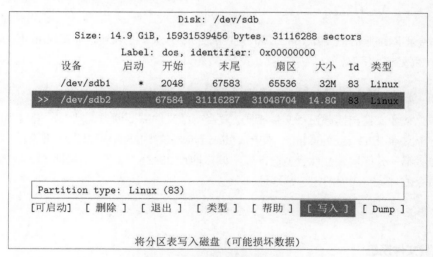

图 4.4　在 U 盘上创建两个分区

分区表写入磁盘后，退出 cfdisk，根据不同的应用场合，再对各个分区进行格式化。一般来说，作为中转数据的 U 盘，或者作为嵌入式系统的引导分区，应使用 mkfs.vfat 命令将它格式化成 FAT 文件系统。FAT 文件系统跨平台特性比较好，各种操作系统都能识别，而且实现简单，嵌入式系统的 Boot Loader 也很容易支持。但 FAT 文件系统不能存放超过 4GB 的文件，FAT16 以下的文件系统甚至不能支持超过 2GB 的分区，而且它是非日志型文件系统，在文件系统被破坏时数据很难恢复。作为 Linux 系统的存储设备，可考虑 Ext4 等支持 inode 的日志型文件系统（使用 mkfs.ext4 命令格式化），它们支持完整的 Linux 特性，包括创建链接、管道、设备结点等，以及支持超大的文件。

　　mkfs 命令除了可以对磁盘分区格式化以外，也可以对普通文件格式化。格式化后的文件被称作文件系统镜像，它们在 Linux 系统上的使用方法与普通的文件系统一样，也要通过 mount 命令将其挂载到某个目录下，只是不具备像磁盘、U 盘那样的物理形态。在安装 Ubuntu 时下载的 ISO 安装文件就是 ISOFS 文件系统镜像。

4.7.2　挂载和卸载文件系统

　　文件系统需要挂载到某个目录上才能够对其中的文件进行读写。当通过总线插入一个新的文件系统时，Ubuntu 桌面系统会自动挂载相应的分区到/media 目录。但有时候，系统不能自动检测到文件系统的变化（如文件系统镜像、网络文件系统等），无法实现自动挂载。这时候就要用到 mount 命令手工挂载了。

1.　挂载文件系统

标准的挂载命令格式是：

```
# mount -t type -o options device dir
```

　　文件系统类型会被自动识别，因此选项"-t"（type）可以省去。对于大多数设备文件，选项"-o"（options）也可以省去，内核会自动识别。例如，以下命令将 U 盘第二个分区挂载到/media 目录：

```
# mount /dev/sdb2/media
```

　　以下命令将网络服务器 192.168.2.100 的共享目录/srv/nfs 挂载到本地目录/mnt，文件系统类型是 nfs（网络文件系统）：

```
# mount 192.168.2.100:/srv/nfs/mnt
```

　　挂载独立镜像文件与挂载设备文件相同。复合镜像文件需要通过选项"-o"指定起始地址。例如，有一个文件 RPi3_aarch64.img，使用 cfdisk 看到它的内部结构如图 4.5 所示。

　　如要挂载第一分区镜像文件，先要计算出偏移地址 2048×512（一个扇区 512 字节），再通过 mount 命令的"-o"选项指定起始地址：

```
# mount -o offset=$((2048*512))RPi3_aarch64.img/mnt
```

2.　卸载文件系统

　　卸载文件系统使用 umount 命令，参数是挂载的目录。除了要求与挂载时的权限相对应以外，通常不需要指定选项。正在使用的文件系统不能卸载，包括该文件系统上有程序正在运行且未和该文件系统脱钩，或者该文件系统上有未关闭的文件，或者该文件系统的某个目录被终端占用，等等。

3.　开机自动挂载

　　系统开机时的某个阶段会执行一条 mount -a 命令，挂载所有在/etc/fstab 中列出的且未被标记为 noauto 的文件系统。文件/etc/fstab 的每一行由以空格分隔的六个字段组成，描述了一个文件系统的挂载方式：

# <fs>	<mount point>	<type>	<options>	<dump>	<pass>
proc	/proc	proc	nodev, noexec, nosuid	0	0
/dev/sda7	/	ext3	errors=remount-ro	0	1
/dev/sda8	/home	ext3	defaults	0	2
/dev/sda6	none	swap	sw	0	0
/dev/sdb1	/mnt/usb1	auto	noauto, users	0	0
/dev/sdb2	/mnt/usb2	auto	noauto, users	0	0

```
                    Disk: RPi3_aarch64.img
            Size: 548 MiB, 574619648 bytes, 1122304 sectors
                  Label: dos, identifier: 0x50de17f1

     设备               启动      开始      末尾     扇区    大小   Id  类型
  >> RPi3_aarch64.img1    *      2048   1050624  1048577  512M   c   W95 F
     RPi3_aarch64.img2         1052672  1118208   65537   32M   83  Linux
     Free space               1120256  1122303    2048    1M




      Partition type : W95 FAT32 (LBA) (c)
          Attributes : 80
     Filesystem UUID : 769D-0DC0
    Filesystem LABEL : RASPBERRYPI
         Filesystems : vfat
  [可启动]  [ 删除 ]   [ 退出 ]   [ 类型 ]  [ 帮助 ]  [ 写入 ]  [ Dump ]

           Quit program without writing changes
```

图 4.5　镜像文件的内部结构

每个字段的含义如下所述。

文件系统：文件系统分区。既可以用设备文件名表示，也可以用 UUID=<uuid>[1]或 LABEL=<label>的形式表示。uuid 和 label 这两个参数都可以用 blkid 命令的超级用户权限获得。使用设备文件名作为文件系统分区可能导致的问题是，当改变插槽时，设备文件名会发生变化。而使用 uuid 的问题是，如果是通过硬盘镜像批量安装的系统，不同硬盘的 uuid 是不同的。

挂载点：文件系统的挂载目录。

1　UUID: **U**niversally **U**nique **ID**entifier.

文件系统类型：Linux 支持 Ext4FS、XFS、BTRFS、F2FS、VFAT、NTFS 等众多的文件系统。当同一个位置可能挂载不同的文件系统时（如 U 盘），文件系统之间使用逗号分隔。多数文件系统可以被自动识别，因此 auto 也是一个选择。swap 表示用于交换分区或交换文件。手动挂载时，文件系统类型用选项 "-t" 指明。

选项：mount 命令 "-o" 选项的内容。默认（defaults）选项是 rw、suid、dev、exec、auto、nouser、async。其他常用的选项有 noauto（mount -a 时不自动挂载）、user（挂载和卸载是同一用户）、users（任何用户可以挂载和卸载）、nouser（只能由超级用户挂载/卸载）。

转储：使用 dump 工具对文件系统做转储/备份时，该参数决定是否备份。0 表示忽略，1 表示备份。

系统检查：标记用于执行开机文件系统检查 fsck 命令的顺序。通常，根文件系统是 1，其他文件系统是 2。0 表示不检查。

4.7.3　用户和组

一个简单的命令 w 可以帮助我们了解当前谁在计算机上：

```
$ w
15:38:17  up  1:14 ,   2 users ,load average : 0.12,   0.33,  0.39
USER    TTY   FROM              LOGIN@   IDLE  JCPU  PCPU  WHAT
fang    tty1  -                 14:36    27:29 0.27 s  0.19 s -bash
harry   -                       15:06  7:20  6:15   0.38 s /usr/lib/gnome -
```

这个命令不仅显示哪些用户正在使用系统，还显示了它们对系统的占用情况。第一行显示当前时间，系统运行时间，用户数量，以及系统在最近 1 分钟、5 分钟和 15 分钟内的平均负载，负载的单位是进程对 CPU 的占用率，即在一个 4 核系统上，该数值不应超过 4，否则就应该检查一下是哪些进程占用了太多的资源。之后的几行显示每个用户的情况：他是谁，从哪里来，什么时候登录的，正在干什么。

另一个简单的命令 who 也可用于显示用户当前的状态信息。whoami 和 id 用于显示本人的信息：

```
$ whoami
harry
$ id
uid =1000 (harry) gid =1000 (harry) 组 =1000 (harry) ,4 (adm) ,27 (sudo) ,
29 (audio) ,30 (dip) ,44 (video) ,46 (plugdev)
```

/etc 目录下的 passwd（**password**）和 group 是管理用户的两个重要文件。

最初，/etc/passwd 保存了用户的密码，文件名即由此而得。由于历史原因，/etc/passwd 和 /etc/group 两个文件必须对所有用户可读，存放在/etc/passwd 的密码虽然不是明文，但由于加密算法是公开的，只要允许足够的测试，总可以拿测试结果和编码的 passwd 对比而破解密码。由于存在这样的安全隐患，目前存放密码的任务交给另一个文件/etc/shadow 负责，它仅对超级用户可读。

passwd 文件结构很简单，下面是用 cat 命令打印的部分 passwd 的内容：

```
$ cat /etc/passwd
root:x:0:0:root:/root:/bin/bash
daemon:x:1:1:daemon:/usr/sbin:/usr/sbin/nologin
bin:x:2:2:bin:/bin:/usr/sbin/nologin
sys:x:3:3:sys:/dev:/usr/sbin/nologin
sync:x:4:65534:sync:/bin:/bin/sync
ftp:x:124:135:ftp daemon,,,:/srv/ftp:/bin/false
...
harry:x:1000:1000:Harry Potter,,,:/home/harry:/bin/bash
sally:x:1001:1001:Sally,,,:/home/sally:/bin/bash
```

passwd 每行记录一个用户的信息，格式是：

用户名:密码:用户 ID:组 ID:用户信息（姓名、住址、电话等）:主目录:用户环境

在由/etc/shadow 管理密码的情况下，/etc/passwd 中用户密码的位置通常显示一个 "x"。

Linux 为用户 ID（UID）预留了两个数字范围：0~99 用于系统本身，100~499 用于特殊用户（系统服务和程序），普通用户的 UID 从 1000 开始分配。创建新用户时，会同时创建一个与用户名相同的组，称之为基础组。通常普通用户基础组的组名和组 ID（GID）与用户名和 UID 相同。

管理用户组的文件/etc/group 也是一个简单的文本文件，每一行记录一个组信息，结构与 passwd 类似：

```
$ cat /etc/group
root:x:0:
daemon:x:1:
bin:x:2:
sys:x:3:
adm:x:4:harry,syslog
tty:x:5:
sudo:x:27:harry
audio:x:29:pulse,harry
video:x:44:harry
games:x:60:
users:x:100:
gdm:x:144:
plugdev:x:46:harry
staff:x:50:
lightdm:x:111:
```

```
saned:x:123:
harry:x:1000:
vboxusers:x:127:harry
sally:x:1001:
```

/etc/group 文件的格式是:

组名:密码:组 ID:组员列表 (用逗号分隔)

组成员之间的地位是平等的。组密码的位置通常也显示"x"。如果有密码,则允许其他组用户使用 newgrp 命令获得该组的权限。同/etc/passwd 一样,组密码也保存在另一个文件/etc/gshadow 中。使用 newgrp 命令时,需要输入组密码并与这里保存的加密密码进行核对。Linux 缺省的组策略是,不为组设置密码。

passwd 是一条系统命令(该命令是/usr/bin 目录中的一个可执行程序,不要与/etc/passwd 文件混淆)。普通用户只能用它来修改自己的密码。在修改密码时,系统通常要求提供原始密码,以确定是本人在操作。经核实后再输入两次新的密码。两次输入的新密码一致,密码便得到更新。有的系统认证方式要求密码必须包含大小写字母、数字和特殊符号。如果密码来自简单的单词,以现有计算机的运算能力,使用字典攻击方法可以在数秒内破解。在设置密码之前,可以用基于 PAM 的测试命令 cracklib-check 检查密码的安全性。

超级用户除了可以用 passwd 命令修改自己的密码以外,还可以修改、删除、锁定其他用户的密码,或者限制密码的期限,等等。

4.7.4 用户和组的管理

Linux 系统的超级用户名是 root,用户 ID 是 0,组 ID 是 0,拥有系统的最高权限。普通用户在使用计算机时应尽量避免以 root 账户登录。在涉及改变系统配置的时候,除了直接请求管理员帮助以外,普通用户还有两种获取超级用户权限的途径: su 和 sudo。

1. 切换用户

命令 su(switch user 或 substitute user)的作用是切换用户,即以某个用户的用户名作为参数,无参数时表示切换到 root 用户。执行 su 命令时,会要求提供切换目标账户的密码。切换成功后,即以该账户的身份工作,直至从该账户注销(执行命令 exit 或组合键 Ctrl+D)。切换到 root 账户后,提示符是"#",以警示用户的操作。

su 的选项"-c command"可以直接以目标用户的身份执行 command 命令而无需驻留该用户身份。

用 su 命令获取 root 权限的方式在 Ubuntu 中已不再鼓励使用,因为它需要 root 的密码,而 root 的密码可能会涉及管理员的隐私。

2. 以其他用户身份操作

Ubuntu 超级用户权限通常使用命令 sudo(switch user do)。如果一个用户属于 sudo 组,它就可以执行 sudo 命令,以自己的密码获得更高权限的操作。这一方法对应的策略文件是/etc/sudoers(该文件只能以超级用户权限访问),它决定了 sudo 组的权限范围及有效时间等。安装系统时创建的用户即属于 sudo 组,它可以获得超级用户的权限。

/etc/sudoers 文件可以以超级用户的权限编辑（Ubuntu 建议使用 visudo 命令编辑）。一个简单的 sudoers 格式见清单 4.3。

清单 4.3　文件 sudoers

```
1    # 定义用户别名
2    User_Alias     ADMINS         = harry, tux
3    User_Alias     WEBMASTER      = john
4
5    # 定义命令别名
6    Cmnd_Alias     SHUTDOWN       = /sbin/shutdown
7    Cmnd_Alias     APACHE         = /etc/init.d/apache2
8
9    # root 可以做任何事
10   root        ALL=(ALL)ALL
11
12   # admin 组成员可以获得 root 权限
13   % admin     ALL=(ALL)ALL
14
15   # 允许 sudo 组成员执行任何命令
16   % sudo      ALL=(ALL:ALL)ALL
17
18   # 用户 john 只能用 su 切换到 sally 用户
19   john        ALL=/usr/bin/su operator
20
21   # 用户 sally 执行 rpm 和 dpkg 命令时不需要 password
22   sally     ALL=NOPASSWD:/usr/bin/rpm,/usr/bin/dpkg
```

sudo 通常每次只执行一条命令，以 sudo 的参数形式紧跟在 sudo 之后。默认 15 分钟内若无 sudo 动作，则再次请求时必须重新输入密码。如果用户想长期驻留在目标用户，可以使用 sudo 的"-i"选项。

3．管理用户的常用命令

了解了文件/etc/passwd 和/etc/group 的结构，系统管理员就可以直接编辑这两个文件来维护用户和组。由于创建用户还需要为用户创建主目录、设置用户密码，比较复杂，因此，这些工作最好还是交由系统命令来完成，以避免在文件编辑过程中出现错误。管理用户和组的命令有两组，后端是 Linux 的基本命令，前端是经 Perl 包装的命令，使用更方便一些，也是推荐使用的命令，如表 4.23 所示。

表 4.23　管理用户和组的命令

前端命令	后端命令	功能
adduser	useradd	添加用户
addgroup	groupadd	添加新组，或将用户加入组
deluser	userdel	删除用户（不包括删除用户数据）
delgroup	groupdel	删除一个组，或将用户移出某个组

（1）添加用户

在添加用户的过程中，useradd 会自动创建用户目录，将必要的初始化文件复制给该用户，并为该用户设置初始密码。

```
# adduser sally
```

该命令创建一个名为 sally 的用户，为它分配一个用户 ID（UID），同时创建一个 sally 组和组 ID，并在/home 下建立一个允许 sally 全权访问的目录 sally，再向/etc/passwd 和/etc/group 中各增加一行相关条目。

（2）添加组和组成员

addgroup 创建一个新组，或将某个用户加入已存在的组：

```
# addgroup network           # 创建 network 组
# addgroup sally network      # 将用户 sally 加入 network 组
```

（3）删除用户

deluser 删除一个已有的用户，它仅仅将/etc/passwd 和/etc/group 中与被删除用户有关的信息删除，不会自动删除用户主目录下的数据。删除用户数据的工作必须交由管理员另行处理。

```
# deluser sally
```

（4）修改组和组成员

delgroup 用于删除一个组，或将一个组的成员从组中移出。当一个组中存在组员时，仍可以将组删除，同时该组成员也从组中移除，除非是这个组员的基础组。删除组或改变组员结构的操作不影响用户数据。

```
# delgroup sally network      # 将 sally 从 network 组中移出
# delgroup sally
/usr/sbin/delgroup:"sally" 仍以 "sally" 作为它的首选组！
```

4.8　进程控制

进程是指计算机正在运行的程序，是操作系统对任务管理的一个单位。对小程序来说，一个程序就是一个进程。而一些复杂的程序运行时，可能会有多个进程。

4.8.1　进程状态

显示进程状态的命令是 ps（process status），选项"ax"可以列出当前系统中所有进程的状态：

```
$ ps ax
  PID   TTY     STAT    TIME        COMMAND
    1   ?       Ss      1:45        /sbin/init splash
    2   ?       S       0:00        [kthreadd]
    4   ?       S<      0:00        [kworker/0:0H]
  ...
20755   ?       Ssl     0:00        /usr/lib/evince/evinced
21326   ?       Ss      0:00        /lib/systemd/systemd --user
21327   ?       S       0:00         (sd-pam)
23376   pts/0   Sl      0:47        evince LinuxBasis.pdf
23885   pts/2   S       0:01        bash
25034   pts/0   S+      3:20        vim text/commandline.tex
  ...
```

　　列表的第一栏表示进程号（**Process ID**）。Linux 系统在创建进程时会为每个进程开一个进程槽，并用进程号加以标记，作为管理的入口。进程号是一个 16 位的正整数，从小到大顺序安排。1 号进程是系统的初始化进程。进程号达到最大值（32767）后会再从小的空闲数字中挑选可用的。第二栏表示进程启动的终端（**TTY** 源自早期的电传打字机 **teletypewriter**），初始化程序和图形桌面启动的程序没有 TTY。STAT 表示进程当前的状态。一个进程可能处于四种状态之一：运行、睡眠（等待）、停止、僵尸（死亡），有些状态还可以进一步细分。表 4.24 列出了进程状态字母的含义。代码中，TIME 一栏是进程消耗 CPU 的累积时间。COMMAND 一栏列出了进程的完整命令，有的命令很长，超出了打印的篇幅，上面的清单做了删减。

表 4.24　进程状态 STAT

字母	含义
D	不可中断睡眠
S	可中断睡眠
R	运行
T	被任务控制信号停止
t	被调试器停止
Z	僵尸
<	高优先级（优先级不能被其他用户改变）
N	低优先级（优先级可以被其他用户改变）
L	内存中有页面被锁定
s	一组会话的组头
l	多线程的进程
+	在前台进程组中

　　进程涉及的内容很多，选项"-o FORMAT"可以指定打印的内容和格式。例如，下

面的命令仅打印每个进程的 ID、CPU 使用率、运行时间、程序名，并按 CPU 使用率进行排序：

```
$ ps ax -o pid,pcpu,etime,comm --sort pcpu
```

表 4.25 列出了部分常用的输出格式选项。

表 4.25　部分 ps 命令输出格式选项

选项关键词	标题栏	含义
pcpu	%CPU	CPU 使用率
pmem	%MEM	物理内存占用率
comm	COMMAND	命令名称
cmd	CMD	完整的命令（包括选项和参数）
pid	PID	进程 ID
ppid	PPID	父进程 ID
pri	PRI	进程优先级
sess	SESS	会话组 ID
cls	CLS	调度类型（时间片轮转、FIFO 等）
user	USER	用户名
group	GROUP	组名
uid	UID	用户 ID
gid	GID	组 ID
start	STARTED	进程开始时间
stat	STAT	进程状态
time	TIME	累计 CPU 时间
etime	ELAPSED	进程运行到目前为止的时间

ps 命令的选项很多，但用于进程控制，只需要知道进程号和命令名称就足够了。

有些进程之间会有父子继承关系，pstree 命令可以打印进程的关系图。还有一个比较常用的显示进程状态的命令 top，它以一定的时间间隔动态显示系统的进程状态，并按指定参数对这些进程进行排序显示。

top 命令在运行过程中，可以通过按键 "?" 或 "h" 来查看可用的进程管理命令。

```
top - 11:12:56 up 5 days, 3:21, 2 users, load average: 0.00, 0.11, 0.08
tasks: 216 total, 1 running, 215 sleeping, 0 stopped, 0 zombie
%Cpu(s): 0.9 us, 2.2 sy, 0.0 ni, 96.9 id, 0.0 wa, 0.0 hi, 0.0 si, 0.0 st
KiB Mem:  3724136 total,   966804 free, 1082952 used, 1674380 buff/cache
KiB Swap: 1132544 total,  1120228 free,   12316 used. 2556180 avail Mem
PID   USER   PR NI  VIRT    RES    SHR    S %CPU %MEM TIME+    COMMAND
27809 harry  20 0  2367052 317160 139948 S 2.5  8.5  0:47.65  firefox
31070 harry  20 0  54876   4028   3340   R 2.5  0.1  0:00.37  top
1558  root   20 0  981140  9936   7732   S 1.2  0.3  5:01.46  docker - con +
```

```
12202  root    20   0    403372   79436    53356   S  1.2  2.1  0:24.00  Xorg
21676  harry   20   0    717168   55200    42572   S  1.2  1.5  0:08.50  gnome - term +
27863  harry   20   0    1892616  256828   122648  S  1.2  6.9  0:08.48  Web Content
27961  harry   20   0    1783044  180868   121240  S  1.2  4.9  0:26.45  Web Content
29623  harry   20   0    1909068  252560   114192  S  1.2  6.8  0:15.38  Web Content
1      root    20   0    220464   8804     6356    S  0.0  0.2  0:25.04  systemd
2      root    20   0    0        0        0       S  0.0  0.0  0:00.11  kthreadd
4      root    0   -20   0        0        0       S  0.0  0.0  0:00.00  kworker /0:+
6      root    0   -20   0        0        0       S  0.0  0.0  0:00.00  mm_percpu_ +
7      root    20   0    0        0        0       S  0.0  0.0  0:01.14  ksoftirqd /0
8      root    20   0    0        0        0       S  0.0  0.0  1:08.92  rcu_sched
9      root    20   0    0        0        0       S  0.0  0.0  0:00.00  rcu_bh
10     root    rt   0    0        0        0       S  0.0  0.0  0:00.79  migration /0
11     root    rt   0    0        0        0       S  0.0  0.0  0:00.84  watchdog /0
```

4.8.2　改变进程状态

　　用户可以使用 kill、pkill 或 killall 命令终止一个进程。kill 使用进程号作为操作对象，pkill 或 killall 使用进程名（程序名）作为操作对象：

```
$ kill 23376          # 以进程号为命令参数
$ pkill evince        # 以程序名为命令参数
```

　　kill 命令并不像它的名字那样残酷。其本意是向进程发送信号，而信号是进程间通信的一种机制。但默认的方式是发送 SIGTERM，它一般导致进程终止。表 4.26 是用选项 "-L" 列出的常用信号值，它们与定义在/usr/include/signal.h 中的符号有可能不一样。信号值或者信号名都可以作为 kill 的选项，表示向指定进程发送指定信号。

表 4.26　kill 命令常用信号描述

信号名	信号值	说明
SIGHUP	1	挂起
SIGINT	2	中断（组合键 Ctrl+C）
SIGQUIT	3	进程退出
SIGABRT	6	异常中止
SIGKILL	9	杀死进程（不可阻塞）
SIGUSR1	10	用户定义的信号 1
SIGSEGV	11	段错误（存储器访问非法）
SIGUSR2	12	用户定义的信号 2
SIGPIPE	13	管道错误
SIGALRM	14	闹钟
SIGTERM	15	进程中止

信号名	信号值	说明
SIGCHLD	17	子进程状态改变
SIGCONT	18	进程继续
SIGSTOP	19	进程停止（不可阻塞）

有的进程会忽略 SIGTERM 信号，这时如果想结束进程就必须用命令 kill -9 PID。信号并非都是导致进程停止的，例如下面的命令就可以让一个进程暂停、继续：

```
$ kill -STOP 23376
$ kill -CONT 23376
```

同样的程序在系统中可以创建多个进程，例如用 gnome-terminal 打开多个终端，多个用户可以同时使用 gnome-terminal。以进程名为控制对象的命令 pkill 或 killall 会将信号发送到多个进程，可以通过特定的选项对进程进行筛选，包括对指定用户、指定组、指定时间之前或之后的进程操作，如表 4.27 所示。

表 4.27　killall 命令的常用选项

选项	功能
-l	信号名称列表
-e	严格匹配长命令名
-I	忽略字母大小写
-g	向指定组的进程发送信号
-u	向指定用户的进程发送信号
-y	向给定时间之内启动的进程发信号
-o	向给定时间之前启动的进程发信号
-i	交互方式，发送信号之前要求用户确认
-r	命令名称使用规则表达式
-s	发送指定信号（默认是 SIGTERM）
-v	报告信号已送达进程
-w	等待进程结束

-y、-o 选项指定的时间由数字加时间单位表示，时间单位有 y（年）、M（月）、w（周）、d（日）、h（时）、m（分）、s（秒）。

```
$ killall -y 2h -u harry
```

上面的命令将终止用户 harry 2 小时之内启动的所有进程。

4.8.3　历史命令

在终端上使用光标的上下键能够调出曾经执行过的命令，这是一种简单重复执行命令的方法。history 可以列出一张清单，将命令按顺序编号。只要用"!编号"就可以直接调出对应的命令执行。根据这个清单，表 4.28 提供了一组执行过往命令的简便方法。

4.8.4　前台与后台

在终端启动图形界面程序时，为了避免对当前终端的占用，习惯上在命令行的尾部加一个"&"符号，即改为后台方式运行，终端仍可以继续其他的操作。

```
$ gedit hello.c &
```

shell 的两个内部命令 fg、bg 可用于命令的前、后台切换。上面的这个后台命令就可以用 fg 将其拖回前台。

当一个终端运行了多个后台命令时，使用 shell 内部命令 jobs 可以列出当前的后台命令和序号。序号可作为 fg 的参数，用于对指定命令进行操作。

表 4.28　执行重复的命令

命令格式	功能
!n	执行第 n 条命令
!-n	执行倒数第 n 条命令
!!	执行最后一条命令
!string	执行最近一条以 string 开头的命令，string 可以是完整命令的前几个字母
!?string	执行最近一条包含字符串 string 的命令
^str1^str2	执行最后一条命令，但用 str2 代替命令中的 str1

一个终端启动的进程接收到停止信号（SIGSTOP）或在终端使用组合键 Ctrl+Z 时，该进程进入停止状态，也会将终端让出。这时在这个终端上使用 fg 或 bg 命令可以继续刚才的进程。

4.9　I/O 重定向与管道

4.9.1　I/O 重定向

标准 I/O 设备的重定向是 Linux 文件操作的一种特性。在应用层面，所有操作都将落实到文件读写上。文件是信息的一种载体，重定向意味着改变信息的来源和去向。

1. 标准设备文件

重定向的基础是标准 I/O 设备。所有进程都会默认打开三个文件：标准输入（0 号设备）、标准输出（1 号设备）和标准错误输出（2 号设备），如图 4.6 所示。使用终端时，键盘是标准输入，显示器承担标准输出和标准错误输出两项功能。它们对应的文件描述符和流文件结构指针见表 4.29。标准设备的文件描述符定义在 unistd.h 中，FILE 文件指针结构定义在 stdio.h 中。

表 4.29　标准 I/O 文件

设备	文件描述符（值）	FILE 文件指针
标准输入	STDIN_FILENO(0)	stdin
标准输出	STDOUT_FILENO(1)	Stdout
标准错误输出	STDERR_FILENO(2)	stderr

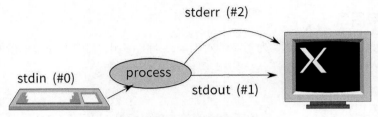

图 4.6　与进程相关的标准 I/O 设备

2. 标准输出和标准错误输出

　　键盘作为标准输入设备比较容易理解。一个程序把显示器作为输出设备，可能出于两种需求：输出程序正常的运行结果、输出程序的运行状态。为了区分这两种性质不同的信息，系统将前者送往标准输出设备，后者送往标准错误输出设备。建议不要单纯从字面上理解"错误"一词。

　　下面是以普通用户身份执行 ls 命令的两个不同结果：

```
$ ls /home
harry sally
$ ls /root
ls: 无法打开目录 '/root/': 权限不够
```

　　上面两句看似都是打印在显示器上，但实际上是有差别的，前者来自标准输出，后者来自标准错误输出。清单 4.4 给出了一个使用标准设备的简单例子。

清单 4.4　stdio.c

```
1    # include <stdlib.h>
2    # include <stdio.h>
3    # include <string.h>
4
5    int main (int argc, char * argv [])
6    {
7       char msg [256];
8
9       fgets (msg, 256, stdin) ;
10
11      if (strlen (msg) <= 1) {
12          fprintf (stderr, " No input message \n") ;
13          return EXIT_FAILURE ;
14      }
15      fprintf (stderr, " Input %ld chars \n", strlen (msg) ) ;
16      fprintf (stdout, " Input message : %s", msg) ;
17
18      return EXIT_SUCCESS ;
19   }
```

程序运行时从标准输入设备读取一行信息。如果有信息输入，则将输入字符数输出到标准错误输出设备，将信息连同提示打印到标准输出设备；如果是空行，则向标准错误输出设备打印提示文字。

与清单 4.1 的编译方法类似，得到可执行程序 stdio。下面是程序运行的结果：

```
$ ./stdio
hello, world # 这一行从键盘输入
Input 13 chars
Input message : hello, world
$ ./stdio > out
hello, world # 这一行从键盘输入
Input 13 chars
$ cat out
hello, world
```

上面的例子中，> out 是标准输出重定向操作，它将原应送往标准输出设备的信息转送到文件"out"中。

3. I/O 重定向

表 4.30 列出了重定向操作符。

表 4.30　重定向操作符

操作符	含义
>文件	输出重定向
>>文件	追加式输出重定向
<文件	输入重定向
<<分界符	用分界符控制输入重定向的结束
<<< string	重定向输入字符串

输出重定向">"的文件如果不存在，则创建它；如果存在，则会覆盖原来的内容。而追加式输出重定向">>"的定向文件如果存在，则会把新的内容追加到该文件之后，不会覆盖原来的内容。

仍然以清单 4.4 为例，使用输入重定向：

```
$ ./stdio < stdio.c
Input 19 chars
Input message : # include <stdio.h>
```

它将文件 stdio.c 的第一行作为输入，替代标准输入设备（键盘）输入的内容。

输入重定向"<<"则使用指定的分界符结束输入：

```
$ cat > grape.txt << EOF
> 吃葡萄不吐葡萄皮
```

```
> 不吃葡萄倒吐葡萄皮
> EOF
$
```

上面的命令同时使用了输出重定向，操作结束后新建的文件 grape.txt 中包含了绕口令的内容。在命令行环境下，人工以键盘作为标准输入设备进行输入操作时，也可以用 Ctrl+D 组合键结束输入。但在程序自动运行过程中，人工无法干预，重定向方式就派上用场了。

输入重定向 "<" 和 "<<<" 不同，前者的输入重定向来自文件，后者的输入重定向直接是字符串，下面的例子方便理解：

```
$ cat <<< stdio.c
stdio.c
```

由于标准输出存在两个设备，可通过文件描述符加以区分："1>" 是标准输出重定向，"2>" 是标准错误输出重定向（中间不留空格，否则数字会被理解为命令的参数）。如果是标准输出重定向，数字 "1" 可以省略。

仍然用清单 4.4 的程序例子：

```
$ ./stdio < stdio.c > out.txt 2> err.txt
$ cat out.txt
Input message : # include <stdio.h>
$ cat err.txt
Input 19 chars
```

两个标准输出设备之间也可以互相重定向："2>&1" 将 2 号设备重定向到 1 号设备，"1>&2" 将 1 号设备重定向到 2 号设备（中间不留空格，否则&会被理解为后台操作符）。下面的命令从文件 stdio.c 输入后，将标准输出结果送往 out.txt，且由于标准错误输出也被重定向到标准输出，因此文件 out.txt 最后保存的结果是二者的叠加：

```
$ ./stdio < stdio.c > out.txt 2>&1
```

使用重定向技术时，/dev/null 是一个非常有用的设备，它像一个能吞噬一切的无底洞：当一个程序的输出是我们不想要的内容时，又不希望它干扰屏幕的显示，就可以把它重定向到这个设备上：

```
$ cat /etc/* > etc-files 2>/dev/null
```

上面的命令将/etc 目录下的所有文件打印到 etc-files 文件中，而目录或无访问权限的错误提示被丢弃到/dev/null 里。当然也可以把无用的信息定向到一个废弃的文件中，不过磁盘文件操作比较慢，而且占用空间。

4. 再论 diff

再看一下 4.4.7 节介绍的 diff 命令。在软件开发过程中，经常把新、旧版本两组文件的比较结果重定向到一个补丁文件，再将补丁文件发布。patch 将补丁文件作用在旧版本上，就可以将旧版本修正到新版本。仍以图 4.2 的 star1.txt 和 star2.txt 为例：

```
$ diff star1.txt star2.txt  > star.patch
$ patch < star.patch
```

经此操作，star1.txt 就和 star2.txt 一样了。

重定向只适用于标准 I/O 设备，两个普通文件不能进行重定向操作。Linux 的系统命令多数都是以标准 I/O 设备为操作对象的，因此命令行中的各种命令组合相当灵活。

4.9.2 管道

命令行中，管道是连接一组先后执行的命令输入/输出数据的通道，这里的命令又被称作过滤器，连接过滤器的操作符是 "|"。下面的例子有助于理解这一概念：

```
$ cat /etc/passwd | head -n 15 | tail -n 5
```

cat 命令将文件/etc/passwd 的内容送到标准输出设备，用 head 命令过滤出前 15 行，继续送到标准输出设备，再用命令 tail 过滤出后 5 行，仍在标准输出设备上输出，最后的结果就是打印文件/etc/passwd 的第 11 行到第 15 行[1]。

注意管道与重定向的不同：重定向连接的是命令和文件，管道连接的是一个命令的标准输出和另一个命令的标准输入。上面的管道操作命令，与下面的重定向操作等效，但显然效率要高很多：

```
$ cat /etc/passwd > file1
$ head -n 15 < file1 > file2
$ tail -n 5 < file2
$ rm file1 file2
```

4.9.3 灵活的处理手段

Linux 中的许多命令只针对标准输入/输出，不能直接作用于磁盘文件。有了重定向和管道功能以后，这些命令就可以用在文件上了。例如 tr（**translate**）是一个较常用的字符转换命令，它从标准输入设备读取，按给定规则修改其中的字符，再输出到标准输出设备。其命令格式是：

```
$ tr [选 项]... SET1 [ SET2 ]
```

将 file1.txt 中的所有小写字母转成大写字母，生成 file2.txt，tr 命令的用法是：

```
$ cat file1.txt | tr a-z A-Z > file2.txt
```

删除文档中的所有数字：

```
$ cat file1.txt | tr -d 0-9
```

或

```
$ cat file1.txt | tr -d [:digit:]
```

1　此功能还可以用 sed 实现：sed -n 11,15p /etc/passwd

tr 有下面几个常用的选项：

-d 删除 SET1 中的字符

-s 将连续的相同字符缩减成单个字符

-t 将 SET1 按 SET2 的长度截断

-c 取 SET1 的补集（即不属于 SET1 的字符）

表 4.31 列出了该命令中用来描述字符或字符集的语法格式。

表 4.31   tr 命令字符（集）格式

格式	含义	格式	含义
\NNN	字符的八进制表示	[:alpha:]	任意一个字母
\\	反斜线	[:digit:]	任意一个数字
\a	终端响铃	[:alnum:]	任意字母或数字
\b	退格符	[:lower:]	任一小写字母
\f	换页符	[:upper:]	任一大写字母
\n	换行符	[:blank:]	空白字符（空格和 TAB）
\r	回车	[:graph:]	可见字符（不包括空白字符）
\t	水平制表符	[:print:]	可打印字符（包括空白字符）
\v	垂直制表符	[:punct:]	任意一个有的标点符号
chr1–chr2	一段范围内的字符	[:space:]	空白和空行
		[:cntrl:]	所有的控制字符
		[:xdigit:]	所有的十六进制数
		[=字符=]	指定的字符

4.10 小结

本章讨论 Linux 的命令行环境，介绍了命令行中的目录与文件操作、磁盘与用户管理、进程控制、I/O 重定向与管道等相关概念和常用操作命令。虽然命令行方式需要记忆很多操作命令，但它对系统资源的要求极低，并且在很多场合下可以取得图形方式难以企及的高效。表4.32 列出了使用频度最高的 20 条命令，仅供读者参考。

表 4.32   常用命令一览

命令	功能	命令	功能
cat	（串联）打印文件	cd	切换工作目录
chmod	修改文件属性	cp	复制文件或目录
df	显示文件系统占用率	du	显示磁盘用量
echo	显示文字信息	find	查找文件
grep	搜索匹配文本	kill	改变进程状态
ln	创建链接	ls	文件清单列表

命令	功能	命令	功能
mkdir	创建目录	mv	移动（重命名）文件或目录
more	分屏浏览文件内容	ps	显示进程
rm	删除文件	rmdir	删除目录
sed	流编辑	tar	打包压缩/解压

在通用计算机上，命令行并不是使用计算机的必须手段，它只是开发人员或系统管理人员提高效率的一种选择。面向大众的软件，在条件允许的情况下提供友好的交互界面，才是开发人员努力的目标。

本章还介绍了正则表达式。正则表达式广泛应用于信息检索、文本处理等工作，它也是一种提高效率的重要工具。

4.11　本章练习

1.　Ubuntu 默认禁用 root 用户。你有办法允许 root 用户直接登录吗？

2.　分别讨论 old 和 new 各为一个已存在的文件或目录，以及 new 不存在时，执行命令"mv old new"导致的结果。

3.　试创建与你同组的两个用户 user1 和 user2，允许 user1 查看 user2 的文档，不允许 user2 查看 user1 的文档。试问如何设置二者的主目录权限？分别使用 user1 和 user2 登录计算机验证结果。

4.　以下哪个命令可以查看文件的内容？（　　　　）

　　A．file　　　　　　　　　　B．type

　　C．cat　　　　　　　　　　D．show

5.　inode 中不含有下列哪个信息？（　　　　）

　　A．文件类型　　　　　　　　B．文件大小

　　C．文件名　　　　　　　　　D．创建时间

6.　要在系统启动时自动挂载一个特定的分区，应该编辑下面哪个文件？（　　　　）

　　A．/etc/mount　　　　　　　B．/etc/fstab

　　C．/etc/filesystem　　　　　　D．/etc/mtab

7.　如果想知道某个分区上还有多少剩余空间，应该用下面哪个命令？（　　　　）

　　A．du　　　　　　　　　　　B．df

　　C．free　　　　　　　　　　D．fsck

8.　以下哪个命令使用了管道？（　　　　）

　　A．（id; ls）>output　　　　　B．rm -- [A-Z]*

　　C．ps ax|more　　　　　　　D．cat << EOF

9.　空格在命令行中的作用是什么？如何创建一个文件名中带空格的文件，又如何将它删除？

10. 如果要求修改 FAT 文件系统，使其能在一个目录下同时创建 README.TXT 和 readme.txt 两个文件，是需要增加代码还是删减代码？

11. 任选一个英文文本文件，使用 sed 命令完成如下工作：

（1）删除其中所有由大写字母组成的单词。

（2）将前 10 行所有单词改为首字母大写。

（3）提取所有含数字的行，转存到另一文件。

（4）在每一行行尾添加一个特殊字符"$"。

05
chapter

shell 脚本

shell 既是命令行的交互界面，也是一种编程语言。用 shell 编写的程序通常叫作脚本程序，它无须专门的编译器，而是由 shell 逐行解释。Linux 系统中承担系统管理与维护工作的大量程序都是由脚本程序实现的。脚本程序直接利用了系统的高级命令，便捷高效，它是 Linux 系统中一种重要的软件工具。

在 UNIX 的发展过程中，出现过若干种 shell。目前开源软件界使用最为普遍的是 bash，它也是 Ubuntu 的标准配置。

5.1 bash 环境

用户的 bash 环境由/etc/passwd 文件中对应用户的最后一个字段指定。与 bash 相关的配置文件是个人用户主目录下的.bash_profile、.bash_login、.bash_logout 和.bashrc，它们在用户登录和登出时自动完成一些动作。历史上，Bourne shell 和 Korn shell 使用.profile 作为配置文件。出于兼容性考虑，在用户登录时，bash 会先查找.bash_profile，然后查找.bash_login，如果都没找到，再查找.profile。

.bash_profile 仅在登录 bashshell 时执行。如果使用 bash 命令打开一个子窗口，则会在子窗口中执行.bashrc。在 shell 中导出的环境变量（使用 export 命令设置的变量）会被子进程继承。这种设计方式比较容易从子窗口中分离父窗口的变量。

.bash_logout 在用户登出 shell 时执行，可以用来清除用户生成的临时文件、抹去用户的痕迹。

5.2 shell 变量

5.2.1 命名变量

我们谈及 shell 变量时，是指存储数据的一个名字。shell 变量中实际存储的是字符信息。合法的变量名由大小写字母、数字和下划线组成。shell 有自己的一些预定义变量，通常称为环境变量。环境变量一般由大写字母、数字和下划线组成。习惯上，自定义的变量应尽量回避大写字母，以便与 shell 的环境变量区分。变量无须特别声明。所有未被赋值的变量都是空字符""。变量赋值后，将得到一个字符串。由于赋值是直接在命令行操作，因此字符串应遵循命令行规则，例如，字符串中存在空格，应在字符串首尾使用引号；使用单引号可以将一些特殊字符（如$、!）当作普通字符处理。

```
$ varname=" hello world "
```

注意，赋值号两边不留空格。字符串中，连续的多个空格会被缩减成一个空格。字符串变量允许多行输入，默认的分行提示符是>，它是由 bash 环境变量 PS2 决定的。

清除变量的命令是 unset。多数情况下，这个操作没有必要。

echo 是一个常用的打印变量内容的命令。我们来看看下面这个比较复杂的使用方式：

```
$ echo " The variable \$varname has the value \" $varname \"."
The variable $varname has the value " hello world ".
```

引用变量，需要在变量名前面加$，如果为了醒目，可以在变量名首尾加{}。反斜线是转义符，它可以将具有特定意义的符号变成普通字符。

变量支持导出功能，导出的变量会延伸到 bash 的子进程。导出变量的命令是 export。下面的命令将变量 varname 导出：

```
$ export varname=" This variable is exported "
```

尝试在导出变量 varname 前后，观察在同一终端里执行清单 5.1 程序的结果有何不同。

如果仅想把变量 varname 传给某个特定的命令，而不想将它导出（不想影响其他子进程），可在导出命令之前对变量赋值：

```
$ varname=" exported " ./varprint
exported
```

清单 5.1　测试导出变量 varprint.c

```
1    # include <stdlib.h>
2    # include <stdio.h>
3
4    int main ( int argc, char * argv [])
5    {
6        char *p;
7
8        if (p= getenv ("varname"))
9            printf ("%s\n", p);
10       else
11           printf (" Variable unknown .\n");
12
13       return EXIT_SUCCESS ;
14   }
```

5.2.2　变量的运算

默认方式下，shell 变量仅有字符串的意义，因此，讨论 shell 变量的运算，实际上就是在讨论 shell 环境中字符串的运算规则。

变量运算主要解决下面的问题。

* 确定变量存在（非空），并且进行空变量的处理。
* 给变量设置默认值。
* 按特定规则修改变量的值。

shell 环境中的字符串支持表 5.1 中列出的运算操作。

表 5.1　变量或字符串的操作

操作形式	运算结果
${var1}${var2}	变量按顺序前后拼接
${varname：-word}	如果变量 varname 非空，返回 varname 的内容，否则返回字符串 word
${varname：=word}	如果变量 varname 非空，返回 varname 的内容，否则将变量的值设置为字符串 word，并返回这个字符串
${varname：?message}	如果变量 varname 非空，返回 varname 的内容，否则打印 "varname：message"，命令（脚本）中止

操作形式	运算结果
${varname：+word}	如果变量 varname 非空，返回字符串 word，否则返回空字符串
${varname：offset：length}	返回变量 varname 中从 offset 开始、长度为 length 的片段，计数下标从 0 开始。如果长度空缺，表示从 offset 到串尾；如果 offset 小于 0，返回字符串整体。如果 varname 是@，返回从 offset 开始的 length 个脚本参数
${variable#pattern}	如果变量 variable 开头与 pattern 匹配，删除最短匹配部分，返回剩余部分
${variable##pattern}	如果变量 variable 开头与 pattern 匹配，删除最长匹配部分，返回剩余部分
${variable%pattern}	如果变量 variable 尾部与 pattern 匹配，删除最短匹配部分，返回剩余部分
${variable%%pattern}	如果变量 variable 尾部与 pattern 匹配，删除最长匹配部分，返回剩余部分
${variable/pattern/string}	用 string 替换 variable 中匹配 pattern 的第一个最长的字符。如果 pattern 以#开头，则必须从 variable 头部匹配；如果 pattern 以%开头，则必须从 variable 尾部匹配。如果变量是$@或$*，此运算将轮流作用在每个位置
${variable//pattern/string}	用 string 替换 variable 中匹配 pattern 的所有字符。其余与${variable/ pattern/string}相同

变量匹配方式 pattern 除了用字母、shell 通配符表示以外，还可以使用表 5.2 中列出的扩展匹配方式，其中的匹配列表 patterns 中的每一个模式之间用|分隔。

5.2.3 变量的数值运算

当变量仅由 0~9 这些数值字符组成时，有两种途径可以将变量转换为可运算的整数数值。

1. 使用双括号(())

双括号中的数字具有数值意义，例如：

```
$ hour=3600
$ echo "Every day has $((24*$hour)) seconds"
Every day has 86400 seconds
```

表 5.2 shell 变量的扩展匹配

模式	含义
?（patterns）	匹配 patterns 列表中的匹配项 0 次或 1 次
+（patterns）	匹配 patterns 列表中的匹配项 1 次或多次
*（patterns）	匹配 patterns 列表中的匹配项 0 次或多次
@（patterns）	严格匹配 patterns 列表中的匹配项
!（patterns）	匹配除 patterns 列表中的所有其他内容

shell 运算支持表 5.3 中的运算符，它们与 C 语言的整数运算符规则相同（只有乘方运算是 C 语言不支持的）。除了表 5.3 所列运算外，shell 还支持"+=""<<="这种与 C 语言完全一样的双目运算规则。

表 5.3　shell 的数学运算符

运算符	含义	运算符	含义
+	加法运算	^	位异或运算
-	减法运算	~	位反运算
*	乘法运算	>	大于
/	整除运算	>=	大于或等于
%	余数运算	<	小于
**	乘方运算	<=	小于或等于
++	变量自增 1	==	等于
--	变量自减 1	!=	不等于
<<	左移位运算	&&	逻辑与运算
>>	右移位运算	||	逻辑或运算
&	位与运算	!	逻辑非运算
|	位或运算		

2. 使用 declare 声明变量的性质

declare 是 shell 的内部命令,用于设置或显示变量的属性,表 5.4 是它的常用选项。如果不指定参数,则意味着对全部变量和函数操作。下面是一个简单的例子。

```
$ declare -i hour=3600 day
$ day=hour*24
$ echo $day
86400
```

表 5.4　declare 的选项

选项	功能
-f	显示完整的函数
-F	仅显示函数名称
-g	在函数内创建全局变量(默认是局部变量)
-p	显示变量的属性和值
-a	设置数组变量
-A	设置关联数组
-i	设置整数变量
-l	变量赋值时转为小写
-u	变量赋值时转为大写
-n	将变量指向它的值的引用(类似指针)
-r	将变量设为只读
-t	设置变量的追踪属性
-x	导出(export)变量
用+代替-会关闭指定选项	

5.2.4 数组

数组是一组变量，这组变量有一个共同的名字，每个变量对应数组的不同位置。位置这一概念，在数组中被称作"下标"。bash 程序中的数组下标从 0 开始计数，但不要求所有元素是连续的。例如，可以单独赋值一个元素：

```
$ animal [2]=cat
$ echo ${animal[2]}
cat
$ echo ${animal[0]}


$
```

也可以同时为数组多个元素赋值：

```
$ animal=( dog cat bird )
$ echo ${animal[2]} ${animal[0]}
bird dog
```

或者跳跃赋值：

```
$ animal=( dog [10]=cat mouse )
$ echo ${animal[10]} ${animal[11]}
cat mouse
```

访问数组时必须指定下标，并将变量名和下标同时放在"{}"中。如果不指定下标，bash 默认访问下标为 0 的元素。[@]表示数组的所有元素。

5.3 基本 shell 编程

5.3.1 shell 脚本

在计算机科学中，由可读性文本组成的具有程序性质的文件称为脚本（script）。脚本程序一词用于区别需要编译执行的二进制程序，它以脚本语言为基础。Perl、Python 都属于脚本语言。遵循 shell 语法构成的文件被叫作 shell 脚本程序。前面提到的.bash_profile、.bashrc 都属于 shell 脚本。

shell 脚本程序习惯以.sh 后缀命名，但因为 Linux 系统对文件名后缀不做要求，因此这不是强制性的（其他操作系统视情况而定），使用.sh 后缀的主要目的还是为了易于识别。容易编写、容易理解是脚本程序相比二进制程序具有的两个明显优点。运行脚本程序的方式也相当灵活。我们先从一个简单的例子（清单 5.2）看起。

清单 5.2　shell 脚本 printstr.sh

```
1    #!/bin/bash
2
3    hello () {
4        echo $1
5    }
6
7    hello $1
```

脚本程序中，#通常起引导注释的作用，但第 1 行的这个符号并不仅仅是注释。脚本程序第 1 行通常是 "#!..." 的形式，用来指明脚本解释器。在命令行未明确脚本解释器时，或者在图形界面使用鼠标点击运行时，操作系统会根据第 1 行的信息调用解释器。它在下面列举的脚本程序运行方式的第 3 种方式下有意义。清单 5.2 第 3 行声明了一个函数，括号只是形式要求，不要求传递具体参数。$1 是命令行参数的第 1 项。$0 是脚本程序名本身，在下面列举的方式（1）、（2）中，source、sh 或 bash 命令也不占位。

运行该脚本，有下面几种方式。

（1）使用 source 命令：source printstr.sh"hello，world"。这条命令还会将脚本中的函数和变量导出到 shell（试试执行 type hello）。

点命令（.）也有同样的功能：.printstr.sh"hello，world"（注意，"."和后面的文件名之间要用空格分开）。

（2）显式指定解释器：bash printstr.sh"hello，world"。本章主要采用这种形式。有人也习惯用命令 sh 代替 bash，此时应确认系统中的/bin/sh 链接到哪个 shell。少数情况下，bash 命令和其他 shell 不完全兼容。

（3）将脚本文件加上可执行属性：

```
$ chmod +x printstr.sh
```

然后将 printstr.sh 当作普通可执行程序对待。在这种方式下，脚本文件第一行的#!告诉操作系统使用哪个程序解释脚本。如果没有这一行，在 bash 环境中，脚本文件默认按 bash 语法规则解释。但在其他 shell 环境中或在桌面环境使用鼠标单击时，则不能保证程序的正确运行。

运行方式的多样化可能导致初学者产生困惑，建议选定一种自己喜欢的方式。

脚本中的命令按先后顺序执行（函数定义不是命令，仅在被调用时执行）。脚本文件编写时，对每条命令前面的空格（缩进）没有要求。通常一条命令占一行，多条命令写在同一行时，命令之间用分号（;）分隔，表示先后执行。命令之间用逻辑运算符||或&&串连时，后面的命令是否执行，取决于前面命令的执行结果。由于脚本程序是解释性语言，因此函数的定义必须写在调用它的语句之前。

5.3.2　函数

shell 函数结构有下面两种形式。

```
function functname {
    shell commands
}
```

```
functname () {
    shell commands
}
```

function 是 shell 函数声明的关键字，函数名后面的括号"()"仅仅是语法上的要求，不带任何形式参数。函数调用时也不使用括号传递参数，而是直接用空格分隔函数和参数。声明的函数会被 shell 存入内存，便于随时调用，这就是 4.1.4 节中提到的命令的第 4 种类型。在终端中可以使用命令 declare 的选项"-F"或"-f"查看。

类似定义变量的方式，函数也可以在命令行中定义：

```
$ hello (){ echo $1 ; };
```

命令行在一行书写时，需要用分号分隔，以代替换行；{}的内部也要用空格分隔。多行书写方式与程序书写方式一样，不方便编辑。直接在命令行定义函数的方法也较少采用，除非是非常简短的功能。

shell 程序中的函数体不允许为空。如果函数真的无事可做，可以在函数体内写一个冒号":"。冒号在这里起语法结构作用。

5.3.3　特殊变量

shell 脚本程序的执行与普通程序的执行一样，也可以带有参数。shell 脚本参数用$n 表示，数字 n 是参数的位置，脚本程序名本身用$0 表示。大于 9 的位置，数字必须用{}括起来。$#表示参数的数量（不算$0）；$*和$@是所有参数的列表（不包括$0），二者有一点小差别：$*用内部字段分隔符（Internal Field Separator，IFS）的第一个字符分隔列表，$@相当于用双引号包含的所有参数。IFS 默认定义为空格、制表符、换行符，因此在多数情况下，二者看起来是一样的。

程序执行结束的返回值存放在$?变量中。例如，普通用户执行下面的命令时，会得到不同的结果：

```
$ cat /etc/passwd
root:x:0:0:root:/root:/bin/bash
daemon:x:1:1:daemon:/usr/sbin:/usr/sbin/nologin
bin:x:2:2:bin:/bin:/usr/sbin/nologin
sys:x:3:3:sys:/dev:/usr/sbin/nologin
sync:x:4:65534:sync:/bin:/bin/sync
games:x:5:60:games:/usr/games:/usr/sbin/nologin
man:x:6:12:man:/var/cache/man:/usr/sbin/nologin
...
$ echo $?
```

```
0
$ cat /etc/shadow
cat :/etc/shadow: 权限不够
$ echo $?
1
```

大多数情况下，一个程序正常结束时，返回值是 0。虽然主程序的返回值不像子程序返回值那样强调，但 shell 可以根据主程序的返回值知道程序是什么原因结束的，从而在脚本中根据命令执行情况决定程序的走向。至此，我们应该理解 C 语言主函数 main（）的返回值的意义了。很多时候，它们是 shell 的条件判断的基础。

shell 函数可以用 return 明确返回值。返回值可以是 0 或正整数，或是它们对应的字符串。shell 程序中总是将它们作为字符串对待。不使用 return 时，函数的返回值是最后执行语句的返回值。

下面的返回方式是正确的：

```
return "+2"
return 1
```

而下面的返回方式是错误的：

```
return " -3"
return "OK "
```

5.3.4 变量的作用范围

在一个脚本程序中常常会包含若干个函数，每个函数都有自己要处理的变量。默认情况下，一个变量一旦被赋值，就可以被整个脚本访问，除非使用 shell 的命令 local 加以限定。由 local 限定的变量称为局部变量。未声明为 local 的变量是全局变量。当存在同名的局部变量和全局变量时，在函数内部优先访问局部变量，在函数外部不能访问局部变量。

清单 5.3 局部变量和全局变量 variables.sh

```
1   #!/bin/bash
2
3   var=" hello "
4   foo () {
5       echo "\$var ( before local declare )in function foo :"$var
6       local var
7       var=" world "
8       echo "\$var ( after local declare )in function foo :" $var
9   }
```

```
10
11      echo "\$var before call foo (): " $var
12      foo
13      echo "\$var after call foo (): " $var
```

运行清单 5.3 的程序，观察到的现象是：

```
$ bash variables.sh
$var before call foo (): hello
$var (before local declare) in function foo : hello
$var (after local declare) in function foo : world
$var after call foo (): hello
```

5.4 程序流控制

多数程序语句是按先后顺序执行的，流控制指令可用于改变程序的流向。

5.4.1 条件结构

1. if-then-else 结构

if-then-else 结构允许程序在满足某一条件时选择性执行一段语句，它的基本结构有图 5.1 所示的三种形式。

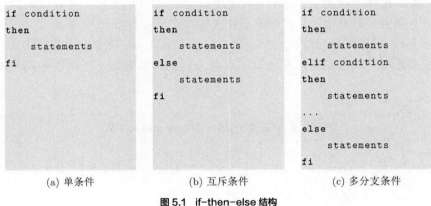

```
if condition          if condition          if condition
then                  then                  then
    statements            statements            statements
fi                    else                  elif condition
                          statements        then
                      fi                        statements
                                            ...
                                            else
                                                statements
                                            fi
```

     (a) 单条件   (b) 互斥条件   (c) 多分支条件

图 5.1 if-then-else 结构

该结构以 if⋯then 开始，以 fi 结束。条件表达式 condition 来自命令执行结果、字符串关系运算的结果、对文件特征的判断结果，以及它们之间的逻辑组合。statements 不能为空，如果确实不需要任何操作，也必须用一个"："填充。表 5.5 列出了字符串或表达式的条件测试功能，如果条件不是由命令生成的，应将条件放在"[]"或"[[]]"中，"["或"]"与内部的表达式应使用空格分开。

表 5.5　shell 的条件判断

操作	真值条件
-nstr	字符串 str 非空
-zstr	字符串 str 为空（长度是 0）
strA=strB	字符串 strA 和 strB 相同（POSIX 规范）
strA==strB	字符串 strA 和 strB 相同
strA!=strB	字符串 strA 和 strB 不匹配
strA=~regexp	字符串 strA 匹配规则表达式 regexp
strA<strB	按字母表顺序，字符串 strA 在 strB 前面
strA>strB	按字母表顺序，字符串 strA 在 strB 后面
exprA-eq exprB	数学表达式 exprA 和 exprB 相等
exprA-nq exprB	数学表达式 exprA 和 exprB 不等
exprA-lt exprB	数学表达式 exprA 小于 exprB
exprA-le exprB	数学表达式 exprA 小于或等于 exprB
exprA-gt exprB	数学表达式 exprA 大于 exprB
exprA-ge exprB	数学表达式 exprA 大于或等于 exprB
exprA-a exprB	表达式 exprA 和 exprB 同为真
exprA-o exprB	表达式 exprA 或 exprB 为真
exprA && exprB	表达式 exprA 和 exprB 同为真
! expr	表达式 expr 不为真

清单 5.4 是一个简单的分支结构的例子，用于检查一个源程序文件中是否存在主函数。

清单 5.4　简单的分支程序

```bash
#!/bin/bash


file=$1


if grep -Pq " main \s *?\(.+?\) " $file
then
    echo " File $file has function main ( )"
else
    echo "No main ( ) function in file $file "
fi
```

141

```
1    #!/bin/bash
2
3    if [ $1 != start ] && [ $1 != stop ]
4    then
5        exit 1
6
7    if [ $1 = start ]
8    then
9        echo " Run start script "
10   elif [ $1 = stop ]
11   then
12       echo " Run stop script "
13   fi
14   exit 0
```

条件表达式的逻辑组合"&&"与"||"两边的条件式应分别放在两个"[]"里，而使用"-a"或"-o"时则应在同一个"[]"中，或使用 bash 内部命令 test。例如在清单 5.5 中，第 3 行还可以写成：

```
if [ $1 != start -a $1 != stop ]
```

或者：

```
if test $1 != start -a $1 != stop
```

在逻辑与和逻辑或的表达式中，先后顺序是有意义的。exprA||exprB 中，如果 exprA 为真，则不再判断 exprB；同理，表达式 exprA&&exprB 中，也会先评估 exprA，仅在它为真时才继续进行 exprB 的判断。

字符串比较和数学表达式比较不同。shell 变量仅具有字符的含义，即使它看上去是一个数字。因此，[$var=2]和[$var -eq 2]是不一样的。前者是字符匹配，后者是数值比较。

表 5.6 列出了有关文件的逻辑测试功能，基本涵盖了对文件类型和权限的判断。

表 5.6　shell 关于文件的测试功能

操作	真值条件
-e file	文件 file 存在（同-afile）
-b file	file 是块设备文件
-c file	file 是字符设备文件
-d file	file 是目录文件
-f file	file 是普通文件
-L file	file 是符号链接文件（同-hfile）

续表

操作	真值条件
-p file	file 是管道文件（FIFO 文件、命名的管道）
-S file	文件 file 是套接字文件
-g file	文件 file 的组 ID 有效位置位
-G file	文件 file 被有效组 ID 拥有
-k file	文件 file 的粘滞位置位
-N file	文件 file 自最后一次读过后被修改过
-O file	文件 file 被有效用户 ID 拥有
-u file	文件 file 的 UID 置位
-r file	文件 file 读允许
-w file	文件 file 写允许
-x file	文件 file 可执行允许
-s file	文件 file 非空（长度大于 0）
fileA-n tfileB	文件 fileA 比 fileB 新（修改时间）
fileA-o tfileB	文件 fileA 比 fileB 旧（修改时间）
fileA-ef fileB	文件 fileA 和 fileB 指向同一个文件
-t N	文件描述符 N 指向一个终端

2. case 结构

case 结构用于实现某一表达式在不同取值时的分支，场景和 if-then-else 类似，但由于分支较多，使用 case 可以让程序看起来更加简练，其基本结构形式如清单 5.6 所示。

该结构由 case 起，到 esac 结束。每个模式项（pattern1、pattern2、…）可以包含多个匹配模式，多个匹配模式之间用|分隔，表示"或"的关系。只要表达式 expression 匹配其中的一项，该模式就有效，其后的操作将被执行，直到";;"结束。

清单 5.6   case 结构

```
case expression in
    pattern1)
        statements
        ;;
    pattern2)
        statements
        ;;
    ...
esac
```

清单 5.7 是一个格式转换程序，它将不同格式的图形文件用不同的工具转换成 pdf 格式，其中用到了 case 结构。

清单 5.7　格式转换 pic2pdf

```
#!/bin/bash

file=$1
pdf=${file%.*}.pdf
case $file in
    *.pdf)
        exit 0;;
    *.fig)
        fig2dev -Lpdf $file > $pdf
        ;;
    *.svg)
        inkscape $file -D -A $pdf
        ;;
    *.bmp|*.jpg)
        convert $file $pdf
        ;;
    *)
        echo " File not supported "
        exit 1
        ;;
esac
```

5.4.2　循环结构

循环结构中包括在满足一定条件时重复处理的工作，或者以指定次数重复处理的工作。在 shell 程序中，二者的界限并不明显，不妨将后者视为前者的一个特例。

1. for 结构

shell 的 for 结构和 C 语言的 for 结构的习惯用法不一样，它并不是为循环计数设计的。但如果循环列表是一个序列数，则可以当作计数式循环结构使用。它的基本结构如清单 5.8 所示。

清单 5.8　for 结构

```
for var in list
do
        statements
done
```

变量 var 按顺序在 list 列表中取值，statements 处理与变量 var 相关的事务。下面是一个例子，将当前项目下所有.c 和.h 文件第一行插入文件名的注释：

```
#!/bin/bash


for path in $( find . -name "*.[ch]")
do
    file=${path##*/}        # 去掉目录部分
    sed "1i/* $file */ " $path > temp
    mv temp $path
done
rm temp
exit 0
```

如需要计数式循环，可将 list 部分换成序数值。Linux 的命令 seq 可以比较方便地产生有规律的序数，它的一般格式是：

```
$ seq [-fsw] FIRST INCRENENT LAST
```

seq 指定的参数是浮点数。如果只有一个参数，表示从 1 到 LAST 的正整数序列；如果有两个参数，表示从 FIRST 到 LAST 的正整数序列，递增值为 1。选项"-f"指定按 printf 格式打印，"-s"指定数字之间的分隔符（默认的分隔符是\n），"-w"在短数字前面补 0，以生成等宽数字序列。

for 结构真正的计数循环方式和 C 语言中的结构类似，即用双括号构成循环条件：

```
for (( initial ; end ; update ))
do
      statements
done
```

清单 5.9 计算整数 1～100 的和，它和用 C 语言写成的代码非常相像。

清单 5.9 sum.sh

```
1    #!/bin/bash
2
3    declare -i sum=0 x
4
5    for ((x=1; x <=100; x ++)); do
6        sum+=x
7    done
8
9    echo "Sum=" $sum
```

2. while 结构和 until 结构

while 结构和 until 结构相似，目的也差不多，都是在一定条件下重复执行一段指令。所不同的是，while 结构在条件成立时重复执行一段指令，直至条件不成立；而 until 结构则是在条件不成立时重复执行一段指令，直至条件成立。二者的结构见图 5.2。

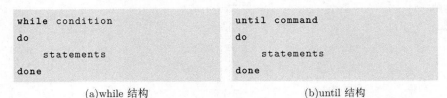

```
while condition
do
    statements
done
```
(a)while 结构

```
until command
do
    statements
done
```
(b)until 结构

图 5.2　while/until 结构

清单 5.10 使用 while 结构显示一个树状目录结构，每秒刷新一次，直至该目录被删除。

清单 5.10　while 结构应用

```
1    #!/bin/bash
2
3    while [ -d $1 ]
4    do
5        clear
6        tree $1
7        sleep 1
8    done
```

上例只要把 while 的条件反过来，就可以换成 until 结构：

```
3    until [ ! -d $1 ]
4    do
```

3. select 结构

select 结构产生一种简单的菜单效果，在选定条件下执行一段指令。

```
select name in list
do
    statements
done
```

select 根据 list 打印一个列表（菜单）并依据环境变量 PS3 输出提示符，PS3 的默认值是 "#?"。用户选择的数字将赋值给 shell 内部变量 REPLY，如果选项在列表中，则执行对应的指令；如果选项不在列表中，则程序应考虑其他处理方案。清单 5.11 是一个简单的例子，它有选择地打印其中一个文件清单。如果选择不在列表中，则退出 select 循环。

清单 5.11　select 显示文件清单

```
1    #!/bin/bash
2
3    filelist="passwd group hosts"
4    PS3="file you want to view:"
5    select file in $filelist
6    do
7        if [ $file ]
8        then
9            cat /etc/$file
10       else
11           echo"Invalid choice."
12           break
13       fi
14   done
```

程序运行时出现下面的界面，并在提示行等待用户输入一项选择：

```
1)   passwd
2)   group
3)   hosts
file you want to view:
```

5.4.3　陷阱

程序运行中，有时候我们想从外部干预它，并希望它能接受这种干预，这可以通过系统的信号机制实现。shell 接收信号的内部命令是 trap（陷阱），它允许在接收到信号时执行指定的程序，其语法是：

```
$ trap [-lp ] command signals
```

trap 命令的选项"-l"与 kill 命令的选项"-l"或"-L"类似，列出可捕获的信号名称；选项"-p"打印与信号相关联的陷阱命令。

清单 5.12 实现每秒打印一次时间且持续一分钟，并在函数 capture 中处理 SIGINT 和 SIGTERM。在这段时间里，无论是使用 Ctrl+C 组合键还是 kill 命令都无法终止程序（但使用 kill -9 可以终止）。

清单 5.12　capture.sh 捕获信号

```
1    #!/bin/bash
2
```

```
3    capture () {
4        echo "Signal captured ."
5    }
6
7    trap capture INT TERM
8
9    for x in $( seq 1 60); do
10     date
11     sleep 1
12   done
```

下面是程序运行的过程：

```
$ bash capture.sh
2018 年  10 月  13 日   星 期 六   13:10:30 CST
2018 年  10 月  13 日   星 期 六   13:10:31 CST
2018 年  10 月  13 日   星 期 六   13:10:32 CST
2018 年  10 月  13 日   星 期 六   13:10:33 CST
^ CSignal captured.
2018 年  10 月  13 日   星 期 六   13:10:33 CST
2018 年  10 月  13 日   星 期 六   13:10:34 CST
...
```

如果程序返回值遵守规则，陷阱还可以捕获程序运行的错误。多数程序返回值为 0，表示正常结束；返回值非零，表示命令执行有问题，错误信号是 ERR，捕获到错误信号后程序不再继续运行。清单 5.13 是使用 gcc 编译一组程序的例子，这个过程只编译不链接（使用 "-c"选项），如果有语法错误，则 gcc 返回 1，否则返回 0。

清单 5.13　capture.sh 捕获错误

```
1    #!/bin/bash
2
3    capture () {
4        echo "Compile error."
5        exit
6    }
7
8    trap capture ERR
9    for x in $( ls *.c)
10   do
11       gcc -c $x
12   done
```

在一个大型编译项目中，终端会输出大量的编译信息。如果出错，我们希望程序能停在出错位置，这种技巧是很有用的，因为在大量提示信息中查找错误有时候会比较困难。

5.5 命令行参数和选项

5.5.1 多参数的处理方法

shell 程序的命令行参数（或选项）在脚本中可以用$1、$2 这样的形式表示。shift 是参数移位命令。shift n 表示用$（n+1）代替$1、$（n+2）代替$2，依次递推。shift 不带参数时，表示 n=1。如果 shell 程序涉及的参数很多，且对所有参数的处理方式是统一的，则可以在循环中通过 shift 对参数进行移位。这样，在循环里只需要统一对$1 处理就可以了。清单 5.14 对当前目录下的所有 txt 文件最后一行追加了当前日期时间。

清单 5.14　使用 shift 在文件最后添加日期时间 addtime.sh

```bash
#!/bin/bash

while [ $# != "0" ]
do
    date >> $1
    shift
done
```

程序运行时，使用通配符作为命令的参数：

```
$ sh addtime.sh *.txt
```

*.txt 列出的文件数是不确定的。每处理完第 1 个文件，shift 将$1 挤出队列，后面的文件接替$1 的位置，命令行参数计数$#减 1，减到 0 则结束程序。

5.5.2 命令行的选项

shift 也可以用于命令行的选项处理，它通常以下面的形式出现：

```bash
#!/bin/bash
...
if [ $1 = "-a" ]
then
        # 处理选项-a
        shift
fi
if [ $1 = "-b" ]
```

```
then
     # 处理选项-b
     shift
fi
# 其他参数处理
```

这种方法比较笨拙，它不允许改变选项的顺序，也不允许选项合并（如将"-a -b -c"写成"-abc"）。一个更为方便的做法是使用解析选项参数命令 getopts，它的格式如下：

```
getopts optstring name
```

字符串 optstring 包含待识别的选项字母，被识别的字母存放在变量 name 中。如果字母后面跟着冒号，表示该选项需要一个参数，参数应紧跟其后，用空格与选项分开。参数被放在 shell 变量 OPTARG 中，下一个待处理的参数序号则在变量 OPTIND 中。未识别选项的 name 被设为 "?"，并给出出错的提示，将冒号置于 optstring 首位可以避免这个错误提示出现。

下面是使用 getopts 的结构。

```
1    #!/bin/bash
2
3    while getopts ":ab:c" opt
4    do
5      case $opt in
6        a)
7              echo "Option -a has no argument"
8              ;;
9        b)
10             echo "Option -b has argument" $OPTARG
11             ;;
12       c)
13             echo " Option -c has no argument"
14             ;;
15     \?) # illegal option
16             echo "usage: sh $0 [-a] [-b barg ] [-c] args.."
17             exit 1
18       esac
19    done
20    shift $(( $OPTIND - 1))
21    # 其他参数处理
```

5.6 模块化脚本编程

5.6.1 模块化

随着软件规模的增大，开发复杂度和维护难度都日益增加。将程序拆分、每个文件完成特定的功能，是一种化繁为简的办法，每个 shell 脚本文件即成为一个模块。shell 本身没有模块化机制，需要程序员决定哪个文件是主模块，哪些文件是子模块。子模块通常集中了一些关系比较密切的函数或变量，通用性模块还可以提供给其他程序使用。主模块通过点命令（"."）可以导入子模块的函数或变量。

下面仍以格式转换程序（参考清单 5.7）为例。这里，我们希望转换工作前后能给出一些提示信息，并将打印提示信息的功能单独编写成一个文件 message.sh。

清单 5.15　信息提示模块 message.sh

```
1    #!/bin/bash
2
3    process_begin () {
4        if [ -z "${1:-}" ]; then
5            return 1
6        fi
7        echo -n " $@ Process begin ... " || true
8    }
9
10   process_end () {
11       if [ $1 = "0" ]; then
12         echo -n " ... Success !\n" || true
13       else
14         echo -n " ... Failure .\n"
15       fi
16   }
```

清单 5.16 实现了格式转换工具，它利用清单 5.15 提供的函数简化了自身的结构。

清单 5.16　图像格式转换 convert.sh

```
1    #!/bin/bash
2
3    . ./message.sh
4
```

```
 5    file=$1
 6    pdf=${file%.*}.pdf
 7
 8    process_begin $file
 9    case $file in
10        *.pdf)
11            exit 0;;
12        *.fig)
13            fig2dev-Lpdf $file > $pdf 2>/dev/null
14            ;;
15        *.svg)
16            inkscape $file-D-A $pdf 2>/dev/null
17            ;;
18        *.bmp|*.jpg)
19            convert $file $pdf 2>/dev/null
20            ;;
21        *)
22            echo "file not supported"
23            exit 1
24            ;;
25    esac
26    res=$?
27    process_end $res
```

5.6.2　shell 子进程

在终端执行命令时，该命令作为终端的一个子进程，shell 程序也不例外，正在执行的 shell 程序就是终端的一个子进程。一个新的进程会从父进程继承下面的特性。

- 当前工作目录。新进程以此目录为起点。

- 由 export 命令导出的变量。由于环境变量也是导出的，所以子进程会继承所有环境变量。未被导出的变量不被子进程继承。进程之间不能直接传递或共享变量。进程间共享数据的方式涉及 IPC 机制，不在本章讨论范围，可参见 2.2.1 小节。

- 已打开的文件描述符中包括标准输入、标准输出和标准错误输出。

- 被忽略的信号。父进程处理的信号不被子进程继承。

shell 也可以创建新的进程。准确地说，shell 脚本中执行的所有命令都是它的子进程。此处专门讨论用()包裹的命令组，它被称为 shell 子进程（subshell）。对比下面两段程序的运行结果：

```
#!/bin/bash                              #!/bin/bash
(
    var="hello"                          var="hello"
    trap"echo CTRL+C pressed."INT        trap " echo CTRL+C pressed."INT
)
for x in $( seq 1 30)                    for x in $( seq 1 30)
do                                       do
    echo $var                                echo $var
    sleep 1                                  sleep 1
done                                     done
```

右边的程序每秒打印一个"hello"，由于要捕获信号 SIGINT，30 秒之内不能被 Ctrl+C 组合键终止。左边的程序在()内执行 shell 子进程，变量 var 不会传给主进程，trap 命令随着子进程的结束而结束，主程序可以随时用 Ctrl+C 组合键终止。

可见 shell 子进程可以对变量作用范围进行更精细的控制，实现并行处理也更容易。表 5.7 比较完整地列出了 shell 内建命令，其中许多命令在本书中没有出现，有兴趣深入研究的读者建议通过手册了解它们的用法并进行尝试。

表 5.7　bash 内建命令一览

命令	功能	命令	功能
alias	给命令设置别名	bg	命令送后台
bind	绑定按键序列	break	从循环内跳出
builtin	执行内建命令	case	条件结构中的分支
cd	改变工作目录	command	跳过 shell 函数查找，运行命令
compgen	设置可能的自动补全选项	complete	设置自动补全规则
continue	跳至下一轮循环	declare	声明变量属性
dirs	显示记忆的目录	disown	从 job 表中删除一项 job
do	循环结构的一部分	done	循环结构的结尾
echo	打印变量和文字	elif	条件结构的一部分
else	条件结构的一部分	enable	禁止或使能 shell 内建命令
esac	条件结构的尾部	eval	将参数当命令执行
exec	执行命令	exit	退出 shell
export	导出变量	fc	命令修复
fg	将后台任务推到前台	fi	条件结构的尾部
for	for 循环结构	function	函数声明
getopts	处理命令行选项	hash	记忆或显示命令的完整路径
help	显示内建命令帮助信息	history	显示历史命令
if	if 条件结构	in	case 结构的一部分
jobs	列后台任务表	kill	向进程发送信号

命令	功能	命令	功能
let	数值变量赋值	local	声明局部变量
logout	登出 shell	popd	从目录堆栈中移除目录
pushd	向目录堆栈中添加目录	pwd	打印当前工作目录
read	从标准输入读一行	readonly	将变量标记为只读
return	函数返回	select	select 结构
set	设置选项	shift	平移命令行参数
suspend	shell 挂起，等待信号 SIGCONT	test	测试条件表达式
then	if 结构的一部分	time	打印命令执行时间
times	打印累积用户和系统时间	trap	设置捕获信号的陷阱
type	确认命令的分类	typeset	声明变量属性（同 declare）
ulimit	设置/显示进程资源限制	umask	设置/显示文件权限掩码
unalias	删除别名	unset	删除变量或函数定义
until	until 循环结构	wait	等待后台任务结束
while	while 循环结构		

以下是对 shell 编程的几点建议。

- 脚本第一行保留#/bin/bash，以明示脚本程序的性质。
- 脚本语句或函数不要太长，尽可能按功能分块，这样既易于维护也方便调试。
- shell 语法不禁止使用关键字给变量或函数命名，但尽量不要这样做。
- 不要创建重名的变量和函数。

5.7 小结

Linux 强大的命令行功能建立在 shell 的基础之上。shell 既是一种终端交互界面，也是一种编程脚本语言。Linux 很多系统管理工作都是通过 shell 脚本语言实现的。Linux 系统中有多种 shell 环境，本章以 bash 为例介绍了 shell 变量的使用和基本编程规则。

计算机可用的编程语言很多，每种编程语言都有其长处和缺点。至少在现阶段，还没有一种语言适合解决所有问题。shell 的强项在于它能对已有的命令进行方便地组合，比较适合系统维护管理方面的工作。

5.8 本章练习

1. 在个人用户目录中建立一个数据库文件，记录每次用机时间。试用脚本程序完成这项工作。

2. 试编写一个脚本文件，用来打印某个目录中小于 1KB 的.txt 文件内容。

3. 试编写一个对批量文件重命名的 shell 脚本。

4. 试编写一个登录脚本，通过一个 account 文件验证合法用户。account 文件中的每一行是一个用户的用户名和密码（可使用明文）。

06
chapter

Linux 系统管理

Linux 占有大量的服务器市场，对服务器系统的管理与维护通常是计算机管理员的重要工作。虽然在个人计算机系统上，管理员和普通用户之间的界限比较模糊，但仍然不建议日常以管理员身份使用计算机。通过系统管理软件，用户可以更好地管理计算机的工作。

6.1 操作系统的启动过程

个人计算机的主板上装有一段固化的程序，它在系统通电、处理器复位后首先得到执行。不同处理器的开始地址取决于处理器复位后程序计数器的初始值。对于 Intel X86（或 AMD）的个人计算机来说，这段程序又叫基本输入/输出系统（**Basic Input/Output System**，BIOS），它从内存地址 0x000FFFF0 处开始运行。

在系统启动阶段，BIOS 执行通电自检过程，包括检查 CPU、存储器、I/O 接口等，并对这些设备进行必要的初始化。其中一个重要的步骤就是根据主板上 CMOS[1]的参数设置确定一个可引导操作系统的外部存储设备（光盘、硬盘或 U 盘等），并将这个存储设备的第一段数据块装入内存尝试运行。

6.1.1 硬盘的逻辑结构

1. 主引导记录

主引导记录（**master boot record**，MBR）[2]位于硬盘的第一物理扇区。由于历史原因，硬盘的一个扇区大小是 512 字节，包含最多 446 字节的启动代码、4 个硬盘分区表项（每个表项 16 字节，共 64 字节）、2 个签名字节（0x55，0xAA），如图 6.1 所示。分区表项的结构见表 6.1。

偏移地址	字节数	内容
00	446	启动代码
446	16	第 1 分区表项
462	16	第 2 分区表项
478	16	第 3 分区表项
494	16	第 4 分区表项
510	2	签名 (0x55 0xAA)

图 6.1　经典主引导记录布局

表 6.1　主引导记录中的硬盘分区表项

标记	字节数	含义
活动	1	该分区是否为活动分区（0x80 或 0x00）
起始地址	3	CHS 起始扇区地址 柱面（Cylinder）10 位 磁头（Header）8 位 扇区（Sector）6 位
分区类型	1	该分区的类型（文件系统格式）
结束地址	3	CHS 结束扇区地址（结构与起始扇区地址相同）
LBA	4	起始扇区的逻辑块地址
扇区数	4	该分区的扇区数

1　此处 CMOS 专指个人计算机主板上的一块存储设备，它由 CMOS 电路构成。

2　随着硬盘容量的增加，MBR 结构将限制硬盘分区的能力。近年生产的 PC 越来越多地采用 GPT（GUID Partition Table）来取代 MBR，它使用 8 字节的 LBA 代替 MBR 中的 CHS（Cylinder Header Sector，柱面-磁头-扇区）结构。MBR 允许 4 个主分区，最大单分区容量能达到 2TiB，而 GPT 允许 128 个分区，最大单分区容量可达到 8ZiB（1TiB=2^{40} 字节，1ZiB=2^{70} 字节）。

2. 硬盘分区

由于硬盘的主引导记录中只有 4 个分区表项,因此一块硬盘最多只能划出 4 个分区。这样划分以后,每个分区被称作主分区。在分区内部的扇区是连续的,但不要求分区与分区之间的扇区连续,也不要求分区编号在物理扇区上有先后顺序关系。

如果需要更多的分区,则可以把其中一个主分区设置为扩展分区,由分区表项中的分区类型来标识。这个扩展分区又可视为一块逻辑硬盘,再次对它进行分区划分。在扩展分区上划出的分区称为逻辑分区。理论上,逻辑分区的数量没有限制。

6.1.2 引导加载器

主引导记录中的启动代码称作引导加载器(Boot Loader,准确地说,是 Boot Loader 的一部分)。为了与主板上固化的引导代码相区别,硬盘中的这段 Boot Loader 又叫作第二阶段 Boot Loader,而将 BIOS 中的引导代码称为第一阶段 Boot Loader。一些嵌入式处理器在构成微机系统时,由于不能像 PC 那样把引导代码做在主板上,设计了一小段引导代码,此时外部存储器中仍然允许构造第二阶段 Boot Loader,通常所说的 Boot Loader 主要指这一阶段的过程。

用于引导 Linux 的 Boot Loader 不止一种。早期的 Linux 桌面系统使用 LiLo(**Linux Loader**),如今绝大多数发行版都使用 GRUB(**G**rand **U**nified **B**ootloader)。在嵌入式 Linux 系统中则大量使用 U-Boot。

Boot Loader 的作用如下。

- 在安装多系统的计算机上(包括同一操作系统的不同版本)可以选择引导不同的操作系统;
- 提供操作系统的初始化参数;
- 在嵌入式系统中,Boot Loader 还可能要提供核心系统升级功能。

GRUB 的配置文件是/boot/grub/grub.cfg。配置文件中指定了每个可引导操作系统的内核镜像文件、初始化 RAMDisk 镜像文件,以及向内核传递的参数。在 Linux 系统中,这些镜像文件通常位于/boot 目录下,内核以"vmlinuz-版本号"命名,RAMDisk 以"initrd.img-版本号"命名。传递的参数一般是根文件系统所在分区(分区设备名或 UUID)、根文件系统挂载方式、系统初始化命令等。

当使用 GRUB 引导 Linux 操作系统时,GRUB 会根据配置文件找到 Linux 的内核镜像文件,将其读入内存,并向它传递配置文件中预定的参数,最后,跳入内核的入口地址。至此,Linux 开始运行。一旦内核初始化完成,便执行由 GRUB 传来的初始化命令,而 Boot Loader 的使命则暂告一段落。

6.2 Linux 系统的启动配置

Linux 系统被载入内存后,首先将自身解压(内核镜像文件多数是压缩的),然后进行系统的一系列初始化工作,包括初始化存储器、中断表、必要的设备驱动,设定分页机制、任务调度机制,接着根据 Boot Loader 的指示载入根文件系统。根文件系统加载成功后,如果是 RAMDisk,就尝试执行/init 命令,否则,就尝试执行/sbin/init、/etc/init、/bin/init、/bin/sh 或由

Boot Loader 提供的 init 命令。如果其中任意一个能成功执行，就进入下一阶段，否则，输出 "No working init found." 信息，系统启动失败。

6.2.1 SysV 初始化

init 是系统的 1 号进程，可以是可执行脚本程序或来自软件包 sysvinit 或 busybox 的二进制程序。使用可执行脚本程序的 init 多见于 ramdisk 和嵌入式系统，二进制程序则依照/etc/inittab 文件执行系统的初始化任务。清单 6.1 是一个典型的 inittab 文件。

清单 6.1 inittab

```
 1   # /etc/inittab:init(8) configuration.
 2   # $Id:inittab,v 1.91 2002/01/25 13:35:21 miquels Exp $
 3
 4   # Runlevel 0:Halt.
 5   # Runlevel 1:Single-user mode without networking,only for root.
 6   # Runlevel 2:Multi-user mode without networking and daemons.
 7   # Runlevel 3:Multi-user mode with networking.
 8   # Runlevel 4:Not used or user-defined.
 9   # Runlevel 5:Runlevel3+X-window,full functionally.
10   # Runlevel 6:Reboot.
11
12   # The default runlevel.
13   id:5:initdefault:
14
15   # Boot-time system configuration/initialization script.
16   # This is run first except when booting in emergency (-b) mode.
17   si::sysinit:/etc/init.d/rcS
18
19   # What to do in single-user mode.
20   ~~:S:wait:/sbin/sulogin
21
22   # /etc /init .d executes the S and K scripts upon change of runlevel.
23   l0:0:wait:/etc/init.d/rc 0
24   l1:1:wait:/etc/init.d/rc 1
25   l2:2:wait:/etc/init.d/rc 2
26   l3:3:wait:/etc/init.d/rc 3
27   l4:4:wait:/etc/init.d/rc 4
28   l5:5:wait:/etc/init.d/rc 5
29   l6:6:wait:/etc/init.d/rc 6
30   # Normally not reached , but fallthrough in case of emergency.
```

```
31    z6:6:respawn:/sbin/sulogin

32

33    # What to do when CTRL-ALT-DEL is pressed.

34    ca:12345:ctrlaltdel:/sbin/shutdown-t1-a-r now

35

36    # /sbin/getty invocations for the runlevels.

37    #

38    # The "id" field MUST be the same as the last

39    # characters of the device (after "tty").

40    #

41    # Format:

42    # <id>:<runlevels>:<action>:<process>

43    #

44    # Note that on most Debian systems tty7 is used by the X Window System.

45    # If you want to add more getty's go ahead but skip tty7 if you run X.

46    #

47    1:2345:respawn:/sbin/getty 38400 tty1

48    2:23:respawn:/sbin/getty 38400 tty2

49    3:23:respawn:/sbin/getty 38400 tty3

50    4:23:respawn:/sbin/getty 38400 tty4

51    5:23:respawn:/sbin/getty 38400 tty5

52    6:23:respawn:/sbin/getty 38400 tty6

53

54    # Example how to put a getty on a serial line (for a terminal)

55    #

56    #T0:23:respawn:/sbin/getty-L ttyS0 9600 vt100

57    #T1:23:respawn:/sbin/getty-L ttyS1 9600 vt100

58

59    # Example how to put a getty on a modem line.

60    #

61    #T3:23:respawn:/sbin/mgetty-x0-s 57600 ttyS3
```

inittab 文件中的每一项按下面的格式设置：

```
id: runlevels: action: process
```

每一项有四个字段，字段之间用冒号隔开。每个字段的含义如下。

（1）**id** 由 1～4 个字符组成，作为 inittab 项的唯一标识。

（2）**runlevels** 是运行级别列表。inittab 提供了 0～6 的运行级别选项（见清单 6.1 中第 4～10 行的注释）。其中，1 级（单用户模式）和 5 级（多用户标准模式）比较常用。系统工作不正常时使用单用户模式维护，工作正常时使用多用户标准模式。在资源受限时（如没有网络环境或者没有图形终端）也可能选择 2 级（多用户无网络模式）或 3 级（多用户非图形模式）。

显示当前运行级别的命令是 runlevel 或者 who -r。

（3）**action** 指明应该执行什么动作。inittab 文件支持的动作类型有以下几种。

initdefault：系统启动后的默认运行级别，此动作忽略 process 字段。清单 6.1 第 13 行将系统默认运行级别设置为 5。

sysinit：系统启动时先于 boot 或 bootwait 运行的进程，此动作忽略 runlevels 字段。见清单 6.1 第 17 行。

wait：进程进入指定运行级别时运行，并等待它结束。清单 6.1 第 19～29 行是 wait 动作的一部分。

ctrlaltdel：Ctrl、Alt、Del 三个键同时按下时运行，它向 init 进程发送 SIGINT 信号，通常用于重启或进入单用户模式。此动作忽略 runlevels 字段。见清单 6.1 第 34 行，当同时按下这三个键时执行 shutdown 命令。

respawn：进程一旦结束便会自动重启。清单 6.1 第 47～52 行是 respawn 动作的一部分，其中，第 47 行在 2～5 运行级别时始终在 tty1 激活终端，第 48～52 行在运行级别 2 和 3 时激活终端 tty2～tty6，故 X-Window 只能在 tty7 之后。

once：进入指定运行级别时，进程启动一次。

boot：进程在系统引导时执行，此时 runlevels 字段被忽略。

bootwait：进程在系统启动时运行，并等待它结束，此动作忽略 runlevels 字段。

off：什么也不做。

ondemand：根据需要运行的进程，运行级别通常用字母标记，实际上并不改变运行级别。

powerwait：init 收到掉电信息时运行进程，并等待进程结束。

powerfail：同 powerwait，但不会等待进程结束。

powerokwait：init 收到电源恢复消息时运行进程。

powerfailnow：init 检测到电源即将耗尽时运行进程。

（4）**process** 字段包含 init 执行的进程，进程的格式与命令行中输入命令的形式完全一样。与系统启动相关的文件和目录如下。

```
/
`-- etc/
    |-- inittab    (init 脚本)
    |-- init.d/
    |   |-- rc         (启动脚本)
    |   |-- rcS        (启动脚本)
    |   |-- rc.local   (附加启动脚本)
    |   `-- ...        (其他系统服务脚本)
    |-- rc0.d/    (0 级服务管理目录)
    |   |
    |   `-- ...   (init.d 服务脚本链接)
    |-- rc1.d/    (1 级服务管理目录)
    |   |
```

```
|   `-- ...            (init.d 服务脚本链接)
|-- rc2.d/            (2 级服务管理目录)
|   ...
|   ...
|-- rcS.d/            (S 级服务管理目录)
    |
    `-- ...            (init.d 服务脚本链接)
```

清单 6.1 第 17 行表示系统初始化时执行/etc/init.d/rcS。目录/etc/init.d 下除了 rcS，还有 rc、rc.local 以及系统安装的各种服务脚本。rc.local 在系统初始化工作完成后执行，通常是用户附加的零星任务；各种服务脚本程序一般可以接受 start、stop、restart、status 等参数；rc 则是管理各运行级别的执行脚本，它的参数表示对应的运行级别。例如清单 6.1 第 28 行的 rc5 表示执行/etc/rc5.d 目录下的脚本。

/etc/rc0.d、/etc/rc1.d、……、/etc/rcS.d 目录下的脚本都来自/etc/init.d 下的服务脚本的链接，链接文件命名规则是：在原文件名前面加上一个字母（S 或 K）和两位数字。"S"表示服务脚本程序的 start 或 restart 参数，"K"表示服务脚本的 stop 参数，数字表示该脚本程序执行的顺序。rc5 就是按顺序执行/etc/rc5.d 目录下以 S 开头的服务脚本、按顺序停止/etc/rc5.d 目录下以 K 开头的服务脚本。

不同 Linux 发行版的脚本程序目录可能不同，但/etc/inittab 的位置是确定的，从这个文件里逐步分析，就可以知道系统启动过程中做了哪些事情。

从以上分析可以看出，运行级别完全是人为定义的，它的真正含义由一组启动服务进程决定。当我们将 X-Window 服务启动项加入/etc/rc3.d 中时，运行级别 3 也就成了支持图形界面的运行级别。

了解上面的结构，可以帮助我们理解系统的各种服务是如何控制的。例如，在系统运行中要停止 SSH 服务，只要执行：

```
# /etc/init.d/ssh stop
```

而要重启显示管理器服务 gdm，也只需要执行：

```
# /etc/init.d/gdm restart
```

系统命令 service 是一个 shell 脚本程序，它是用来管理系统服务的专用程序，常用于启动或停止某项服务：

```
# service ssh stop
```

以上讨论的 Linux 系统初始化方案称为 SysV-init，从名称上就可以看出，它来自 System V 的 UNIX 系统。该方案的优点是简练，代码规模小，依赖关系简单（仅依赖 libc 库），比较容易维护；但它也有以下几个明显的缺点。

（1）由于各个服务项的启动是顺序进行的，导致启动耗时较多。

（2）有的系统服务在一个系统运行的生命周期中从不会用到，但仍然要启动，占用了系统资源。

（3）脚本程序比较复杂，各个脚本间包含了大量的重复代码。

针对上述问题，一些程序员设计了新的初始化方案，其中最著名的是 systemd，它在许多

Linux 发行版中，已替代了 SysV-init。

6.2.2　systemd 初始化

systemd 的主要设计者是伦纳特·波特林[1]。2011 年 5 月，Fedora 使用 systemd 作为默认的启动方案，成为第一个使用 systemd 的主要 Linux 发行版。目前 Ubuntu 也开始使用 systemd。

为了减少系统的启动时间，systemd 改进了如下设计思想：①在启动阶段只启动必要的进程，其他进程在系统运行时按需启动；②尽可能将更多进程并行启动。除了缩短启动时间以外，systemd 还需要保持对 SysV-init 的兼容。

由于让内核直接启动的命令是 init，因此 systemd 通常会在初始化 RAM 文件系统的 init 脚本中启动，它取代了 init，成为系统的 1 号进程。

1. systemd 的单元

系统初始化需要做的事情非常多（系统配置、后台服务、守护进程等），这些事情的每一步都被 systemd 抽象为一个配置单元（Unit）。systemd 按单元管理系统资源，按功能将单元分为不同的类型，具体如下。

service（系统服务）。通常是一个后台守护进程，也是最常见的单元类型。

target（单元组）。通过引用其他单元形成一组配置，实现一个相对完整的系统。例如将图形窗口、网络服务等守护进程（service）组成一个单元组，命名为 multi-user.target，就对应着 SysV-init 的运行级别 5。

socket（套接字）。Systemd 有支持流式、数据报和连续包的套接字 AF_INET、AF_INET6、AF_UNIX。每一个套接字配置单元都有一个相应的服务配置单元。相应的服务在第一个"连接"进入套接字时就会启动（例如：nscd.socket 在有新连接后便启动 nscd.service）。

device（硬件设备）。此类单元中封装一个存在于 Linux 设备树的设备。每一个使用 udev 规则标记的设备都将会在 systemd 中作为一个设备单元出现。

mount（文件系统的挂载点）。systemd 对挂载点进行监控和管理，在启动时自动挂载，在某些条件下自动卸载。systemd 会将/etc/fstab 中的条目都转换为挂载点，并在开机时处理。

automount（自动挂载点）。当该自动挂载点被访问时，systemd 执行挂载点中定义的挂载行为。

swap（管理交换分区）用于管理交换分区。

timer（定时器单元）。用来定时触发用户定义的操作。传统上，这类服务是由 atd、crond 等守护进程完成的。

snapshot（快照）。与 target 类似，由一组配置单元构成，它保存了系统当前的运行状态。每个单元都有一个配置文件，systemd 会根据这些配置文件启动相应的任务，配置文件名后缀就是任务单元名。systemd 默认的目录是/etc/systemd/，启动的第一个配置文件是 default.system。systemd 软件包安装在/usr/lib/systemd/，因此 systemd 的配置文件通常会链接到/usr/lib/systemd 上。

2. systemd 的配置文件

systemd 配置文件包含 Unit、Service、Install 等小节，每个小节由一组关键字（字段）及其对应的值构成。

1　Lennart Poettering（1980.10.15– ），德国软件工程师，生于危地马拉。

（1）**Unit** 定义元数据，以及该配置与其他单元之间的关系。下面是它常用的字段。

- Description：单元功能描述。
- Documentation：文档地址。
- Requires：当前单元的依赖。如果依赖单元没启动，则当前单元会启动失败。systemd 不会根据这个关键字安排先后顺序，而是同时激活这两个单元，因此存在竞争。不建议使用这个字段，而是使用 Wants。
- Requisite：加强版 Requires。
- Wants：与当前单元配合的其他单元，不直接导致当前单元启动失败。
- BindsTo：绑定的单元。如果绑定单元退出，当前单元将停止运行。
- OnFailure：当前单元失败时的替换策略。
- Before：当前单元必须先于这个单元启动。
- After：当前单元在这个单元之后启动。
- Conflicts：与当前单元冲突的单元。
- Condition：当前单元运行必须满足的条件。

（2）**Service** 定义服务本体，只有 service 类型的单元才会有这个小节。它的主要字段有以下几种。

- Type：定义启动时的进程行为。除了默认方式 Type=simple 时执行 ExecStart 指定的命令以外，还有以下几种取值。
  - forking：创建子进程方式，标准的 UNIX 守护进程。
  - oneshot：一次性进程。
  - dbus：当前服务通过 D-Bus 启动。
  - notify：当前服务启动完毕，会通知 systemd。
  - idle：其他任务执行完毕，当前服务才会运行。
- PIDFile：进程文件的绝对路径。建议对 forking 类型使用这个字段，服务器会根据这个文件知道是否已经启动服务。
- ExecStart：启动当前服务的命令。
- ExecStartPre：启动当前服务之前执行的命令。
- ExecStartPost：启动当前服务之后执行的命令。
- ExecReload：重启当前服务时执行的命令。
- ExecStop：停止当前服务时执行的命令。
- ExecStopPost：停止当前服务之后执行的命令。
- RestartSec：自动重启当前服务间隔的秒数。
- Restart：自动重启当前服务的条件。它有以下几个选项。
  - no：不重启（默认值）。
  - always：总是重启。
  - on-success：仅当正常退出时（EXIT_SUCCESS）才重启。
  - on-failure：非正常退出时重启。
  - on-abnormal：被信号终止时重启。
  - on-abort：被 ABORT 信号终止时重启。

♦ on-watchdog：被看门狗终止（超时）时重启。

- TimeoutSec：停止当前服务之前等待的秒数。

- Environment：指定环境变量。

（3）**Install** 定义如何启动。它不在 systemd 运行时解释，而用于 systemctl 命令的 enable/disable 操作安装一个单元。它的主要字段如下。

- Alias：当前单元的别名。systemctl enable 根据别名创建符号链接。mount、automount、slice、swap 不支持别名。

- WantedBy：当前单元激活时（enable），会在.wants/目录下建立 target 的符号链接。多个单元可以使用多个 WantedBy 字段，或者在一个字段下用空格分隔多个单元。

- RequiredBy：当前单元激活时（enable），会在.required/目录建立 target 的符号链接。多个单元可以使用多个 RequiredBy 字段，或者在一个字段下用空格分隔多个单元。

- Also：当前单元激活时，会被同时激活的其他单元。

清单 6.2 是 SSH 服务器的配置文件，结合上面解释的各字段含义，有助于理解此项服务的启动过程。

清单 6.2　sshd 的 systemd 配置文件

```
1    [Unit]
2    Description=OpenBSD Secure Shell server
3    After=network.target auditd.service
4    ConditionPathExists=!/etc/ssh/sshd_not_to_be_run
5
6    [Service]
7    EnvironmentFile=-/etc/default/ssh
8    ExecStartPre=/usr/sbin/sshd-t
9    ExecStart=/usr/sbin/sshd-D $SSHD_OPTS
10   ExecReload=/usr/sbin/sshd-t
11   ExecReload=/bin/kill-HUP $MAINPID
12   KillMode=process
13   Restart=on-failure
14   RestartPreventExitStatus=255
15   Type=notify
16   RuntimeDirectory=sshd
17   RuntimeDirectoryMode=0755
18
19   [Install]
20   WantedBy=multi-user.target
21   Alias=sshd.service
```

3. systemd 控制命令

除了由系统启动的 systemd 命令，systemd 还包含一组控制命令。systemctl 是 systemd 的主要控制命令。表 6.2 列出了 systemctl 的常用操作。

表 6.2　systemctl 常用操作

操作	功能
list-units	列出正在运行的单元
list-unit-files	列出正在运行的单元
list-sockets	列出当前的套接字
list-timers	列出当前运行的 timer 单元
list-dependencies	列出单元依赖关系
isolate	启动指定单元，停止其他单元
start	启动配置单元
restart	重启配置单元
reload	重载单元配置
stop	停止配置单元
status	列出单元的状态
show	显示单元属性
cat	打印单元配置文件
enable	激活配置单元，建立符号链接
disable	删除符号链接，禁用配置单元
is-enabled	检查单元是否是激活状态
halt	停机
suspend	待机（状态保存到 RAM）
hibernate	休眠（状态保存到硬盘）
poweroff	断电
reboot	重启

为了实现与 SysV-init 的兼容，systemd 还建立了一些与 SysV-init 运行级别等效的 target 单元，它们被放在/lib/systemd/system/目录中，对应如下的链接关系。

```
runlevel0.target→poweroff.target
runlevel1.target→rescue.target
runlevel2.target→multi-user.target
runlevel3.target→multi-user.target
runlevel4.target→multi-user.target
runlevel5.target→graphical.target
runlevel6.target→reboot.target
```

如果要切换到运行级别 4，只需要执行下面的命令：

```
#systemctl isolate runlevel4.target
```

控制命令用于改变系统设置时需要超级用户权限，普通用户只可以使用 systemctl 显示状态信息。下面是一些命令的使用例子。

```
# 列出所有正在运行的单元，成功的和失败的
$ systemctl list-units --all

# 列出所有加载失败的单元
$ systemctl list-units --failed

# 列出未运行的单元
$ systemctl list-units -all --state=inactive

# 列出所有正在运行的 service 单元
$ systemctl list-units --type=service

# 启动一个服务
# systemctl start foo.service

# 重启一个服务
# systemctl restart foo.service

# 重新加载一个服务的配置文件
# systemctl reload foo.service
```

systemd 的其他一些命令列在表 6.3 中。

表 6.3 systemd 的其他命令

命令	功能
systemd-analyze	分析系统启动时间
journalctl	查看系统日志
hostnamectl	查看/设置主机信息
localectl	查看/设置本地化信息
timedatectl	查看/设置时区、时间
loginctl	查看或改变登录用户状态

4. 对 systemd 的非议

尽管 systemd 对 SysV-init 进行了很大的改进，但争议却一直存在。争议的主要焦点是，systemd 的软件规模太大、依赖较多，存在安全隐患；而 SysV-init 是通过脚本实现的，除了 libc 以外基本没有其他依赖关系。另外，为了减少启动时间，用 systemd 替代 SysV-init 的意义并不明显。因为占用启动时间最多的是 Boot Loader，而且很多计算机特别是服务器则很少反复启动。

6.3 包管理工具

6.3.1 安装包格式

Ubuntu 安装包使用 Debian 安装包格式，文件名后缀是.deb。它是按目标目录结构打包的压缩文件，解压后可直接复制到目标系统的对应目录中。.deb 文件中还包含一个结构目录 DEBIAN，其内容如下：

```
DEBIAN/
|-- control      软件包简明信息
|-- conffiles    配置文件
|-- preinst      脚本，安装前运行
|-- postinst     脚本，安装后运行
|-- prerm        脚本，删除前运行
`-- postrm       脚本，删除后运行
```

其中，除了 control 是必须的以外，其他几个脚本程序都视需要而定。文件 control 中包含软件包名称、版本、维护者、所属分类、依赖及软件说明等信息。例如，PNG 图形支持库 libpng 的 control 文件大致内容如清单 6.3 所示。

清单 6.3　DEB 安装包中的文件 control

```
 1    Package:libpng16-16
 2    Source:libpng1.6
 3    Version:1.6.34-1ubuntu0.17.10.1
 4    Architecture:amd64
 5    Maintainer:Ubuntu Developers<ubuntu-devel-discuss@lists.ubuntu.com >
 6    Installed-Size:319
 7    Depends:libc6(>=2.14),zlib1g(>=1:1.2.11)
 8    Section:libs
 9    Priority:optional
10    Multi-Arch:same
11    Homepage:http://libpng.org/pub/png/libpng.html
12    Description:PNG library-runtime(version 1.6)
13     libpng is a library implementing an interface for reading and writing
14     PNG(Portable Network Graphics)format files.
15     .
16     This package contains the runtime library files needed to run software
17     using libpng.
18    Original-Maintainer:Anibal Monsalve Salazar<anibal@debian.org>
```

其中，Depends 信息很重要，因为安装时会检查依赖关系，在不满足依赖条件时将拒绝安装该软件；卸载时也会检查依赖，发现该软件被其他软件依赖时也不能删除。如果在安装前后或者删除前后需要一些额外的处理，可以通过 preinst、postinst 等程序完成，这些程序通常是带有可执行属性的脚本文件。

6.3.2 后台包管理工具

Ubuntu 的后台软件包管理工具是 dpkg（**Debian package** manager），它可以完成软件包的打包、安装、卸载等工作。下面介绍一些常用的操作。

1. 创建 deb 安装包

```
$ dpkg -b directory package-file
```

directory 是包括 DEBIAN 目录在内的待安装的文件和目录，package-file 是生成的安装包文件名。创建安装包不需要超级用户权限。

2. 安装 deb 包(包括升级或降级)

```
# dpkg -i package-file
```

安装软件包的具体过程如下。

（1）解压出软件包中的 control 文件，检查依赖关系。如果依赖的软件不满足要求，则不会安装新的软件包，安装过程结束。

（2）如果系统中存在同名的其他版本软件，意味着要删除旧的软件包，于是执行旧软件包的 prerm 脚本（如果存在）。

（3）执行 preinst 脚本（如果存在）。

（4）解压软件包中的文件，同时备份旧软件包的文件，如果安装失败，则恢复旧的文件。

（5）执行旧软件包的 postrm 脚本（如果存在）。

（6）将新软件包的文件复制到系统，执行 postinst 脚本（如果存在）。

3. 删除软件包

```
# dpkg -r package-name
```

删除软件包的参数是软件名称，而不是文件名称。具体删除过程如下。

（1）从已安装软件的保留信息中检查依赖关系，如果尚有其他软件依赖这个软件包，则该软件包不能被删除，删除过程结束。

（2）执行 prerm 脚本（如果存在的话）。

（3）根据已安装软件的保留信息删除软件包中的文件。

（4）执行 postrm 脚本（如果存在的话）。

4. 根据软件包文件名特征列出已安装软件的清单

```
$ dpkg -l package-pattern
```

dpkg 虽然能分析软件包之间的依赖关系，但不能主动解决依赖问题，在 Ubuntu 系统中更常用的是高级包管理工具 apt（**advance package tool**）。

6.3.3　高级包管理工具

apt 是高级软件包管理的命令行接口，它基于软件源仓库，能自动解决依赖关系：在安装新的软件包时，会同时安装下层依赖软件；在删除一个软件包时，会将不再需要的下层软件提示给管理员。

软件源仓库由文件/etc/apt/sources.list 管理，每一行包含软件源仓库的 URL、发行版名称、依据版权协议的软件分类等，如：

deb http://cn.archive.ubuntu.com/ubuntu/ bionic main restricted universe multiverse

deb-src http://cn.archive.ubuntu.com/ubuntu/ bionic main restricted universe multiverse

deb 行用于安装二进制软件，deb-src 行用于下载源代码压缩包。源代码压缩包对于系统正常运行不是必需的，它主要用于从源码开始进行软件移植的场合。

发行版名称是发行代号的形容词部分。在每一发行版下，Ubuntu 都将软件仓库分成如下几类。

（1）**main**：Ubuntu 团队积极支持的、完全遵循自由软件版权协议的软件（除了一些二进制固件和字体以外）。

（2）**restricted**：受限软件，虽然没有完全遵循自由软件版权协议，但在某些机器上是必需的，例如显卡制造商发行的二进制驱动。Ubuntu 团队正努力促使这些制造商加速这些软件的开源，以保证尽可能多的软件符合自由软件版权协议。

（3）**universe**：来自 Linux 世界的各种开源软件，Canoical 公司不保证为它们提供定期的安全更新。其中一部分流行的或者支持良好的软件将会移入 main 库。

（4）**multiverse**：多元化的、不满足 main 类版权协议的软件，有可能包含非自由软件或依赖非自由软件。

apt 常用的操作（子命令）如下。

autoremove：自动删除不再需要的软件包。这些软件包因依赖关系而被自动安装，后因上层软件被删除或者在升级过程中依赖关系发生变化，不再需要这些软件包了。autoremove 命令不带参数。

```
# apt autoremove
```

remove：删除指定的软件包，但保留用户配置文件。

```
# apt remove libpng16-16
```

删除有上层依赖的软件包时，系统会提示确认。如果无异议，会连同上层软件包一并删除，否则中止删除操作。

purge：清除指定软件包，包括删除用户配置文件。

```
# apt purge libpng16-16
```

update：更新本地数据库。在安装、查找软件时需要先更新本地数据库。

```
$ apt update
```

upgrade：升级所有可升级的软件包。它以当前系统已安装的软件为基础，更新所有软件源仓库中比当前系统版本高的软件。当前系统中不存在的软件不会自动安装，但因依赖关系导致的新装软件除外。

```
# apt upgrade
```

dist-upgrade：发行版升级。当 sources.list 中标记的发行版高于现行发行版时，这条命令会用新的发行版仓库中的软件包替换现有的软件包。Ubuntu 允许从一个长期支持版跳升至下一个长期支持版，对于非长期支持版，则建议平稳升级。也就是说，从 16.04LTS 直接升级到 18.04LTS 或者从 18.04LTS 升级到 18.10 都是安全的，而从 17.04 升级到 18.04LTS 则有可能出问题。[1]

```
# apt dist-upgrade
```

install：安装指定的软件包。它会根据指定软件包 control 文件中的依赖关系，递归安装所有的依赖包。软件包名称作为 install 命令的参数。

```
# apt install libpng16-16
```

list：列出已安装的或可升级的软件包。常用的选项有 "--installed" 和 "--upgradeable"。
search：查找符合关键字特征的软件包的全名。

```
$ apt search png
```

show：显示指定软件包信息，即安装包中 control 文件的内容。

```
$ apt show libpng16-16
```

source：下载源代码压缩包，源代码地址信息由 sources.list 中的 deb-src 行指定。

```
$ apt source libpng16-16
```

apt 子命令总结见表 6.4。

表 6.4　apt 命令一览

子命令	功能	参数	权限
autoremove	自动删除软件包	无	root
dist-upgrade	发行版升级	无	root
install	安装软件包	软件包名称	root
list	列清单	无	
remove	删除软件包	软件包名称	root
purge	清除软件包	软件包名称	root
search	查找软件包	关键字	
show	显示软件包信息	软件包名称	
source	下载源代码压缩包	软件包名称	
update	更新数据库	无	root
upgrade	升级软件包	无	root

1　大多数 Linux 发行版不支持降级。

Ubuntu 在 apt 的基础上又做了一层包装，分成 apt-get 和 apt-cache 两条命令，前者用于安装和卸载，后者用于信息检索，它们的子命令与 apt 的子命令集基本一致。

6.3.4　snapcraft

snap（**snap**craft）是另一个软件包管理工具，是由 Canonical 提供的软件平台。Ubuntu18.04 默认安装了 snap。如果没有，可通过下面的命令安装：

```
# apt install snapd
```

如果不使用网页版，snap 命令行方式与 apt 类似，只是子命令的名称不同。

snap 命令总结见表 6.5。开发者可以同时发布软件的 stable、candidate、beta 和 edge 版本，以鼓励其他开发人员对其测试。snap 默认从 stable 安装，也可以使用--channel 选项指定不同的版本：

```
# snap refresh hello --channel=beta
```

表 6.5　snap 命令一览

命令	功能	参数	权限
install	安装软件包	软件包名称	root
list	列清单	无	
remove	删除软件包	软件包名称	root
find	查找软件包	关键字	
show	显示软件包信息	软件包名称	
refresh	下载源代码压缩包	软件包名称	

6.3.5　安装包格式转换

源于 Debian 的 Linux 发行版都会用 deb 格式制作安装包，而另一些发行版则会使用自己的格式发布软件安装包，例如红帽系列使用 rpm[1] 格式制作安装包，Slackware 则使用 tgz 格式打包。Ubuntu 提供了一个不同安装包格式的转换工具 alien，也可以直接安装其他格式的软件（使用 "-I" 选项）。

在一个发行版中安装其他发行版的软件的情况并不多见，因为不同发行版的软件间的依赖关系会有差别。而 alien 只负责格式转换，不能解决依赖关系。只有不依赖发行版的软件包安装可能会有这样的需求，例如 Adobe 为浏览器开发的 Flash 播放插件。

6.4　网络工具

网络连接是计算机的重要功能。Linux 内核对网络这一概念解释得比较宽泛，像蓝牙、红外、CAN 总线等凡是涉及计算机之间连接的都归入网络子菜单。本节讨论的网络仅局限于因特网。

1　RPM 是 **RPM Package Manager** 的递归定义形式的缩写，早期是 Redhat **Package Manager** 的首字母缩写。

6.4.1　设置网络地址

普通用户可以用 ifconfig 命令查看网络设备的基本信息：

```
$ ifconfig -a
lo: flags =73 <UP, LOOPBACK, RUNNING>  mtu 65536
          inet 127.0.0.1  netmask 255.0.0.0
          inet6::1  prefixlen 128  scopeid 0x10 <host>
          loop    txqueuelen 1000  (本地环回)
          RX packets 95249    bytes 6760792 (6.7 MB)
          RX errors 0  dropped 0  overruns 0  frame 0
          TX packets 95249  bytes 6760792 (6.7 MB)
          TX errors 0    dropped 0 overruns 0 carrier 0 collisions 0

eth0: flags =4099 <UP, BROADCAST, MULTICAST>  mtu 1500
          ether 68:f7:28:09:9 e:28  txqueuelen 1000    (以太网)
          RX packets 200332  bytes 169124181 (169.1 MB)
          RX errors 0  dropped 0  overruns 0  frame 0
          TX packets 157076    bytes 32317641 (32.3 MB)
          TX errors 0 dropped 0 overruns 0 carrier 0 collisions 0
          device interrupt 20    memory 0 xf0600000 - f0620000

wlan0: flags =4163 < UP , BROADCAST, RUNNING, MULTICAST >   mtu 1500
          inet 192.168.1.104 netmask 255.255.255.0 broadcast 192.168.1.255
          ether 30:10:b3:99:c3:10    txqueuelen 1000    (以太网)
          RX packets 32603   bytes 5421541 (5.4 MB)
          RX errors 0    dropped 9   overruns 0    frame 0
          TX packets 8513    bytes 1202350 (1.2 MB)
          TX errors 0 dropped 0 overruns 0 carrier 0 collisions 0
```

选项 "-a" 列出所有网络设备（包括启用的和未启用的）。lo 是一个虚拟网络设备（本地环回），eth0 是有线网卡的设备名，wlan0 是无线网卡的设备名。网络设备与其他设备不同，不存在设备文件，设备名来自内核，由 udev（**u**serspace **dev**ice management）获得。ether 是硬件 MAC 地址。

网络通信协议还要求为网卡配置一个 IP 地址。上面的 lo 有两个 IP 地址：一个 IPv4 地址 127.0.0.1 和一个 IPv6 地址：：1（IPv6 地址由 128 位二进制数构成，每 16 位写成一个十六进制形式，中间用冒号分开，连续的 0 可以简化书写），掩码（netmask）255.0.0.0 表示可以用低 24 位给局域网内主机分配 IP 地址；无线网卡 wlan0 有一个 IPv4 地址 192.168.1.104，掩码 255.255.255.0 表示局域网内的 IP 地址范围可以从 192.168.1.0～192.168.1.255。有线网卡 eth0 尚没有分配 IP 地址。

IP 地址既可以通过局域网服务器分配，也可以主动配置。下面分别介绍这两种方法。

（1）自动分配，又称动态分配。局域网中，DHCP（**Dynamic Host Configuration Protocol**，动态主机配置协议）服务器会为每一个申请连接到网络的主机分配一个 IP 地址。我们无须关心服务器是按什么原则分配的，只需要在自己的电脑（DHCP 客户端）上发出连接请求即可：

```
# dhclient eth0
```

上述命令可以为有线网卡 eth0 动态分配一个 IP 地址，同时也完成了掩码和路由设置。但是每次通过 DHCP 分配的 IP 地址可能是不一样的。

（2）主动配置，又称静态分配。超级用户权限可以使用 ifconfig 命令设置主机的 IP 地址：

```
# ifconfig eth0 192.168.1.105
```

手工设置时，并不是任何一个地址都是可用的，至少要满足两个条件：能够与网关连通；不能与局域网中的其他主机地址冲突。

有了 IP 地址，还需要告诉它通过哪条路由连向因特网。配置路由的命令是 route：

```
# route add default gw 192.168.1.1
```

普通用户可以不加参数地使用 route 命令，它将显示内核的路由表。[1] 习惯上，网络管理员会将局域网网关 IP 地址的最后一个数字设为 1，但不是必需的。

6.4.2 域名解析

有了路由，理论上主机就可以连到因特网了。但多数情况下我们不会用数字形式的 IP 地址访问因特网，而是用字母形式的地址，如 www.nju.edu.cn，因此还需要在系统中设置正确的域名解析系统。本地域名解析文件/etc/resolv.conf 中记录了这个服务器地址，它看上去是下面这个样子的：

```
nameserver 127.0.0.53
```

文件 resolv.conf 中保存的域名服务器可能不止一个。如果是通过 DHCP 获得的 IP，域名解析文件将自动生成。

用户可以通过 ping 命令查看网络连接情况：

```
$ ping -c 5 www.nju.edu.cn
PING www.nju.edu.cn(202.119.32.7)56(84)bytes of data.
 64 bytes from geolab.nju.edu.cn(202.119.32.7):icmp_seq=1 ttl=46 time=101 ms
 64 bytes from geolab.nju.edu.cn(202.119.32.7):icmp_seq=2 ttl=46 time=101 ms
 64 bytes from geolab.nju.edu.cn(202.119.32.7):icmp_seq=3 ttl=46 time=123 ms
 64 bytes from geolab. nju.edu.cn(202.119.32.7):icmp_seq=4 ttl=46 time=145 ms
 64 bytes from geolab.nju.edu .cn(202.119.32.7):icmp_seq=5 ttl=46 time=121 ms
```

---

1 另一个有同样功能的命令是 netstate -r。

```
--- www.nju.edu.cn ping statistics ---
5 packets transmitted,5 received,0% packet loss,time 8944 ms
rtt min/avg/max/mdev=101.080/118.651/145.727/16.565 ms
```

ping 命令会向目标网络地址发送 ICMP（Internet Control Message Protocol）包，并等待目标网络的回应。从序列号 icmp_seq 可以看出是否有丢包现象。ttl（time to live）表示数据包的存活情况，由发包方设置这个数字的初值，每经过一个网关，这个数字减 1，减到 0 时意味着这个包可能无法到达，数据包将被丢弃。time 表示回应时间，回应时间越短意味着网络连接状态越好。

6.4.3　Ubuntu 网络配置

/etc/network/interfaces 是 Ubuntu 的网络配置脚本，参见清单 6.4。系统启动时，networking 服务将根据这个文件设置网络环境。

清单 6.4　文件 interfaces

```
1    auto lo
2    iface lo inet loopback
3
4    iface eth0 inet dhcp
5
6    iface eth0 inet6 auto
7
8    iface eth1 inet static
9        address 192.168.1.2/24
10       gateway 192.168.1.1
11
12   iface eth1 inet6 static
13       address fec0:0:0:1::2/64
14       gateway fec0:0:0:1::1
```

清单 6.4 指定了 eth0 和 eth1 两个网卡的地址分配规则。标有"auto"的设备在运行 ifup-a 命令时被激活。"inet"用于配置 IPv4 地址，"inet6"用于配置 IPv6 地址。使用静态分配方式"static"时，还需要给出主机地址 address、掩码 netmask 和网关 gateway。Netmask 既可以和 address 合并写成地址块形式，也可以单独写一行（"netmask 24"或"netmask 255.255.255.0"）。

6.4.4　防火墙设置

防火墙（Firewall）是指位于内部网和外部网之间的屏障，它由硬件和软件两部分组成。软件部分按照预设规则，控制网络数据包的进出。软件防火墙的内核部分由模块 Net Filter 负责，iptables 则是用户空间常用的管理配置工具。

iptables 允许系统管理员定义处理数据包规则链的表项，它可以检测、修改、转发、重定向或丢弃数据包。过滤数据包的代码在内核中按照不同的目的被组织成表的集合。表由一组预定义的链组成。链则是一些按顺序排列的规则的列表，数据包经过链时逐级按预定规则处理。iptables 管理以下五种链。

（1）PREROUTING：路由前链，在处理路由规则前数据包进入此链。

（2）INPUT：输入链，发往本地的数据包经由此链。

（3）FORWARD：转发链，经由本机转发的数据包通过此链。

（4）OUTPUT：输出链，由本机发出的数据包经由此链。

（5）POSTROUTING：路由后链，完成路由规则后数据包通过此链。

默认的 filter 表包含 INPUT、OUTPUT 和 FORWARD 三条链，它们作用于数据包过滤过程中的不同阶段。nat 表包含 PREROUTING、POSTROUTING 和 OUTPUT 链。

iptables 使用选项"-t"指定以下五个表项之一。

（1）filter：过滤。这是默认选项。

（2）nat：网络地址转换（如端口转发）。

（3）mangle：用于对特定数据包的修改。

（4）raw：用于配置数据包，raw 中的数据包不会被系统跟踪。

（5）security：安全性相关，用于强制访问控制（**Mandatory Access Control**）规则。

大多数情况都不会用到 mangle、raw 和 security 表。图 6.2 是网络包通过 iptables 处理的一个简化模型。

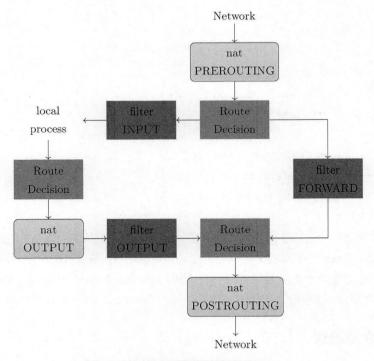

图 6.2　iptables 处理网络数据包的过程

数据包的过滤要基于一定的规则。规则由一个目标和若干个匹配组成。匹配指数据包应满足的条件，如数据包进入的接口（eth0、wlan0）、数据包的类型（ICMP、TCP 或 UDP）等；

目标则是数据包匹配所有条件后的动作，iptables 用选项"-j"指定目标，可能是 ACCEPT（接受）、REJECT（拒绝）、DROP（丢弃），或是跳转到用户自定义的链上。常用的 iptables 主选项见表 6.6（一些选项还可能有次选项，如指定 TCP 协议后的端口地址在本表中就未完全列出）。一些选项指定的参数还可以在前面加"!"以表示反选。

表 6.6 iptables 常用主选项

选项	功能
-A	在指定的链末添加规则
-D	为指定的链删除规则
-R	从选中的链中替换一条规则
-F	清空所选链
-X	删除自定义的空链
-I	按序号向指定链中插入规则
-L	显示指定链的所有规则
-m	指定匹配规则
-t	指定命令要操作的匹配包的表
-j	指定规则匹配后的动作
-p	规则或者包检查的协议名称（见/etc/protocols）
-s	源地址（主机名、IP 地址）
-d	目的地址（主机名、IP 地址）
-i	进入的网络接口名称
-o	输出接口名称
-v	打印详细输出
-vv	更详细的输出

设想这样一个场景：某个嵌入式系统运行 Linux，一个有线网口（eth0）接入局域网，无线网设备（wlan0）作为接入点——对了，这就是无线路由器，假设它为每个接入设备分配的 IP 地址范围是 192.168.0.0/24。下面的设置将允许接入设备通过这个嵌入式系统访问因特网。

```
清空链表
# iptables -X
接受源自192.168.0.0/24的TCP、UDP 协议对端口53（DNS）的请求，将其插入输入链
# iptables -I INPUT -p udp --dport 53 -s 192.168.0.0/24 -j ACCEPT
# iptables -I INPUT -p tcp --dport 53 -s 192.168.0.0/24 -j ACCEPT
接受有线网口 eth0 进来的 DHCP 数据包（DHCP 采用 UDP 协议，端口号 67）
# iptables -I INPUT -p udp --dport 67 -i eth0 -j ACCEPT
将从 wlan0 接收的数据包向 eth0 转发
# iptables -A FORWARD -i wlan0 -o eth0 -j ACCEPT
接受建立连接的 connection tracking 转发
# iptables-A FORWARD-m conntrack --ctstate RELATED,ESTABLISHED -j ACCEPT
设置网络地址转换表，采用地址伪装策略（使用 eth0 的 IP 地址），将此规则添加在
```

```
POSTROUTING 之后
# iptables -t nat -A POSTROUTING -o eth0 -j MASQUERADE
```

6.4.5 远程连接

连接远程计算机的一个重要工具是 ssh（secure **shell**），它包含两个部分：远程的 SSH 服务守护进程 sshd 和本地的 ssh 客户端，在 Ubuntu 中分别对应 openssh-server 和 openssh-client 两个软件包。Linux 曾经使用过 rlogin 或 telnet 两个远程登录工具，由于它们使用明文通信，安全性没有保障，目前已经很少使用了。

常用的 ssh 连接方式有两种：密码登录或密钥登录。前者在使用 SSH 服务时，服务器要求用户提供有效的密码；后者则通过保存在服务器和客户端的一对密钥，由服务器确认。以下分别介绍这两种方式。

1. 密码登录

下面是连接到远程计算机 192.168.208.11 用户 sally 的过程。第一次发起 ssh 连接时，服务器会给出安全提示。确认连接安全后，会在本地计算机创建与远程地址相关的密钥。输入正确的用户密码后，便获得远程计算机用户 sally 的使用权。

```
$ ssh sally@192.168.208.11
The authenticity of host'192.168.208.11(192.168.208.11)'can't be
established.
ECDSA key fingerprint is SHA256:rrFsuRrEhzNaGea15HNvGRCcYDJmaCbAw MYmja+
fyD0.
Are you sure you want to continue connecting(yes/no)?yes
Warning:Permanently added'192.168.208.11'(ECDSA)to the list of known hosts.
sally@192.168.208.11's password:
Welcome to Ubuntu 18.04.1 LTS(GNU/Linux 4.15.0-39-generic x86_64)


sally@lab408-11:~$
```

通过这种方式远程使用计算机跟在本地使用没有区别。出于安全考虑，SSH 服务默认不允许 root 远程登录。使用 ssh 命令的"-X"选项可以将远程图形界面展示在本地，前提是远程计算机必须启动 X 服务。

随同 openssh-client 包发布的还有两条命令：sftp 和 scp。前者相当于 FTP（**File Transfer Protocol**）客户端，后者则用于在不同计算机之间复制文件。下面是 scp 的例子：

```
$ scp user1@host1:file user2@host2:file2
```

它将主机 host1 用户 user1 的文件 file 复制给主机 host2 的用户 user2，并更名为 file2。host1 和 host2 是网络地址（IP 地址），user1 和 user2 分别是两个计算机的合法用户。复制过程中会要求提供两个计算机用户的密码。如果其中一个文件在本地，则可以不提供用户名和网络地址。

```
```

2. 密钥登录

通过密码访问 SSH 服务器本身没有问题，但当复制多个文件时，每次都要提供密码，比较麻烦。密钥登录可以简化这个过程。方法如下：

（1）使用 openssh-client 提供的 ssh-keygen 命令创建一对密钥：

```
$ ssh-keygen -t rsa -b 2048
```

选项"-t rsa"指定加密算法为 RSA[1]，"-b"指定密钥位数。该命令会要求提供生成文件名和保护密码，默认方式下，生成的密钥文件保存在～/.ssh 目录，文件名为 id_rsa 和 id_rsa.pub，前者是私钥，后者是公钥；保护密码用于私钥的保护。如果不设置保护密码，那么任何拿到私钥的人都可以无障碍地访问具有同样公钥的远程计算机。

（2）将公钥复制到远程计算机，追加到～/.ssh/authorized_keys 文件中：

```
$ cat id_rsa.pub >> ~/.ssh/authorized_keys
```

公钥允许别人查看，但私钥必须妥善保管。一旦私钥泄露，出于安全原因，必须更换密钥。公钥文件～/.ssh/authorized_keys 由 SSH 服务器默认指定，如果需要更改公钥文件名，可修改服务器配置文件/etc/ssh/sshd_config 文件中的 Authorized Keys File 项。

（3）完成以上步骤，原则上就可以使用密钥方式访问远程 SSH 服务了。如果设置了保护密码，在首次使用时，系统会要求提供保护密码以访问私钥。使用 ssh-add 命令可为私钥设置期限，使用 ssh-keygen–p 可以修改保护密码，但不能找回。若保护密码丢失（遗忘），只能重新创建密钥。

如果想在不同 SSH 服务之间使用不同的密钥，可以使用 ssh 命令的"-i"选项指定私钥文件。作为一个简化的方案，可以利用本地文件～/.ssh/config 中的一个关键字对（Host，Identity File）来建立这样的联系，例如：

```
Host private2.nju.edu.cn
IdentityFile ~/.ssh/host2_key

Host 192.168.208.11
IdentityFile ~/.ssh/labhost_key
```

6.5 服务管理

6.5.1 网络文件系统服务

网络文件系统（Network File System，NFS）是一种分布式文件系统协议，最初由 Sun Microsystems 公司开发，于 1984 年发布。其功能旨在允许客户端主机像访问本地存储一样通过网络访问服务器端文件。

1　RSA 算法最早发表于 1978 年的《美国计算机通信》，作者是 Ron Rivest、Adi Shamir 和 Leonard Adleman，算法即以三人姓氏首字母组合命名。

NFS 和其他许多协议一样，建立在开放网络计算远程过程调用（**O**pen **N**etwork **C**omputing **R**emote **P**rocecure **C**all，一种基于 TCP/IP 协议被广泛应用的 RPC 系统）协议之上。RPC 定义了一种与系统无关的方法来实现进程间通信，NFS 服务器可以看作是一个 RPC 服务器。正因为 NFS 是一个 RPC 服务程序，所以在使用时需要映射端口：某个 NFS 客户端发起 NFS 服务请求时，它需要得到一个端口号。实现端口映射的服务是 portmap。

安装了 nfs-kernel-server 后会自动安装 portmap。NFS 服务器启动两个守护服务进程。

（1）rpc.nfsd：NFS 服务实现的用户空间部分。NFS 的核心部分是内核 NFS 模块。

（2）rpc.mountd：提供网络连接的请求辅助服务。

网络文件系统的脚本文件是/etc/exports，它规定了服务器共享的目录和允许的客户范围，每个服务一行。一个典型的样式如下：

```
/srv/nfs4  192.168.2.*(rw,sync,no_subtree_check,no_root_squash)
```

该共享服务的含义是：服务器以/srv/nfs4 作为共享目录，允许 192.168.2.*（"*"是通配符）地址的客户端访问，访问方式为：读写允许、数据同步写入、不检查父目录权限、允许客户端 root 用户保持 root 权限。

NFS 服务相当于提供了一个网盘，客户端安装了 nfs-common 后，会得到一个支持网络文件系统挂载的 mount 命令。只要命令的参数中有网络地址形式，mount 就会把它作为网络文件系统操作，而无须显式地使用 mount.nfs 或者"-tnfs"选项，与挂载其他设备无异。假设服务器地址是 192.168.2.100，挂载命令如下：

```
# mount 192.168.2.100:/srv/nfs4/mnt
```

一旦成功挂载，在客户端访问/mnt 目录下的内容，实际上就是在访问服务器的/srv/nfs4 目录。

网络文件系统主要用于 UNIX/Linux 之间的存储和共享服务，与 Windows 系统之间的文件共享则较多地使用 samba 服务。

6.5.2　SAMBA

SMB（**S**erver **M**essage **B**lock，服务器消息块）又称 CIFS（**C**ommon **I**nternet **F**ile **S**ystem，通用因特网文件系统），是由微软开发的一种应用层网络传输协议，用于 Windows 系统之间共享文件、打印机、串行端口和通信等资源。Linux 系统实现 SMB/CIFS 服务的软件是 samba[1]，它通过下面的命令安装：

```
# apt install samba
```

安装了 samba 后，系统的配置文件是/etc/samba/smb.conf。为了启用自定义的 samba 服务，需要在该文件中添加如下几行内容：

```
[netlogon]
```

1　samba 的作者是安德鲁·特里吉尔（Andrew Tridgell，1967.2.28–），澳大利亚程序员，1999 年澳大利亚国立大学计算机博士。软件名来自 grep 命令在系统辞典中检出的一个单词，它要求按顺序包含 s、m、b 三个字母。作者曾经想将软件命名为 smbserver，但该名称已被注册。特里吉尔的另一项贡献是在 2005 年试图破解一款商用版本控制系统 BitKeeper 的协议。此前 Linux 内核的开发都基于 BitKeeper 维护。该破解行为导致 BitKeeper 停止了对 Linux 内核的免费支持，间接催生了包括 git 在内的数个新的自由软件的版本控制系统。

```
        comment=Network Logon Service
        path=/home/harry/shared
        browseable=yes
        guest ok=yes
        read only=no
```

以上内容可基于已有的配置文件直接修改。netlogon 是网络客户端访问服务器看到的目录
名称，实际共享目录则由 path 参数提供；readonly 或 writable 用于设置共享目录的读写权限，
browseable 允许 Windows 在网络邻居中看到共享目录。为了提供 samba 的写允许权限，还应
使用 smbpasswd 创建用户并设置密码：

```
    # smbpasswd -a smbuser
    New SMB password :
    Retype new SMB password :
    Added user smbuser .
```

改变设置后应重启 samba 服务：

```
    # service smbd restart
```

客户端用文件浏览器访问时，nautilus 会在网络部分的入口处显示可访问的 netlogon 目录名。
单击这个目录后，系统会要求提供登录用户名和密码，验证通过后便可以使用网络文件服务了。

6.5.3　远程登录服务

一个常用的远程登录工具是 ssh。安装了 openssh-server 的主机默认开启了 SSH 服务（运
行 sshd 守护进程）。下面的命令用于 SSH 服务的启动/停止：

```
    # service ssh start      # 启动服务
    # service ssh stop       # 停止服务
```

OpenSSH 服务器的配置文件是/etc/ssh/sshd_config，它规定了安全认证方式、用户权限、
sftp 服务子系统、X11 转发等内容。管理员可根据需要编辑这个文件。

服务器管理网络访问控制的两个文件是/etc/hosts.deny 和/etc/hosts.allow。系统接收到网络
请求时，会按下面的顺序检查是否允许访问。

（1）如果访客在/etc/hosts.allow 名单中，则允许访问。

（2）否则，如果访客不在/etc/hosts.deny 名单中，则允许访问。

（3）其他情况，均允许访问。

（4）如果文件/etc/hosts.allow 或/etc/hosts.deny 不存在，视同为空名单，即：如果不存在
/etc/hosts.deny，表示所有访客均允许访问。

6.5.4　计划任务管理

计算机在预定时间完成特定的任务，需要用到计划任务管理。Linux 系统中管理计划任务的工
具是 cron。它根据预先设定的脚本，在无人干预的情况下定时运行指定的任务。由于它是以守护

进程的方式工作，启动/停止的方法和其他守护进程相同。

```
# service crond start        # 启动服务
# service crond restart      # 重启服务
# service crond stop         # 停止服务
# service crond reload       # 重载配置
```

维护计划任务的脚本文件在/var/spool/cron/crontabs 目录里，以用户名作为文件名。cron每分钟检查一次这些脚本，看看是否有任务需要执行。普通用户没有访问该目录的权限。计划任务文件一般不由用户使用编辑器直接编辑，而是通过 crontab 命令管理。该命令的使用权限由文件/etc/cron.allow 和/etc/cron.deny 维护。满足使用计划任务管理的用户条件如下。

• /etc/cron.allow 是允许创建计划任务的用户名单。如果此文件存在，该用户必须在此名单内。

• 如果不存在/etc/cron.allow，再看/etc/cron.deny，它是不允许创建计划任务的用户名单。如果此文件存在，该用户不能在此名单内。

• 如果上述两个文件同时存在，/etc/cron.allow 的策略优先。

• 如果上述两个文件都不存在，不同系统采取的处理策略不同。Ubuntu 默认是允许所有用户使用 crontab。

• 超级用户总是可以创建自己的计划任务。

crontab 有几个常用的选项。

-u：指定用户名。默认为本人。

-l：列出某个用户服务的详细内容。

-r：删除某个用户的计划任务。

-e：打开编辑器，编辑某个用户的计划任务。

每项任务在计划脚本文件中占一行，告知 cron 守护进程何时执行哪个命令。格式如下：

```
    分 钟   小 时   日 期   月 份   星 期   命 令
```

除"命令"以外，其他参数都是以数字形式表示的时间（星期天是 0 ）。也可以用"*"表示所有可能的取值，如在"月份"处标有"*"，表示每个月的这个时间。连字符连接的两个数字表示一个时间范围，"/"表示间隔单位。命令可以是一个脚本，用于执行多条命令，或者用run-parts 执行一个目录里的命令。

系统级计划任务脚本写在/etc/crontab 文件中，它按每小时、每天、每周和每月分别把执行相关任务的命令放在/etc/cron.hourly、/etc/cron.daily、/etc/cron.weekly 和/etc/cron.monthly 目录中。如果你是系统管理员，可以使用这个资源。

下面是一些计划任务的例子。

```
# 每周三 8:45 启动闹钟
  45 08    *    *    3    /usr/bin/alarm
# 每天 23:30 运行  mlocate 数据库更新命令
  30 23    *    *    *    /usr/bin/updatedb
# 每月 1 号和 15 号 0 点重启 apache(http)服务
  0   0    1,15    *    *    service apache2 restart
```

```
# 周一到周五的 8 :00 到 17 :00 之间，每 10 分钟取一次邮件
*/10    8 -17    *    *    1 -5    fetchmail mailserver
```

Linux 还有一个较为简单的命令 at，适合安排临时性、非周期的任务。它使用/bin/sh 执行计划命令，命令的格式如下：

```
$ at [-f file ] [-t time ]
```

它在指定时间 time 执行从文件 file 中读取的命令。不指定文件时则通过终端输入命令。时间表示方法比较灵活，除了可以用标准的[[CC]YY]MMDDhhmm[.ss]格式以外，还可以用生活化的"1am tomorrow"（明天凌晨 1 点）、"4pm+3days"（三天后下午 4 点）等格式。选项"-q"用于查看已安排的计划任务，"-r"用于取消未执行的计划任务。

at 命令依赖于 atd 守护进程服务。

6.6 系统备份

再完备的措施也不能保证数据永远不出问题，下面的可能性是我们必须要考虑的。

- 文件系统故障。
- 用户不小心破坏了数据。
- 笔记本电脑丢失或损坏。
- 服务器被攻击（包括病毒破坏），数据受损。
- 存储系统遭到不确定因素的破坏（自然灾害或人为损坏）。

对于很多程序员来说，数据损失意味着几个月甚至更长时间的心血付之东流，比单纯损坏一台计算机更让人懊恼。确保对重要数据进行可信备份是非常重要的。备份数据也是系统管理员日常维护中一项非常重要的工作。

备份策略涉及备份方法和备份介质。常见的备份方法有完全备份、增量备份和差异备份。

（1）完全备份。如果备份周期是一天，所谓完全备份，就是每天将所需要备份的数据复制到一个备份介质中。恢复数据时，再将最新的备份资料复制回系统。通常，备份工作应在系统数据不发生改变期间实施，否则会导致系统数据与备份介质上的数据不一致。由于完全备份涉及的数据量巨大，特别是对一个大型企业的服务器来说，备份窗口[1]若设置过小，常导致不能执行正常的完全备份操作。

（2）增量备份。增量备份是将每天增加的数据进行备份。多数情况下，虽然整体数据量很大，但每天新增的数据要少得多，因此增量备份比完全备份需要的窗口要小得多。增量备份的缺点是恢复比较耗时，它需要逐日恢复备份数据：以周一为基点，如果周四需要恢复数据，则必须依次恢复周一、周二、周三的数据。

（3）差异备份。以某次完全备份为基点，每天备份自上次完全备份以来更新过的数据。这种备份方法在恢复数据时，只需要两个备份介质：最后一次完全备份数据和最后一次差异备份数据。相比于增量备份，它缩短了数据恢复的时间。

图 6.3 比较了不同备份方式之间的数据量差别。

1　备份窗口指可用来执行备份的时间范围。

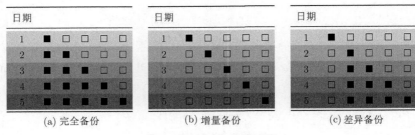

图 6.3 不同备份方式数据规模

早期计算机使用磁带机、光盘备份数据,现在则更多地使用移动硬盘和网络系统备份数据。备份工作使用的软件包括 tar、dd、rsync 等。下面简要介绍 rsync(**remote sync**hronize)作为备份工具的用法。

rsync 可看作是一个远程复制命令,将源 SRC 复制到目的地 DEST,命令格式如下:

```
$ rsync [ options ] SRC DEST
```

SRC 和 DEST 可以是本地文件或目录,也可以是远程文件或目录。rsync 作为备份工具使用时,SRC 和 DEST 至少一个应在远程。rsync 有两种远程同步方式,一种是直接使用远程 shell 程序(通常是 ssh),它要求远程启动 SSH 服务。

将一个本地目录 working 备份到远程计算机 user1.campus.org 的命令如下:

```
$ rsync -aR working sally@user1.campus.org:backup_dir
```

sally 是 user1.campus.org 上的一个用户,backup_dir 是 sally 用作备份的目录。上述命令执行时会要求提供 sally 在 user1.campus.org 的密码。

rsync 的另一种同步方式是建立 rsync 守护进程。为此,需要在/etc 目录下创建服务脚本配置文件 rsyncd.conf。安装了 rsync 后,该配置文件的样板在/usr/share/doc/rsync/examples 目录中,可略加修改复制到/etc 目录下。它看上去大致是下面的样子:

```
log file=/var/log/rsyncd
# for pid file,do not use/var/run/rsync.pid if
# you are going to run rsync out of the init.d script.
# The init.d script does its own pid file handling,
# so omit the"pid file"line completely in that case.
pid file=/var/run/rsyncd.pid
syslog facility=daemon
# socket options=

# MODULE OPTIONS
[ ftp ]

    comment=public archive
    path=/var/www/pub
    use chroot=yes
```

```
#       max connections =10
        lock file=/var/lock/rsyncd
        read only=no
#       list=yes
        uid=nobody
        gid=nogroup
#       exclude=
#       exclude from=
#       include=
#       include from=
#       auth users=
#       secrets file=/etc/rsyncd.secrets
        strict modes=yes
#       hosts allow=
#       hosts deny=
        ignore errors=no
        ignore nonreadable=yes
        transfer logging=no
#       log format=%t:host %h(%a)%o%f(%l bytes).Total %b bytes.
        timeout=600
        refuse options=checksum dry - run
        dontcompress=*.gz*.tgz*.zip*.z*.rpm*.deb*.iso*.bz2*.tbz
```

rsync 服务器监听 873 端口，下面的命令用于启动 rsync 服务：

```
# service rsync start
```

将远程目录/ftp 同步到本地 local 目录，使用下面的命令形式：

```
# rsync -aR rsync://user1.campus.org/ftp local
```

表 6.7 列出了 rsync 的常用选项。在使用 rsync 守护进程时可以将相应选项写入配置文件，以简化操作。

表 6.7 rsync 常用选项

选项	功能
-a	归档方式，等同于-rlptgoD（不包含-H、-X）
-X	保持扩展属性
-b	备份方式，备份 DEST 中的旧文件
--backup-dir=DIR	指定备份路径
-r	目录递归
-R	使用相对目录名

选项	功能
-l	保持软链接
-L	将软链接转为引用文件/目录
-H	保持硬链接
-p	保持文件权限
-t	保持文件修改时间信息
-g	保持属组信息
-D	保持设备文件和特殊文件
-o	保持拥有者信息（超级用户可用）
-I，--ignore-times	不跳过大小和修改时间相同的文件
-u	更新方式（根据时间戳），不覆盖新的文件
-z	在传输文件时进行压缩处理
-e	指定远程 shell 操作
--existing	仅更新 DEST 中已有的文件，不复制新文件
--ignore-existing	忽略 DEST 中已有的文件，只复制新文件
--delete	在 DEST 中删除 SRC 中不存在的文件
--delete-before	接收端在传输之前进行删除操作（默认）
--delete-during，--del	接收端在传输过程中进行删除操作
--delete-after	接收端在传输之后进行删除操作
-f	指定过滤规则
--exclude=PATTERN	排除匹配 PATTERN 模式的文件
--exclude-from=FILE	从 FILE 中读取排除规则
--include=PATTERN	不排除匹配 PATTERN 模式的文件
--include-from=FILE	从 FILE 中读取不排除规则
--list-only	仅列出文件清单。这是没有其他选项时的默认选项

备份工作机械、烦琐，可以考虑改用计划任务方式执行。下面两行代码是维护日常备份的 cron（脚本程序 backup.sh 和 diffbackup.sh 由管理员根据实际需求编写）：

```
# 每周五 22:00 执行完全备份
0 22   *   *   5 /usr/sbin/backup.sh
# 每天 23:00 执行差异备份
0 23   *   *   * /usr/sbin/diffbackup.sh
```

Ubuntu 默认安装了图形化备份工具 deja-dup，对不熟悉命令行工具的人来说是一个不错的选择，图 6.4 是其界面的一部分。

备份数据原则上应与正在使用的系统数据分别保管，以避免在事故中同时被破坏。

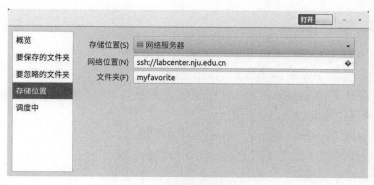

图 6.4　图形界面的备份工具

考虑到备份所占用的空间以及恢复工作所需要的时间，应尽可能选择重要的数据进行备份。重要的数据通常是个人资料、电子邮件、财务数据、家庭照片以及其他一些不可替代的文件，或者需要投入大量精力才能恢复的文件。个人计算机的设置文件（如桌面环境、应用程序首选项）是可替代的，但需要花时间才能重新恢复，属于非必须的备份对象。常用软件一般不需要备份，它们占用的空间通常都比较大，而且可以通过重新安装得到恢复。

6.7　系统日志

查阅系统日志是管理员的另一项日常工作。在涉及计算机安全、可靠性维护、系统故障时，日志文件可以提供一些有用的信息。

6.7.1　日志文件在哪里

正常情况下，Linux 系统日志文件集中在/var/log 目录，主要有以下文件和目录。

- apport.log：应用程序崩溃记录。
- apt/：使用包管理器 apt 安装和卸载软件的信息。
- auth.log：记录登录认证的信息。
- boot.log：本次系统启动过程记录。
- cpus/：记录与打印机操作相关的事件。
- dist-upgrade/：发行版升级记录。
- dpkg.log：dpkg 安装和删除软件包的日志。
- faillog：记录用户登录失败的信息。
- fontconfig.log：与字体配置有关的日志。
- gdm3/或 lightdm/：显示管理器启动信息。
- kern.log：内核活动产生的日志。
- lastlog：记录所有用户的最近信息。
- samba/：记录访问 samba 服务的信息。
- Xorg.*.log：来自 X Window 服务器的日志信息。
- wtmp：包含登录信息，供命令 utmpdump 查看。

6.7.2　日志文件的产生

日志文件主要有三个来源。

（1）内核通过函数 printk()（printf()的内核版本）打印的消息。这些消息打印在一个循环缓冲区中，可以使用命令 dmesg 查看。一些发行版将这些消息记录在/var/log/dmesg 文件中，kern.log 是其中满足日志记录级别的一部分。

（2）通过 syslog（**system log**ger）守护进程记录的消息。

（3）软件开发者自行制定的标准，自身实现的消息记录。

syslog 是计算机系统消息日志标准，具备通用性。在 Linux 系统中，实现 syslog 功能主要有以下三个函数：

```
# include <syslog.h>

void openlog(const char * ident, int option, int facility);
void syslog(int priority, const char * format,...);
void closelog(void);
```

进程使用 openlog()函数建立一个 syslog 连接，参数 ident 指向一个特征字符串，用于日志文件识别，ident 为 NULL 时即程序名本身；option 用于控制日志调用 syslog()的方式，可用的选项见表 6.8，选项之间通过"位或"叠加。

表 6.8　openlog()参数 option 取值

选项	含义
LOG_CONS	当送往 syslog 出错时直接写到系统终端
LOG_NDELAY	立即创建 syslog 连接（通常是在第一次产生 syslog 消息时创建连接）
LOG_NOWAIT	记录消息时不等待创建子进程（本选项在 Linux 平台上无效）
LOG_ODELAY	在调用 syslog()时创建连接（与 LOG_NDELAY 相反，默认选项）
LOG_PERROR	消息同时记录在标准错误输出
LOG_PID	每条消息带有调用者的进程 ID

facility 参数指明正在产生日志的程序类型，syslog 服务器的配置文件可以根据这个选项决定不同类型消息的不同处理方式，表 6.9 是已定义的类型。

priority 用于控制产生消息的紧急程度，可用的选项见表 6.10，等级值越小，表示事件越紧急。

openlog()函数本身也是个选项。不使用 openlog()时，syslog()按默认的方式处理。

Ubuntu 的 syslog 服务器是 rsyslogd（由 syslogd 发展而来），配置文件是/etc/rsyslog.conf 以及/etc/rsyslog.d/目录下的配置文件。记录每个事件的格式如下：

类型［连接符］关键词　　日志文件

其中的类型和关键词分别见表 6.9 和表 6.10。连接符有三种：

表 6.9　openlog()参数 facility 取值

选项	类型	含义
LOG_KERN	kern	内核消息
LOG_USER	user	普通用户级消息（默认）
LOG_MAIL	mail	邮件系统消息
LOG_DAEMON	daemon	系统守护进程消息
LOG_AUTH	auth	安全/认证消息
LOG_SYSLOG	syslog	syslogd 消息
LOG_LPR	lpr	打印机消息
LOG_NEWS	news	USENET 新闻组消息
LOG_UUCP	uucp	UUCP 消息
LOG_CRON	cron	cron/at 守护进程消息
LOG_AUTHPRIV	authpriv	（私有的）安全/认证消息
LOG_FTP	ftp	ftp 守护进程消息
LOG_NTP	ntp	NTP（网络时间协议）
LOG_LOCAL0	local0	以下保留供本地使用
LOG_LOCAL1	local1	
...	...	
LOG_LOCAL7	local7	

表 6.10　openlog()优先级参数

等级	关键词	选项	含义
0	emerg	LOG_EMERG	紧急，系统即将不可用
1	alert	LOG_ALERT	报警，必须马上采取行动
2	crit	LOG_CRIT	临界条件，严重错误
3	err	LOG_ERR	错误
4	warning	LOG_WARNING	警告
5	notice	LOG_NOTICE	应引起注意的消息
6	info	LOG_INFO	一般消息
7	debug	LOG_DEBUG	调试信息

（1）".="：指定等级的消息。

（2）"."：比指定等级高的消息，这是大多数日志的选择。

（3）".!"：除指定等级以外的消息。

同一个日志文件记录多个消息的，事件之间用分号分隔。例如：

```
*.=info;*.=notice;*.=warning;cron    /var/log/messages
```

表示所有类型的 info、notice 和 warn 以及 cron 的所有级别都记录在/var/log/messages 中。
清单 6.5 是使用 rsyslogd 的一个简单例子。

```c
1    # include <stdlib.h>
2    # include <unistd.h>
3    # include <syslog.h>
4
5    int main(int argc, char * argv [])
6    {
7      int i;
8      openlog(NULL,LOG_PID,LOG_USER);
9
10     syslog(LOG_NOTICE,"log started.");
11     for(i=0;i<3;i++){
12             syslog(LOG_DEBUG," log message %d",i);
13             sleep(1);
14     }
15     syslog(LOG_NOTICE," log end.");
16     closelog();
17
18     return EXIT_SUCCESS;
19   }
```

程序开始和结束时打印 notice 级别消息，其间打印三次 debug 级别消息，均为 user 类型。如果 rsyslogd 的配置文件没有指定记录类型，可以在/var/log/syslog 的最后几行看到打印的消息。

将下面一行加入 rsyslog 配置文件：

```
user.debug     /var/log/additive.log
```

并重启 rsyslog 服务：

```
# service rsyslog restart           # SysV - init 风格
或
# systemctl restart rsyslog.service # systemd 风格
```

便可以用单独的文件/var/log/additive.log 记录事件了。

6.8　用户安全认证

用户认证对于计算机系统的安全至关重要。多数情况下，用户基于口令认证获得计算机的访问权限。Linux 系统基于可插拔认证模块（Pluggable Authentication Modules，PAM）维护系统的安全。PAM 是一组处理认证的软件模块，系统管理员使用这些模块配置程序鉴定用户的方式。

例如，用户在虚拟终端使用 login 登录 Linux 系统，login 会与鉴定数据库中保存的用户名和加密口令进行比较。如果加密口令相同，认证通过，启动用户的登录 shell，授权用户访问系统。

如用芯片卡代替口令，则所有执行用户鉴定的程序必须可以和芯片卡一起使用。在引入 PAM 之前，处理鉴定的登录模块和其他所有应用程序都必须经过扩展才能支持芯片读卡器。PAM 简化了这一过程，其创建的软件级别可以明确定义应用程序和当前鉴定机制的接口。只需添加新的 PAM 模块以启用芯片读卡器鉴定，而不需要修改每个程序。

图 6.5 演示了 PAM 的角色。应用程序通过接口调用 Linux-PAM 库，自己无需了解具体使用的验证方法。Linux-PAM 库参照配置文件中的内容，加载应用程序所适用的模块。这些模块进入某个管理组，并按照配置文件里的配置层叠在一起。在这些模块被 Linux-PAM 调用时，会对应用程序执行不同的验证工作。应用程序和用户之间的信息交换可以通过 conversation（）函数实现。

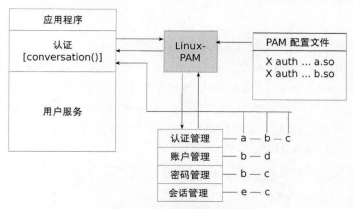

图 6.5　PAM 验证机制的作用

当一个使用了 PAM 的应用程序启动时，会激活 PAM-API 的连接，执行一系列动作，其中最重要的一件事是读取配置文件。配置文件列出了某个或某些系统服务所要求的 PAM 验证规则，以及 PAM 验证规则失败事件发生时 PAM-API 的行为。配置文件中的每一行对应一个 PAM 模块，按下面的形式构成：

> 管理方式　控制标志　模块路径　［参数］

1. 管理方式

PAM 模块使用以下四种类型的管理方式之一。

（1）auth（认证管理）：这类模块通过密码认证或其他身份识别方式授权用户权限。

（2）account（账户管理）：这类模块基于账户管理执行鉴权，提供的用户服务验证类型：密码是否过期，是否允许用户访问请求的服务。它用于限制或授权对服务的访问。

（3）session（会话管理）：这类模块用来定义用户登录前以及退出后所要进行的操作，用户被授权访问服务后，根据这类模块决定禁止或允许用户需要执行的任务。

（4）password（密码管理）：这类模块用来更新和用户相关的鉴定参数。

2. 控制标志

控制标志表示鉴权成功或失败时将如何作出反应。由于模块可以层叠（相同类型的模块将按顺序执行），控制标志将确定每个模块的相对重要性。以下是一些可选的标志。

（1）required 要求该模块必须通过鉴权，否则不予授权。

（2）requisite 和 required 相同，不过如果模块返回失败，控制将直接返回应用程序。返回值和第一个失败的 required 或 requisite 模块相关联。

（3）sufficient 代表模块的成功"足以"满足 Linux-PAM 库，因为该模块类型完全符合其目的。如果之前没有失败的 required 模块，则不会调用"层叠的"此类模块。即使该模块类型失败，已成功的模块类型也可以满足应用程序。

（4）optional 为可选的，表示模块对于服务的用户应用程序的成功与否并不重要。

3. 模块路径

模块的路径名（文件名）。如果路径名以"/"开头，则是一个完整的路径，否则，默认路径在/lib/security 或 lib64/security。

4. 参数

传递给模块的参数列表，形式由模块自身的要求决定。

PAM 模块位于/lib/security（64 位系统是/lib64/security）目录下，文件名前缀是 pam_。PAM 的配置目录是/etc/pam.d，该目录下包含使用 PAM 的每个应用程序的配置文件，配置文件名一般与应用程序名对应，如应用程序 login 的配置文件名是 login。一个比较特殊的配置文件是 other，如果未找到特定于某应用程序的文件，则该文件中包含默认配置。

下面是 login 的部分配置模块：

```
# 认证过程使用一个可选的登录失败延迟模块, 设置 3 秒延迟
# 这一措施可以阻止频繁的恶意密码测试
auth    optional    pam_faildelay.so    delay=3000000


# 如果存在/etc/nologin 文件,则不允许非 root 登录
# requisite 标志意味着密码错误将停止所有认证过程
auth    requisite    pam_nologin.so


# pam_env 模块使用脚本/etc/security/pam_env.conf 设置附加的环境变量
session    required    pam_env.so readenv=1


# 嵌入标准  Un*x 认证脚本文件
@include  common-auth


# 根据配置文件/etc/security/group.conf
# 允许接受一些额外的组成为用户
# (代替/etc/login.defs 中的'CONSOLE_GROUPS'选项)
auth    optional    pam_group.so


# 根据/etc/security/limits.conf 设置用户限制行为
# (代替老式的/etc/limits)
```

```
session     required    pam_limits.so

# 成功登录后打印上次登录信息
# (代替/etc/login.def 中的'LASTLOG_ENAB'选项)
session     optional    pam_lastlog.so

# 成功登录后打印当日信息
# 包括动态生成的/run/motd.dynamic 和静态的(由管理员编辑)/etc/motd
# (代替/etc/login.defs 中的'MOTD_ENAB'选项)
session     optional    pam_motd.so motd=/run/motd.dynamic
session     optional    pam_motd.so noupdate
```

使用 PAM，程序中必须包含支持 PAM 功能的代码。如果拥有程序的源代码，则可以将合适的 PAM 功能代码添加进去；本身就不支持 PAM 的二进制文件将无法应用 PAM 模块。

6.9 小结

本章讨论了 Linux 系统维护方面的若干问题。典型的 Linux 初始化有两种方式：传统的 SysV-init 和现代的 systemd。目前 Ubuntu 默认使用 systemd 的系统初始化方式，systemd 可以兼容 SysV-init。

各 Linux 发行版都有专门的软件包管理工具，用于安装和卸载软件。Ubuntu 基于命令行的基本包管理工具是 apt。表 6.11 中列出了 Linux 系统管理的常用命令。

表 6.11 系统管理常用命令

功能	命令或软件
硬盘分区	fdisk，cfdisk
分区格式化	mkfs.vfat，mkfs.ext4，...
文件系统挂载/卸载	mount，umount
服务器管理	service，systemctl
安装包管理	dpkg，apt
网络地址设置	ifconfig
路由设置	route
网络状态显示	netstate
防火墙设置	iptables
网络文件系统	nfs-server，samba
远程访问	ssh
计划任务管理	cron
备份工具	rsync

本章还讨论了 Linux 系统中常用的网络工具，以及一些常用系统服务的设置方法。

1. 试解释磁盘主分区和逻辑分区的概念。

2. 使用 fdisk-1 列出硬盘分区时，分区编号常常是不连续的（如 sda1、sda2、sda5，没有 sda3 和 sda4），为什么?

3. 试编写一个创建 debian 安装包的脚本，尝试按下面的目录结构制作发布软件包，并使用 dpkg 安装。

```
/
|-- /usr/local/share/src/cmd/cmd.c
`-- /usr/local/bin/cmd
```

其中，cmd.c 来自清单 4.1，cmd 是编译后的二进制可执行程序。

4. 试编写一个闹钟的守护进程，要求如下:

（1）每天在一个指定的时间产生动作（动作方式不限，可以是自动从后台启动一个窗口软件，也可以是向指定文件写入信息）。

（2）将其纳入启动任务，编写一个服务脚本，交给系统服务管理。

（3）改用 crond 实现此要求。

软件开发

07 chapter

相比于消费类的计算机产品，安装 Linux 操作系统的个人计算机更适合当作开发工具使用——尽管 Linux 的桌面环境完全满足一般消费型用户的需求。Linux 的软件仓库中包含众多的编程语言开发工具，开发人员可以根据自己的需要选择安装其中的一部分。

虽然 Linux 支持多种编程语言，C 语言仍是 Linux 系统最主要的编程语言，它也是目前处理工程类问题最普适的编程语言。Linux 内核中，除了极少量的初始代码是使用与处理器架构相关的汇编语言编写以外，其他的代码全部都是由 C 语言完成，应用软件也是以 C 语言为主。因此，本章重点围绕 C 语言编程问题展开。

高级语言需要通过专门的软件转换成机器语言，才能被计算机执行。这个转换软件统称编译工具。将高级语言编译成机器语言，大致需要经过预处理、编译、汇编和链接四个过程。

（1）预处理。在这一过程中，完成将#include 的文件嵌入、进行宏替换，以及其他宏语句的处理。

（2）编译。将预处理后生成的文件进行语法分析、翻译，转换成汇编语言。如果有文件输出，生成后缀为".s"的汇编语言文件。

（3）汇编。将汇编语言翻译成机器语言，生成目标文件，通常文件名后缀是".o"。目标文件中是可执行的代码，但不具备可执行文件的格式，因为操作系统不知道如何将它装入内存，也不知道如何给它分配地址。

（4）链接。根据要求将若干目标文件组装在一起，填入正确的外部地址，再加上工具链中的启动文件，共同组合成一个可执行文件。

正常软件开发过程中，如果不是有意为之，生成的中间文件都不会保留，预处理的输出、汇编语言文件和目标文件.o 皆属于这类情况。但并非所有软件的开发过程都要经过上面四个步骤，例如，开发静态库只需要前三步，最后用库管理工具做个包装就行了；如果本身就是汇编语言源程序，汇编转换工作则是不必要的。

7.1.1　GCC 工具链

目前，GCC 是 Linux 系统首选的编译工具[1]。虽然 GCC 最初是 C 语言的编译器，但目前已支持包括 C++、FORTRAN、Java 在内的多种编程语言。当我们提到 GCC 时，狭义上是指一条命令，而广义上则是指一组编译工具的集合，它包含下面几部分内容。

（1）预处理器 cpp、C 编译器 gcc、C++编译器 g++、FORTRAN 编译器 gfortran 等。

（2）二进制代码处理工具：汇编器 as，链接器 ld，库管理工具 ar、ranlib，代码转换工具 objdump 等。在编译过程中如果有链接需求，gcc 或 g++会自动调用链接器 ld。通常 C++源程序用 g++链接，因为默认的 gcc 不链接 C++库 stdc++。

（3）调试器 gdb，用于诊断程序的错误。

（4）C 语言标准库 glibc，由若干库文件和启动文件组成。

（5）应用程序头文件。

7.1.2　gcc 常用选项说明

gcc 和 g++的帮助文档（manual page）有两万多行，涉及的选项有数百个，其中大多数选项对于普通开发者来说都不会直接用到。除了在解释 C++程序时需要使用 g++命令外，二者的选项大部分是重合的。表 7.1 列出了 gcc 最常用的一些选项。

1　另一款著名的开源编译器是 LLVM，它最初的名称来自 Low Level Virtual Machine。LLVM 目前的开发工作与通常认为的"虚拟机"概念关系不大。为避免歧义，已不再使用这个全称。与 LLVM 配合的前端是 Clang。

表 7.1　gcc 的常用选项

选项	说明
-o file	输出文件
-c	编译，生成.o 目标文件
-E	预处理
-S	输出汇编语言程序.s
-g	为 gdb 生成源码级调试信息
-s	去除可执行程序中的所有符号表和定位信息
-p，-pg	生成供 gprof 分析的代码
-DNAME	定义宏 NAME=1
-UNAME	取消 NAME 的宏定义
-Ipath	指定额外的头文件搜索路径 path
-Lpath	指定额外的库文件搜索路径 path
-llibrary	链接指定的库，库名不含前缀 lib 和后缀.a/.so
-O	优化选项。从-O0 到-O3，数值越大，优化程度越高（程序运行越快）。默认方式是-O0（编译耗时最少）。-Os 以优化代码大小为目标
-shared	生成共享目标文件（或称动态库）
-static	使用静态链接方式，禁用共享连接
-pthread	链接 POSIX 线程库，等效于-lpthread
-fPIC	生成位置独立代码。一些共享库需要此选项
-Wa，options	options 是传递给汇编器的选项，多个选项之间用逗号分隔
-Wl，options	options 是传递给链接器的选项，多个选项之间用逗号分隔
-W	打印警告信息
-w	不打印任何警告信息

7.1.3　代码分析工具

下面是 GCC 工具链中常用的代码分析工具。

（1）**nm**：打印目标文件符号列表，包括符号的值（大小或地址）、类型和名称。

```
$ nm main.o
                 U atoi
                 U fibo
                 U _GLOBAL_OFFSET_TABLE_
0000000000000000 T main
                 U perror
                 U printf
```

第一列给出符号的值，第二列是符号的类型。由于目标文件还要经过链接才能将地址定位，因此函数 main 的地址并不是最终可执行程序的地址，不在 main.o 中实现的代码（包括未声明的符号）会被标记为 U（未定义）。

表 7.2 是表示符号类型的字母含义。存在外部地址空间时，大写字母表示外部地址，小写字母表示局部地址。

表7.2　nm 显示的符号含义

符号	含义
A	符号的值是绝对的，在链接中不能改变
B，b	符号位于未初始化的数据段（BSS）
C	公用符号，位于未初始化的数据段，链接时才进行分配
D，d	符号位于已初始化的数据段
G，g	符号位于已初始化的数据段，用于小型化目标对象
I，i	表示对另一个符号的间接引用
N	表示这是一个调试（debugging）符号
R，r	符号位于只读数据区
S，s	符号位于非初始化数据区，用于小型化目标对象
T，t	符号位于代码区（textsection）
U	该符号在当前文件中未定义
u	该符号是唯一的全局符号（GNU 扩展）
V，v	弱对象。弱对象链接到普通符号时，使用普通符号；链接未定义时，该符号为 0；有的系统还对"V"指定了默认值
W,w	未被特别标记的弱符号
?	符号类型未知

（2）**readelf：**显示 ELF（**Executable Linkable Format**）文件信息。

```
$ readelf -h fibo
ELF  Header:
  Magic:  7f 45 4c 46 02 01 01 00 00 00 00 00 00 00 00 00
  Class:                     ELF64
  Data:                      2's complement, little endian
  Version:                   1 (current)
  OS/ABI:                    UNIX-SystemV
  ABIVersi on:               0
  Type:                      DYN (Shared object file)
  Machine:                   Advanced Micro Devices X86-64
  Version:                   0x1
  Entry point address:       0x580
  Start of program headers:  64 (bytes into file)
  Start of section headers:  6544 (bytes into file)
  Flags:                     0x0
  Size of this header:       64 (bytes)
```

```
Size of program headers:              56 (bytes)
Number of program headers:            9
Size of section headers:              64 (bytes)
Number of section headers:            29
Section header string table index :   28
```

（3）**objdump：** 显示目标文件信息，该命令常用于目标文件的反汇编。

```
$ objdump -dS fibo.o
fibo.o:    文件格式    elf64-x86-64


Disassembly of section.text:

0000000000000000 <fibo>:

long fibo(int n)
{
  0:55                      push       %rbp
  1:48 89 e5                mov        %rsp,%rbp
  4:53                      push       %rbx
  5:48 83 ec 18             sub        $0x18,%rsp
  9:89 7d ec                mov        %edi,-0x14(%rbp)
  if (n < 2)
  c:83 7d ec 01             cmpl       $0x1,-0x14(%rbp)
 10:7f 07                   jg         19<fibo+0x19>
      return 1;
 12:b8 01 00 00 00          mov        $0x1,%eax
 17:eb 20                   jmp        39<fibo+0x39>
  else
      return fibo(n-1)+fibo(n-2);
 19:8b 45 ec                mov        -0x14(%rbp),%eax
 1c:83 e8 01                sub        $0x1,%eax
 1f:89 c7                   mov        %eax,%edi
 21:e8 00 00 00 00          callq      26<fibo+0x26>
 26:48 89 c3                mov        %rax,%rbx
 29:8b 45 ec                mov        -0x14(%rbp),%eax
 2c:83 e8 02                sub        $0x2,%eax
 2f:89 c7                   mov        %eax,%edi
 31:e8 00 00 00 00          callq      36<fibo+0x36>
 36:48 01 d8                add        %rbx,%rax
}
```

```
39:48 83 c4 18               add          $0x18,%rsp
3d:5b                        pop          %rbx
3e:5d                        pop          %rbp
3f:c3                        retq
```

objdump 的常用选项见表 7.3。

表 7.3　objdump 的常用选项

选项	功能
-a	显示归档文件头信息
-D	反汇编
-d	仅反汇编指令部分
-f	显示目标文件头信息
-g	显示调试信息
-h	显示段头部信息
-i	显示处理器架构列表
-l	反汇编时，打印源程序对应行号
-m	指定用于反汇编的处理器架构
-s	显示一个段的完整内容
-S	如果可能，同时显示源代码和反汇编代码
-x	显示所有的头部信息

（4）**strip**：去除目标文件中的符号。使用不同的选项，strip 可以去除调试信息、不需要的符号、非全局符号等。如果不使用-o 选项指定输出文件，修改后的文件将仍以原文件名保存。

（5）**ar**：归档工具，常用于静态库的创建和管理。表 7.4 是 ar 的常用选项。

表 7.4　ar 的常用选项

选项	功能
-d	从归档文件中删除模块
-m	在归档文件中移动模块的位置（默认移动到最后）
-p	显示归档文件中成员的内容
-q	快速追加，将模块添加到归档文件的尾部（不检查重复模块）
-r	在归档文件中插入模块，已有模块将被替换
-t	显示归档文件的模块清单
-x	从归档文件中提取成员。如不指定要提取的模块，则提取所有的模块
※ 以上选项必须有且只有一个	
-a	在归档文件指定成员之后添加一个文件
-b	在归档文件指定成员之前添加一个文件
-c	创建一个归档文件
-f	截短归档文件中的文件名长度（兼容性考虑）

选项	功能
-i	（与选项-b 相同）
-N	对于多个同名模块，指定删除或提取的个数
-o	提取成员时，保留成员的原始数据（如时间）
-P	使用完整路径名匹配归档文件中的文件名
-s	向归档文件写入目标文件的索引
-S	不生成归档文件符号表（节省库的创建时间）
-u	仅替换此归档文件中更新的模块

编译器提供的 ar 和系统命令 ar 的功能是一样的，ar 命令能处理的文件与处理器架构无关。

7.2 软件开发过程

下面通过一个例子展示使用 GCC 进行软件开发的过程。

7.2.1 源程序的准备

编写一个计算斐波那契序列[1]的程序，要求在命令行中输入序列项数，打印计算结果。通常一个项目会由若干个源文件组成。将功能相近的函数以及相关的数据结构放在一个文件或一组文件里，形成一个模块。这种模块化的设计方式可以给软件带来更好的可维护性，也更利于协同开发。清单 7.1～清单 7.3 是完成本任务的三个文件，采用递归算法。算法来自公式

$$F(n) = \begin{cases} 1 & ,n < 2 \\ F(n-1) + F(n-2) & ,n \geqslant 2 \end{cases}$$

算法复杂度是 $O(2^n)$。

清单 7.1　计算斐波那契序列主程序 main.c

```
1    # include <stdlib.h>
2    # include <stdio.h>
3    # include "fibo.h"
4
5    int main ( int argc, char * argv [])
6    {
7        long ret;
8        int n;
9
```

1　形如 1,1,2,3,5,8,13…这样的序列称作斐波那契序列，从第三项开始，每一项是前两项之和。这个序列最早被意大利数学家列奥那多·斐波那契（1175—1250）研究并由此得名。

```
10      if ( argc < 2) {
11          fprintf ( stderr , " missing index.\n");
12          return -1;
13      }
14      n = atoi (argv [1]);
15      ret = fibo (n);
16      printf ("Fibo (%d) is %ld\n",n,ret);
17
18      return EXIT_SUCCESS;
19  }
```

清单 7.2　计算斐波那契序列子程序 fibo.c

```
1   long fibo (int n)
2   {
3       if (n < 2)
4           return 1L;
5       else
6           return fibo (n -1) + fibo (n -2);
7   }
```

清单 7.3　计算斐波那契序列头文件 fibo.h

```
1   # ifndef _FIBO_H
2   # define _FIBO_H
3   long fibo (int n);
4   # endif
```

关于编写源程序的几点说明。

（1）#include 可以用<…>和"…"两种形式包含.h 文件。前者包含的.h 文件在 gcc 的搜索目录里（通常是/usr/include 或是-I 选项指定的目录，不含这些目录的子目录）；后者包含的.h 文件先在当前目录下查找，如果当前目录下没有，再到 gcc 的搜索目录里查找。建议根据规则使用不同的包含形式，因为 gcc 可以使用特定的选项区分这两种情况，并指导 GNU Make 建立依赖关系。

（2）.h 文件中通常只包含常量、结构体、宏、函数原型这些声明，过程代码不建议写在.h 文件里。gcc 命令行的参数中也不应该出现.h 文件。一般.h 文件里也不直接定义变量，如果有全局变量，可在.c 文件中定义，并在.h 文件中使用 extern 声明。

（3）为避免.h 文件重复包含，常常使用清单 7.3 这样的宏保护结构定义一个专属符号，或者使用预处理命令#pragma once，不过后者需要编译器支持。

（4）程序结构尽可能简单明确，函数调用层次或循环层次也不宜过多，并且不要刻意追求编程技巧。语义不明的代码既容易给编译器带来困惑，也容易出现错误。如下面的代码就是语义不明确的。

```
if (a)
    if (b)
        foo ();
    else
        bar ();
```

else 可以对应第一个 if，也可以对应第二个 if。这种情况，最好用{}将语句块的范围明确下来。

7.2.2 编译和运行

编译过程如下：

```
$ gcc -c main.c
$ gcc -c fibo.c
$ gcc -o fibo main.o fibo.o
```

gcc 的"-c"选项仅将源程序编译成目标程序而不继续生成可执行程序，默认生成的文件名后缀用.o 替换。不能一次性将源程序编译成可执行程序时，一般需要使用"-c"选项。不使用"-E""-S""-c"选项时，gcc 会调用链接器尝试生成可执行程序，"-o"用于指明生成的文件名。不使用"-o"时，生成的可执行文件被命名为 a.out，但这种方式一般不采用，因为文件名缺乏个性，不具备识别意义。

运行过程如下：

```
$./fibo 20
Fibo(20)is 10946
```

对于简单的项目，gcc 可以将多个源程序一次性编译成可执行程序，而不需要生成中间的目标文件。对于分阶段编译的目标文件，gcc 会自动识别合法文件格式并进行正确处理。如：

```
$ gcc -o fibo main.c fibo.c
```

或

```
$ gcc -o fibo main.c fibo.o
```

7.2.3 将模块编译成库

库可以实现功能共享，简化程序设计。Linux 系统中有静态库和动态库（共享库）两种形式。

1. 静态库

静态库由一组目标文件（.o）使用 ar 命令打包而成，7.2.2 节生成的 fibo.o 就可以作为库的一部分。下面使用 ar 命令创建 libalgorithm 库：

```
$ ar -cq libalgorithm.a fibo.o
```

Linux 系统的库文件名前缀是 lib，静态库的后缀是.a。多个目标文件可以使用"-a""-b""-q""-r"等选项向归档文件（库文件）libalgorithm.a 中添加。

只需要了解函数的调用接口，明确函数的格式（.h 文件中的原型声明），主程序就可以很方便地直接使用库的功能，而不必重复编写函数。编译命令如下：

```
$ gcc -o fibo main.o -lalgorithm -L.
```

gcc 选项"-L"指明额外的库搜索路径（"."表示当前目录），"-l"指明库名。以上编译出的可执行程序 fibo 运行时不再依赖 algorithm 库。使用 nm 命令可以看到，函数 fibo()已经存在于可执行程序 fibo 中：

```
$ nm fibo | grep fibo
000000000000068 a T fibo
```

2. 动态库

动态库通过 gcc 选项-shared 生成。用于链接的动态库文件名前缀是 lib，后缀是.so。习惯上，用于运行时的动态库后缀还要加上版本号。编译生成动态库的命令如下：

```
$ gcc -c -fPIC fibo.c
$ gcc -shared -o libalgorithm.so.0.0 -shared\
  -Wl,-soname,libalgorithm.so.0 fibo.o
```

此处用到了 gcc 的"-Wl"选项，将"-soname=libalgorithm.so.0"传递给链接器。上面的命令生成库文件 libalgorithm.so.0.0，还需要手工创建链接库和运行时（run-time）库：

```
$ ln -s libalgorithm.so.0.0 libalgorithm.so
$ ln -s libalgorithm.so.0.0 libalgorithm.so.0
```

libalgorithm.so 用于编译时的链接（gcc 的"-l"选项），编译应用程序的命令与使用静态库的编译方式完全一样。在同时存在静态库和动态库的情况下，gcc 优先选择链接动态库。由"-soname"指定的 libalgorithm.so.0 是运行时库。与静态链接的程序不同在于，动态链接的代码不在可执行程序中。这一点使用 nm 命令可以看出：

```
$ nm fibo | grep fibo
                 U fibo
```

动态链接的程序在运行时仍然依赖动态库。未使用"-soname"命名时，运行时库就是链接库。缺少（或者没找到）动态库的程序，会出现类似下面的错误提示：

```
$ ./fibo 20
```

```
./fibo:error while loading shared libraries:libalgorithm.so.0:
cannot open shared object file:No such file or directory
```

动态链接的程序可以通过下面几种方式找到运行时库。

• 在系统默认的库搜索路径中查找运行时库。默认路径有/lib、/usr/lib（不包括这些目录的子目录），64 位平台上还包括/lib64 和/usr/lib64。

• 缓存文件/etc/ld.so.cache。该文件来自/etc/ld.so.conf 中的目录列表，通过 ldconfig 命令生成。

• 环境变量 LD_LIBRARY_PATH 包含的目录列表。

动态链接的程序文件比静态链接的小，因为实现功能的代码不在可执行程序中；动态链接库中的函数可以为多个动态链接的程序所共享，这也是共享库这一名称的来由。这种共享特性可以大量节省磁盘占用空间。此外，动态链接的程序还很容易升级：动态链接库升级后，只要函数接口不变，上层应用不需要做任何改动，甚至不需要重新编译，就可以直接使用新库。

以 7.2.1 小节程序为例，fibo()函数的效率太低，重新设计了优化的算法，见清单 7.4。该算法的复杂度为 $O(n)$。

清单 7.4　计算斐波那契序列子程序 fibo.c（升级版）

```
1    # include <stdlib.h>
2
3    long fibo (int n)
4    {
5      int i;
6      long * result;
7
8      result=malloc (sizeof (long)*n);
9      result [0]=1;
10     result [1]=1;
11     for (i=2; i <=n; i ++)
12         result [i]=result [i -1]+result [i -2];
13     return result [n];
14   }
```

升级动态库：

```
$ gcc -shared -o libalgorithm.so.0.1 -shared -fPIC\
  -Wl,-soname,libalgorithm.so.0 fibo.c
```

将新版本的动态库链接到运行时库 libalgorithm.so.0：

```
$ ln -sf libalgorithm.so.0.1 libalgorithm.so.0
```

无须重新编译 fibo，再次运行程序可以发现，程序效率有了明显的提高。

7.2.4 程序优化

程序优化的目的是在不改变程序功能的前提下提高程序的效率：要么是让程序运行得更快，要么是让程序占用的空间更少。有时候，二者的目的并不一致。例如，循环展开减少了循环指令的运行开销，但增加了代码的长度。gcc 编译器提供了不同的优化级别选项供开发人员使用。

1. gprof

要优化程序，必须先了解程序运行时的开销情况。gprof 是 gcc 工具链中用于分析代码运行效率的工具，可在编译和链接时使用 "-p" 或 "-pg" 选项，此时编译器会在可执行程序中增加一些代码，以生成供分析的文件 gmon.out。gprof 解析该文件信息，供开发人员分析。

使用选项 "-p" 重新编译清单 7.1～清单 7.3：

```
$ gcc -c main.c -p
$ gcc -c fibo.c -p
$ gcc -o fibo main.o fibo.o -p
```

并运行一次：

```
$ ./fibo 10
Fibo(10)is 89
```

生成 gnom.out。使用 gprof 的 "-b" 选项查看程序刚才执行的效率。"-b" 表示 "brief"，仅打印分析结果，不打印对结果参数的解释信息。

```
$ gprof -b fibo

Flat profile:


Each sample counts as 0.01 seconds.
 no time accumulated

%   cumulative   self              self     total
time   seconds   seconds    calls  Ts/ call  Ts/ call  name
0.00      0.00      0.00        1      0.00      0.00  fibo


                        Call graph


granularity:each sample hit covers 2 byte(s)no time propagated


index%time    self  children    called     name
                                176             fibo [1]
                0.00    0.00      1/1          main [7]
```

```
[1]    0.0         0.00     0.00     1+176      fibo [1]
                                     176        fibo [1]

-------------------------------


Index by function name


    [1] fibo
```

gprof 分析的基准时间单位是 0.01 秒。由于程序运行很快，从上面的结果中看不出运行时间参数，只能看出函数 fibo()调用了 176 次、main()调用了 1 次。当计算阶数提高后（如计算 Fibo(30)）再次分析，时间参数开始显现，并且可以发现函数 fibo()调用次数达到了惊人的 2692536 次。由此提示我们，如果要优化程序，关键在于提高函数 fibo()的效率。

gprof 只能帮助程序员分析影响程序执行效率的部分因素，不能指示优化的方向，并且对多线程程序也缺乏足够的分析。

使用 gprof 分析，要求程序运行一次并正常结束（系统调用 exit()或主函数 return）。中途被 Ctrl+C 组合键打断或者 abort()结束的程序都不能生成 gmon.out，也就不能用 gprof 分析。如果有特殊要求，必须自己在程序里实现，例如捕获信号 SIGINT（ Ctrl+C 组合键 ）或者 SIGABRT，并在信号处理函数中调用 exit()。

2. 汇编语言优化

大多数情况下，编译器优化可以做得足够好，但一些资深程序员并不满足于此，他们希望通过在汇编语言一级进行编辑，以进一步提高程序的运行效率。直接使用汇编语言开发，效率比较低下。若以 C 语言作为源代码开发，这种优化方式仍可以进行。下面简单介绍这一过程。

将清单 7.2 的程序翻译成汇编语言：

```
$ gcc -S fibo.c
```

得到的汇编语言程序见清单 7.5。

清单 7.5　fibo.c 对应的汇编语言程序 fibo.s

```
1      .file    "fibo.c"
2      .text
3      .globl   fibo
4      .type    fibo, @function
5    fibo:          /*    函数 fibo()入口    */
6    .LFB0:
7      .cfi_startproc
8      pushq    %rbp
9      .cfi_def_cfa_offset 16
```

```
10          .cfi_offset 6, -16
11      movq    %rsp,%rbp
12          .cfi_def_cfa_register 6
13      pushq   %rbx
14      subq    $24,%rsp
15          .cfi_offset 3,-24
16      movl    %edi,-20(%rbp)          /* 寄存器 edi 是函数入口参数 */
17      cmpl    $1,-20(%rbp)
18      jg      .L2                    /* 入口参数大于1，进行计算   */
19      movl    $1,%eax                /* 小于等于1，返回 1 */
20      jmp     .L3
21  .L2:
22      movl    -20(%rbp),%eax          /* 取出入口参数到 eax */
23      subl    $1,%eax                /* eax 减 1 */
24      movl    %eax,%edi              /* 赋值给 edi （eax 作为中转）*/
25      call    fibo                   /* 调用 fibo (n -1) */
26      movq    %rax,%rbx              /* 暂存结果到 rbx */
27      movl    -20(%rbp),%eax          /* 再次取出入口参数    */
28      subl    $2,%eax                /* eax 减 2 */
29      movl    %eax,%edi
30      call    fibo                   /* 调用 fibo (n -2) */
31      addq    %rbx,%rax              /* 两次结果累加到 rax */
32  .L3:
33      addq    $24,%rsp
34      popq    %rbx
35      popq    %rbp
36          .cfi_def_cfa 7,8
37      ret
38          .cfi_endproc
39  .LFE0:
40      .size   fibo,.-fibo
41      .ident  "GCC:7.2.0"
42      .section .note.GNU - stack,"",@progbits
```

在汇编语言文件中去除冗余指令，将间接操作改为直接操作……如果熟悉处理器指令集，熟悉软件结构，仍存在一定的优化可能。GCC 输出的汇编程序为指令级优化提供了良好的基础。清单 7.6 给出了修改后的汇编程序片段，它在原有程序基础上修改了三条指令、删减了四条指令。

清单 7.6　修改后的 fibo.s 部分代码

```
16        movl        %edi , -20(%rbp)
17        subl        $1 , %edi              /* 本条指令已修改  */
18        jg          .L2
19        movl        $1 , %eax
20        jmp         .L3
21    .L2:
22
23
24
25        call        fibo
26        movq        %rax , %rbx
27        movl        -20(%rbp),%edi         /* 本条指令已修改 */
28        subl        $2,%edi                /* 本条指令已修改 */
29
30        call        fibo
```

使用修改后的汇编程序进行下一步的编译和链接：

```
$ gcc -o fibo main.c fibo.s
```

在 Intel i7-6700、主频 3.4GHz 处理器上测试，计算 45 阶斐波那契序列，未优化的程序耗时 6.3 秒，优化后的程序耗时 5.7 秒。

以上只是在不改变原有算法结构的基础上，在指令级优化代码的过程。只要 C 语言源程序结构不是太差，借助编译器的优化选项，在汇编语言一级上并没有多少优化空间。最根本的优化还要从算法结构上着手。

7.3　软件调试

软件开发过程中，需要对软件进行各种测试。一旦发现故障，就需要有一个有效的诊断工具。GDB 就是一个功能强大的软件调试器。

为了能够进行高效的调试，gcc 编译时应使用选项"-g"，这样生成的代码包含了源码调试信息，调试时可以方便地与源程序对照。在缺乏源代码对照的情况下，只能以汇编语言方式调试。

7.3.1　启动 gdb

作为一个例子，我们有意在清单 7.4 中设计了一个错误，将第 13 行改成：

```
return result [i];
```

运行时发现结果与预期不符：要么结果不对，要么内存分配错误。为了诊断错误，加上选项"-g"重新编译程序（包括动态库），然后使用下面的命令进入 gdb 环境：

```
$ gdb -q --args fibo 3
Reading symbols from fibo ... done.
(gdb)
```

默认方式下，调试一个正在运行的程序时，gdb 的第一个参数是待调试的程序，第二个参数是与之相关的进程 ID；使用选项"-p"指定进程 ID 时，程序名可以省去。假设正在运行的程序 program 的进程号是 17245，下面两个方式都是可行的：

```
$ gdb program 17245
```

或

```
$ gdb -p 17245
```

如果当前目录下确有一个名为"17245"的文件，以该文件作为 gdb 的参数时，为避免产生歧义，可在文件名前加上目录名，以明确其路径属性，即"./17245"。

当被调试的程序带有选项和参数时，gdb 选项"--args"用于告诉 gdb，被调试的程序同参数一起被带入 gdb 环境。

在 gdb 环境中，使用 file 命令可以指定待调试的程序。

7.3.2　运行程序

gdb 完全基于键盘交互方式，为了便于操作，所有的命令都可以简化，即在不产生歧义的前提下，仅使用命令开头的少数几个字母。大量的常用命令被简化为单键操作，例如，"h"即"help"，"b"即"break"，"s"即"step"（尽管 s 开头的命令不止一个，但因单步命令使用频率极高，故而 gdb 内部以"s"表示单步）。不输入任何命令，直接敲回车，等效于重复执行上一条命令。在不确定完整命令的情况下，还可以使用<Tab>键的命令补全功能。

gdb 环境内包含了多级帮助菜单。默认的 help 命令只打印出第一级菜单（中文为编者标注）：

```
(gdb)h
List of classes of commands :

aliases        -- 命令的别名
breakpoints    -- 断点相关    (设置断点、观察变量等)
data           -- 数据相关    (打印数据、数据转储等)
files          -- 文件相关    (指定调试文件、列清单、改变目录等)
internals      -- gdb 内部维护命令
obscure        -- 高级特性
running        -- 运行相关    (运行、单步、停止等)
stack          -- 检查堆栈
status         -- 查看状态
```

```
support           -- 便捷操作
tracepoints       -- 在不停止程序的情况下跟踪执行
user-defined      -- 用户定义的命令
```

　　如果不知道实现一项功能准确的命令是什么，可以用 apropos 对命令进行模糊搜索。

　　如果已经将调试程序作为 gdb 的参数带入，则可以用 run 或 start 命令启动程序。run 命令在碰到最近的一个断点处暂停，或碰到程序故障时暂停，如果既无断点又无异常，则完整地执行一遍程序。start 命令运行到主函数 main（）的入口处暂停。进入 GDB 环境没有指定选项和参数时，可作为 run 或 start 的参数指定。

```
(gdb) r 4
Starting program:/home/harry/gdb/fibo 4
Fibo (4) is 134529      # 错误的结果
[Inferior 1 (process 5231) exited normally]
(gdb)
```

　　需要注意的是，如果是远程调试，运行命令 run 已经在服务器启动时发出了，因此调试端不需要再执行 run 命令，而应该执行 continue 命令。

7.3.3 调试功能

　　使用源码级调试，源文件（包括生成调用的动态库的源文件）应与被调试的可执行程序在同一目录，否则应使用 dir 命令添加源程序搜索路径。

　　list 命令打印源文件清单时，默认是打印连续的 10 行。默认打印行数由 gdb 内部参数 listsize 决定，listsize 可以通过 set 命令改变。连续的 list 命令从当前行开始继续打印 10 行，与其他命令的重复方式不同。这种设计使连续打印程序清单的操作更为便捷（只需要连续回车即可）。list 的参数可以使用下面几种格式。

```
(gdb)l 8                  # 打印当前文件第 8 行前后的 10 行
(gdb)l fibo.c:5,10        # 打印指定文件的行号范围
(gdb)l fibo               # 打印函数 fibo 附近的 10 行
```

　　与动态库相关的源文件信息要等到程序开始运行时才能生效（run 命令或 start 命令）。

　　调试时，我们需要在程序的特定位置设置一些断点，以便让程序暂停，观察可疑的参数和变量，或者改变参数和变量，再继续运行。设置断点的命令是 break。常用的设置断点格式有下面几种。

```
(gdb) b fibo.c:8          # 指定文件的行号，默认时表示当前文件
(gdb) b fibo              # 函数入口或语句标号作为断点
(gdb) b fibo.c:fibo:label # 以函数内标号作为断点
(gdb) b *main+10          # 断点设在 main +10 字节处(适用于汇编语言)
```

　　设置断点后，可以使用 info break 观察断点执行情况，使用 delete breakpoints n 删除指定编号的某个断点，不指定编号时，将清除所有断点。clear 命令用于清除指定行的断点。

假设我们把断点设置在 fibo.c：8 处。

```
(gdb) start 4
Temporary breakpoint 1 at 0x7e9: file main.c, line 10.
Starting program:/home/harry/gdb/fibo 4

Temporary breakpoint 1,main(argc=2,argv=0 x7fffffffde48)at main.c:10
10     if (argc < 2) {
(gdb) b fibo.c:8
Breakpoint 2 at 0x7ffff7bd3615: file fibo.c,line 8.
(gdb) c
Continuing.

Breakpoint 2, fibo (n=4) at fibo.c:8
8     result=malloc (sizeof (long)* n);
(gdb)
```

每次开始运行或者继续运行，程序都会停在最近的一个断点处。继续运行程序，除了可以使用 c 命令，还可以使用 n（**next**）和 s（**step**）两条单步命令。二者的差别是，当碰到函数时，s 将进入函数内单步执行，而 n 将函数当作一条指令单步执行。

在当前的停留位置，如果对函数 malloc() 的具体实现过程不关心，则应使用 n。

```
(gdb) n 3        # 执行     next 命令 3 次
11            for (i = 2; i <= n; i++)
```

继续下面几步，这次把断点设在第 12 行。重复的循环操作比较耗时，可以为断点增加测试条件，让程序跳过我们不关心的步骤。

```
(gdb) b 12 if i==4
(gdb) c
Breakpoint 3, fibo (n=4) at fibo.c:12
12                result [i] = result [i -1] + result [i -2];
```

display 命令可以将待显示的变量加入显示列表，每次停在断点处时打印这个列表。delete display n 用于删除指定列表项，undisplay 用于删除列表表达式。

断点停留位置的指令尚未执行，因此还要再执行一次单步命令才能得到需要的结果。

程序停在第 13 行时，使用 p（**print**）命令打印我们关心的变量。

```
(gdb) p result [4]
$1=5
(gdb) p result [i]
$2=134529
(gdb) p i
$3=5
```

至此，bug 基本已定位：函数 fibo（）返回值下标 i 在循环中已增加。只要将变量 i 改成 n，就可以得到正确的返回结果。

```
(gdb) set variable i=4
(gdb) c
Continuing.
Fibo (4) is 5
[ Inferior 1 (process 25832) exited normally ]
```

打印多个数组元素时可以使用*array@len 或（type[len]）array 作为地址参数，命令格式为 print/FMTADDRESS，其中 FMT 有如下格式。

t：打印二进制整数形式。[1]

o：打印八进制（octal）整数形式。

d：按带符号十进制（decimal）整数形式打印。

u：按无符号（unsigned）十进制整数形式打印。

x：按十六进制（hexadecimal）整数形式打印。

z：按十六进制打印，但在左边用 0 补足到变量类型的实际长度。

f：按浮点数（floatingpoint）格式打印。

c：按字节打印字符（char），不可打印字符的符号使用\nnn 格式。

s：打印字符串（string）。

a：打印地址（address），包括十六进制地址值和程序内部标号的偏移值。

r：打印裸数据（raw）。

```
(gdb) p/x * result@10
$4={0x1,0x1,0x2,0x3,0x5,0 x20d81,0x0,0x0,0x0,0 x0}
(gdb) p/d (long[8])* result
$5={1,1,2,3,5,134529,0,0}
```

7.3.4 gdb 常用命令

gdb 的功能非常强大，针对多线程、后台进程都有比较完备的调试手段。表 7.5 列出了最常用的一组命令。

表 7.5 gdb 常用命令

命令	功能
break	设置断点
clear	删除所在行的断点
continue	继续执行正在调试的程序
display	设置程序停止时显示的表达式/变量
file	装载待调试的可执行文件

1　表示二进制 binary 的首字母已经用于 break，因为它的使用频度要高得多。这里的 t 取自 two。

命令	功能
info	显示文件、函数、变量、断点等信息
list	显示源代码清单
next	执行下一行源代码，遇到子程序时不进入
print	显示表达式/变量的值
quit	退出 gdb
run	运行程序
set	参数设置
start	运行被调试程序到主程序入口
step	单步执行下一行源代码，遇到子程序时进入

7.3.5　汇编语言调试命令

如果 gcc 编译时没有使用"-g"选项，或者后期经过 strip 命令处理，可执行程序中将不再带有源码信息。这种情况下，调试难度将大大增加，不过 gdb 仍有操作空间。

列汇编语言清单可以使用内存检查命令"x"（examine）：

```
(gdb) x/5 i main
   0 x55555555471a  <main>:     push   %rbp
   0 x55555555471b  <main+1>:   mov    %rsp,%rbp
=> 0 x55555555471e  <main+4>:   sub    $0x20,%rsp
   0 x555555554722  <main+8>:   mov    %edi,-0 x14 (%rbp)
   0 x555555554725  <main+11>:  mov    %rsi,-0 x20 (%rbp)
```

"5i"表示 5 条指令（instruction），箭头所指处为当前断点。需要说明的是，对于汇编语言源程序带有"-g"选项编译生成的可执行程序，调试时仍可以使用"list"命令列清单。

汇编语言调试面对的主要是寄存器和存储器操作。显示寄存器的命令是"info registers"和"info all-registers"，前者不包括浮点寄存器和矢量寄存器。对单个寄存器的修改和显示同对普通变量的操作方法类似：

```
(gdb) set $rax=12345678
(gdb) p/x $rax
$1=0xbc614e
```

由于失去了行号信息，断点只能以指令标号地址的形式设置，X86 指令的长短不一，错误的断点设置将会导致调试失败。

7.3.6　其他调试器

cgdb 是基于 curses 库的 gdb 前端，它具有以下特性。

- 源代码语法高亮
- 可视化断点设置
- 通用函数快捷键
- 源程序窗口搜索（支持正则表达式）

启动 cgdb 后，窗口被切分为上下两部分。如图 7.1 所示。

```
  4|
  5|  int main (int argc, char * argv [])
  6|  {
  7|      long ret;
  8|      int n;
  9|
 10| →    if (argc < 2) {
 11|          perror ("missing index.\n");
 12|          return -1;
 13|      }
 14|      n = atoi (argv [1]);
 15|      ret = fibo (n);
```
/home/harry/gdb/main.c

Reading symbols from fibo ... done.
(gdb)

图 7.1 cgdb 窗口

窗口上部是一个 vi 风格带语法高亮的源码显示界面，箭头所指处为当前断点，下部是一个标准的 gdb 调试界面。使用 Esc 键可以将光标切换到上部，使用 "i" 键可以将光标切换到下部。在源码浏览窗口中，除了不能修改文件以外，大量的操作与 vi 的操作功能相同。"="和 "-" 键用于增大或缩小源码窗口。

7.4 GNU Make

一个大型项目往往包含许多源程序文件，在项目开发过程中，程序员需要不厌其烦地反复输入编译命令。在 7.2.1 小节的例子中，为了避免重复操作，可以将编译过程写进下面的脚本文件中，并为它加上可执行属性。之后就可以用一条简单的命令./build.sh 代替三行编译命令。

```
#/bin/sh
gcc -c main.c
gcc -c fibo.c
gcc -o fibo main.o fibo.o
```

这种做法缺乏一定的灵活性。当在项目中增减文件时需要修改编译脚本，无形中增加了一项工作，而且不能节省编译的时间。例如，Linux 内核有上万个源代码文件，完整地编译一遍需要二三十分钟（取决于计算机的性能）。如果修改了其中的部分文件，再次编译时，并不需要将所有文件都重新编译一次，只需要编译修改过的文件，以及与修改过的文件存在依赖关系的文件。这样就可以大量节省编译时间，提高开发效率。

这样的软件开发方式可通过 GNU Make 实现。

7.4.1 Makefile 基本结构

仍以 7.2.1 小节的程序为例。为了编译这个项目，我们在该目录下另写一个文件 Makefile，如清单 7.7 所示。

清单 7.7　文件 Makefile

```
fibo: fibo.o main.o
        gcc -o fibo main.o fibo.o


fibo.o: fibo.c
        gcc -c fibo.c

main.o: main.c fibo.h
        gcc -c main.c


 clean:
        rm -f fibo main.o fibo.o
```

使用 make 命令执行编译，结果如下：

```
$ make
gcc -c main.c
gcc -c fibo.c
gcc -o fibo main.o fibo.o
```

当修改了其中的一个源文件后，重新编译，可看到下面的结果：

```
$ touch main.c     # 修改 main.c 的时间戳
$ make
gcc -c main.c
gcc -o fibo main.o fibo.o
```

注意到，第二次执行 make 命令时，文件 fibo.o 不会重新编译。即使重新编译，新生成的 fibo.o 也与原来的完全一样。如果再次执行 make，可以看到：

```
$ make
make: 'fibo' is up to date.
```

它告诉我们，用于生成最终文件 fibo 的所有依赖文件都是旧的，所有编译和链接命令都不需要再执行。

GNU Make 根据一个脚本文件，按文件的时间戳建立依赖关系，并根据给定的规则生成目标文件。默认情况下，GNU Makefile 是 GNU Make 的第一顺位脚本，接下来依次是 makefile 和 Makefile。Linux 系统习惯使用 Makefile，是因为 Linux 系统中的文件通常以小写字母命名，首字母大写的文件名在众多文件中比较容易找到。如果不接受默认，make 可使用选项"-f"指定脚本文件。

Makefile 文件中描述了文件的生成规则。一个 Makefile 中可以有多项规则，每项规则由目标、依赖文件和动作三部分组成。目标和依赖文件之间用冒号":"分开，多个依赖文件之间用空格分开。如果依赖文件比较多，可以多行书写，并使用"\"作为换行符。

目标既可以是由动作生成的文件，也可以是一个单纯的字符串标号，如清单 7.7 中的"clean"，这样的目标被称为伪目标。GNU Make 允许多目标，但使用同一个规则描述多个目标的依赖关系比较复杂，而且容易产生规则定义不明，应避免采用这样的形式。

目标行下面的命令被称为动作。Makefile 语法要求动作前面必须是制表符，不能用多个空格代替。如果不喜欢制表符引导动作的格式，也可以重新定义变量".RECIPEPREFIX"。一般情况下，达成一个目标使用一个动作；如果有多个动作，可以按动作的先后顺序写在依赖关系的下面。这种做法本身没有问题，只是有可能导致多余的重复动作。

通常，GNU Make 在执行动作之前会把要执行的命令行输出到标准输出设备（回显）。很多情况下，回显命令行意义并不大，而且多少会增加一些编译的时间。如果在动作前面加一个字符"@"，则该命令行就不会显示出来。典型的做法是在使用 echo 命令输出信息时禁用回显功能，否则会使得终端显示的信息看上去比较怪异。其他命令前面也可以加"@"，以避免过多的无用信息干扰屏幕。不回显的缺点是，如果在编译一个项目的过程中出了问题，可能不容易找到问题出在哪一步。

Make 的选项很多，常用的有下面几个。

-f file：指定文件 file 作为 make 的脚本文件。

-C dir：进入目录 dir，执行该目录下的 GNU Make 脚本。在一个大型项目中，各个模块被组织在不同的子目录中，每个目录都可能有一个 Makefile，用于指导一个模块的编译过程。

-j jobs：指定可并行工作的数量，在多核处理器中，此选项可以大大加快编译速度。

-p：打印规则和变量。

默认参数情况下，make 会执行第一个目标的动作。因此，在编辑 Makefile 时通常会把实现项目的最终目标（又叫终极目标）的规则写在最前面，这样就不用在命令行中为 make 指定参数。如果明确指定了参数，GNU Make 就以该参数为目标。例如，基于清单 7.7，下面的命令仅生成 fibo.o：

```
$ make fibo.o
```

除了终极目标所在的规则以外，其他规则在 Makefile 文件中的顺序无关紧要。

7.4.2 GNU Make 基本规则

下面是一个典型的规则：

```
main.o: main.c fibo.h
        gcc -c main.c
```

一个规则描述了以下内容。

（1）如何确定目标文件是否过期（需要重建目标）。过期是指目标文件（这里是 main.o）不存在或者目标文件的时间戳比依赖文件中的任何一个（这里是 main.c 或者 fibo.h）都要早。

（2）如何重建目标文件 main.o。这个规则中使用 gcc 编译器且没有明确用到依赖文件 fibo.h。如果文件 main.c 中已经包含这个头文件，将它列作目标的依赖是合理的。

规则的书写有两种形式。

```
目标:依赖；动作
```

或者

```
目标:依赖
        动作
```

命令可以和“目标: 依赖”描述写在同一行，置于依赖文件列表后并使用分号（;）和依赖文件列表分开；也可以写在“目标: 依赖”描述的下一行，作为独立的命令行，但必须以制表符开始。除空命令规则以外 [1]，本书统一使用后一种形式。

规则的中心思想是：目标文件的内容是由依赖文件决定的，依赖文件的任何一处改动，都将导致目前已经存在的目标文件的内容过期。规则中的命令为重建目标提供了方法，这些命令运行在系统 shell 之上。

1. 变量

清单 7.7 的 Makefile 只是机械地重复了键盘命令，对每个“.o”文件都要手工建立一个规则。随着源文件数量的增加，编辑 Makefile 也成了一项额外的负担。GNU Make 内建的变量和规则可以帮助我们简化 Makefile 的编写。

GNU Make 有三类变量：预定义变量（内部变量）、自动化变量和定义变量。

GNU Make 内部定义了一些变量，表 7.6 是其中比较常用的部分。内部变量可以使用 make 的选项“-p”打印出来。如果存在内部变量，建议尽量使用它们，这可以使 Makefile 变得更加规范。此外，所有环境变量都将作为 GNU Make 的预定义变量。

表 7.6　GNU Make 的主要预定义变量

预定义变量	含义	默认值
AR	归档维护程序名	ar
AS	汇编程序名	as
CC	C 编译器名	cc
CXX	C++编译器名	g++

1　形如“target:;”的被称作空命令，它什么也不做，只是防止 make 为重建这个目标去查找隐含规则。

续表

预定义变量	含义	默认值
CPP	C 预编译器名	$（CC）-E
FC	FORTRAN 编译器名	f77
LEX	Lex 到 C 语言转换器	lex
PC	Pascal 语言编译器	pc
RM	删除	rm-f
YACC	Yacc 的 C 解析器	yacc
YACCR	Yacc 的 Ratfor[1] 解析器	yacc-r
TEX	tex 编译器（生成.dvi）	tex
选项/参数	含义	默认值
ARFLAGS	归档维护程序的选项	rv
ASFLAGS	汇编程序的选项	（空）
CFLAGS	C 编译器的选项	（空）
LDFLAGS	链接器（如 ld）的选项	（空）
CPPFLAGS	C 预编译的选项	（空）
CXXFLAGS	C++编译器的选项	（空）
FFLAGS	FORTRAN 编译器的选项	（空）
LFLAGS	Lex 解析器选项	（空）
PFLAGS	Pascal 语言编译器选项	（空）
YFLAGS	Yacc 解析器选项	（空）

第二类变量形式是自动化变量，它们是会随上下文关系发生变化的一类变量，在 Makefile 中有非常重要的作用。表 7.7 中列出了主要的自动化变量。

表 7.7　GNU Make 的自动化变量

符号	含义
$@	规则中的目标文件名
$<	规则的第一个依赖文件名
$^	规则的所有依赖文件列表（不包括重复的文件名），以空格分开
$+	和$^类似，但保留重复出现的文件
$?	所有比目标文件更新的依赖文件列表，以空格分开
$%	当目标是静态库时，表示库的一个成员名
$*	模式规则中的主干，即 "%" 所代表的部分，一般表示不包含扩展名的文件名

表 7.7 中列出的也是 System V 中的 make 自动化变量。除此以外，GNU Make 还使用两个特殊的字母 "D" 和 "F" 对自动化变量进行了扩展，分别表示目录（Directory）和文件（File）。例如，如果目标是一个包含完整路径的文件名，则$（@D）表示目标的目录部分（不包括最

1　rational fortran，FORTRAN 语言的一个分支，作者 Brian Kernighan。

后的斜线），$（@F）表示目标的文件名部分；如果目标仅仅是文件名，则$（@D）就是"."（当前目录）。这类自动化变量的形式有以下几种。

$（@D）、$（@F）：目标的目录部分和文件名部分。

$（*D）、$（*F）：模式规则主干的目录部分和文件部分（可能不包括扩展名）。

$（%D）、$（%F）：静态库目标中文件成员的目录部分和文件名部分。

$（<D）、$（<F）：第一个依赖文件的目录部分和文件名部分。

$（^D）、$（^F）：所有依赖文件的目录部分和文件名部分，不包括重复的文件。

$（+D）、$（+F）：所有依赖文件的目录部分和文件名部分，允许重复的文件。

$（?D）、$（?F）：比目标文件更新的依赖文件目录部分和文件名部分。

第三种形式是用户定义的变量，它可以随 make 命令导入，也可以在 Makefile 文件中定义。利用 GNU Make 提供的变量资源，编译一个 C 语言文件的规则可以写成：

```
main.o: main.c fibo.h
    $（CC）-c $<
```

引用变量的方法是在变量名前面加"$"（表 7.7 中的自动化变量已经有了$，不需额外再加）。如果变量名由多个字母组成，需要用括号"()"或"{}"把变量名括起来，否则会以第一个字母作为变量名。变量 CC 是 C 语言编译器命令，默认是 cc（UNIX 系统的编译器名）。出于兼容性考虑，Ubuntu 系统中已将命令 cc 链接到 gcc。如果要明确编译器命令，可以在 Makefile 文件中的第一个引用之前定义它：

```
CC    = gcc
```

或者随 make 命令定义：

```
$ CC=gcc make
```

定义变量的目的，一方面是为了符号统一，另一方面是为了便于替换。例如针对 Arm 平台的编译项目，只需要修改 Makefile 一处，将变量 CC 重新定义成 arm-linux-gcc 即可，其他地方不需要做任何改动。

GNU Make 对变量的命名规则没有太多的限制，但尽量不要取字母、数字和下划线以外的字符，因为它们有可能具有特定含义。GNU Make 的传统做法是全部使用大写字母命名变量。

变量有以下三种赋值方式。

```
FOO    = bar
FOO    := bar
FOO    ?= bar
```

第一种形式称为递归展开式变量；第二种形式称为直接展开式变量；第三种形式称为条件赋值，即在 FOO 此前没有赋值的情况下才会对它赋值，否则保留原来的值不变。

要理解前两种形式，就需要了解 GNU Make 的执行过程。大体上，GNU Make 可归纳为两个阶段。

• 第一阶段：读取所有会用到的 Makefile 文件，包括 include 指定的文件、命令行选项"-f"指定的文件，建立所有的变量，明确规则和隐含规则，并建立所有目标和依赖之间的依赖关系结构链表。直接展开式变量在此阶段确定。例如，下面的 Makefile：

```
FOO   =   foo
BAR   =   $(FOO) bar
FOO   =   new


all :
        @echo $(BAR)
```

执行时可以看到：

```
$ make
new bar
```

- 第二阶段：根据第一阶段已建立的依赖关系结构链表决定哪些目标需要更新，并使用对应的规则来重建这些目标。如果存在递归展开式变量，该变量也将在这一阶段得到更新。

同样是上面的 Makefike，仅将第二行的"="换成":="，执行 make 的结果就与之前不同：

```
$ make
foo bar
```

使用递归展开式变量的优点是，可以引用之前没有定义的、但可能在后续部分定义的变量。这给编写 Makefile 带来了一定的灵活性，但需要注意避免循环嵌套（即后续部分定义的变量又引用了前面的变量）。

变量定义时，赋值号前后可以有空格（这与命令行定义变量的要求不同），但后面的空格是不能忽略的。例如，

```
dir␣␣␣:=␣/foo/bar␣␣␣␣#␣ directory
```

变量 dir 赋值为/foo/bar 后面加 4 个空格，如果用来表示目录，这将是一个严重的错误。不仅是变量定义，在 Makefile 中，所有的尾部空格都不能被忽略（另一个容易出错的地方是，换行符后面出现无用的空格）。

2. 隐含规则

使用 GNU Make 内建的隐含规则，不需要在 Makefile 中明确给出重建某一个目标的命令，甚至可以不需要规则。make 会自动根据已存在（或者可以被创建）的源文件类型来启动相应的动作。隐含规则为 GNU Make 提供了重建一类目标文件的通用方法。

例如，在清单 7.7 中，如果不考虑编译 main.o 和 fibo.o 的选项，我们不需要为这两个规则指定动作，甚至都不需要为 main.o 和 fibo.o 建立规则，只需要一个生成 fibo 的链接规则就足够了。.c 文件到.o 文件的生成关系就是 GNU Make 的隐含规则之一，它被定义为：

```
$(CC)$(CFLAGS) $(CPPFLAGS) -c $<
```

每一个内建的隐含规则中都存在一对"目标:依赖"关系，而且同一个目标可以对应多个依赖。例如：一个.o 文件的目标既可以由 C 编译器编译对应的.c 源文件得到，也可以由 FORTRAN 编译器编译.f 源文件得到。GNU Make 会根据不同的源文件选择不同的编译器。对

于 fibo.c，使用的就是 C 编译器。如果同时还存在一个 fibo.f 文件，问题就会变得比较复杂。

下面是 GNU Make 内建的一些较常用的隐含规则。

（1）编译 C 程序。file.o 由 file.c 生成，执行命令为：

```
$(CC) $(CFLAGS) $(CPPFLAGS) -c $<
```

（2）编译 C++程序。file.o 由 file.cc、file.C 或 file.cpp 生成，执行命令为：

```
$(CXX) $(CFLAGS) $(CPPFLAGS) -c $<
```

C++源文件的后缀不建议使用.C，因为会在 VFAT 文件系统上和 C 源文件混淆。

（3）编译 Pascal 程序。file.o 由 file.p 生成，执行命令为：

```
$(PC) $(PFLAGS) -c $<
```

（4）编译 FORTRAN/Ratfor 程序。file.o 由 file.r、file.F 或者 file.f 生成。不同的源文件后缀执行不同的命令：

.f 文件是：

```
$(FC) -c $(FFLAGS)
```

.F 文件是：

```
$(FC) -c $(FFLAGS) $(CPPFLAGS)
```

.r 文件是：

```
$(FC) -c $(FFLAGS) $(RFLAGS)
```

（5）FORTRAN/Ratfor 预处理程序。file.f 由 file.r 或 file.F 生成。此规则只是转换 Ratfor 或有预处理的 FORTRAN 程序到一个标准的 FORTRAN 程序。根据不同的源文件后缀执行对应的命令：

.F 文件是：

```
$(FC) -F $(CPPFLAGS) $(FFLAGS)
```

.r 文件是：

```
$(FC) -F $(FFLAGS) $(RFLAGS)
```

（6）汇编和需要预处理的汇编程序。如果需要执行预处理，file.s 由 file.S 生成，执行命令为：

```
$(CPP) $(CPPFLAGS)
```

如果 file.s 是不需要预处理的汇编源文件，通过命令

```
$(AS) $(ASFLAGS)
```

生成 file.o。

（7）链接单一的.o 目标文件或编译单一的.c 文件。file 由 file.o 或 file.c 生成，执行的命令都是：

```
$(CC) $(LDFLAGS) $^ $(LOADLIBES) $(LDLIBS) -o $@
```

此规则仅适用于由一个目标文件或源文件直接产生可执行文件的情况，并且在 Windows 平台中是无效的，因为 Windows 平台对可执行文件名后缀有要求。

当需要由多个源文件来共同创建一个可执行文件时，需要在 Makefile 中增加隐含规则的依赖文件，如：

```
fibo: fibo.o main.o
```

在 7.2.1 小节的例子中，如果把所有代码实现的功能都写成一个文件 fibo.c，而不是三个文件，Makefile 就只需要下面几行就够了：

```
fibo :
clean :
        $(RM) fibo
.PHONY: clean
```

（8）Yacc C 程序。file.c 由 file.y 生成，执行命令为：

```
$(YACC)$(YFLAGS)
```

在隐含规则中，实际命令被定义成一个特定的变量。如.c 到.o 的转换是

```
$(COMPILE.c)$(OUTPUT_OPTION)$<
```

.C 到.o 的转换是

```
$(COMPILE.C)$(OUTPUT_OPTION)$<
```

而 COMPILE.c 则被定义成

```
$(CC)$(CFLAGS)$(CPPFLAGS)$(TARGET_ARCH)-c
```

此外，每一个隐含规则在创建一个文件时都使用了变量 OUTPUT_OPTION，作为输出文件的方式，它的默认值为 "-o$@"。

隐含规则依赖 GNU Make 的后缀列表.SUFFIXES。.SUFFIXES 是一组文件名后缀的列表，修改了这个列表的内容，可能导致对应文件后缀的隐含规则无效。

3.模式规则

一个项目中的.c 文件编译到.o 文件的规则如果是统一的，利用模式规则可以将多个相同的规则写在一起。模式规则使用模式字符 "%" 匹配文件名或文件名的一部分。如清单 7.7 中的规则 fibo.o：fibo.c 可以写成 "%.o:%.c"。此时，由于规则中没有明确的文件名，动作必须使用自动化变量表示：

```
%.o: %.c
    $(CC) -c $<
```

该动作在目标文件被依赖时发生（包括用 make 命令指定目标时，如 make fibo.o）。依赖文件中模式字符 "%" 的取值由目标的 "%" 决定，即如果目标是 fibo.o，则依赖文件是 fibo.c；如果目标是 main.o，则依赖文件就是 main.c。

文件名中的模式字符 "%" 可以匹配任何非空字符串，除模式字符以外的部分则要求一致。例如："%.c" 匹配所有以.c 结尾的文件，"s%.c" 匹配所有以字母 s 开头且后缀为.c 的文件。目标文件名中 "%" 匹配的部分即表 7.7 中所说的主干，由 "%" 匹配的对应依赖文件必须在规则给定的动作执行之前存在。

模式规则中的依赖文件也可以不包含 "%" 的匹配文件，此时表示所有符合条件的目标文件的依赖都相同。这也是一种比较常见的模式规则形式。清单 7.7 中，如果所有.c 文件都依赖于 fibo.h，fibo.o 和 main.o 的生成规则可统一写成：

```
%.o: fibo.h
    $(CC) -c $*.c
```

4. 后缀规则

后缀规则可以视作是模式规则的一种变体：当在一个模式中除使用"%"匹配的文件以外不存在其他依赖文件时，目标可以写成源文件和目标文件名后缀的连体。如".c.o"即表示"%.o:%.c"。清单 7.7 中，fibo.o 和 main.o 可以写成如下规则：

```
.c.o:
    $(CC) -c $<
```

后缀规则中不允许出现依赖文件，否则就成了一个普通的规则。如下面的写法就是错误的：

```
.c.o: fibo.h
    $(CC) -c $< -o $@
```

它表示执行$(CC)-c fibo.h –o .c.o 的动作。

在后缀规则中，要求其中至少有一个后缀是可以被 GNU Make 识别的。可识别后缀在特殊目标.SUFFIXES 的列表中。例如，使用 fig2dev 命令将当前目录下的所有 FIG 文件转换成 PDF 文件，可制定如下规则：

```
CMD     = fig2dev
FLAGS   = -L pdf
.SUFFIXES:.fig.pdf
SRC    = $(wildcard *.fig)
PDF    = $(SRC :%.fig =%.pdf)


all:$(PDF)


.fig.pdf:
        $(CMD) $(FLAGS) $^ > $@


.PHONY:clean
clean:
        $(RM) $(PDF)
```

wildcard 是 GNU Make 的内建函数，它根据通配符查找文件并返回这组文件的列表。

如果后缀规则下的动作为空，则该规则没有意义。

GNU Make 处理各种规则优先级顺序的原则是：明规则的优先级高于隐规则。因此，如果在 Makefile 中存在明确定义了的规则，则该规则优先执行；如果同时存在普通规则和模式规则，则执行普通规则的动作。

7.4.3　GNU Make 的依赖

GNU Make 根据依赖文件产生目标文件。依赖文件列表清晰明确，有助于减少不必要的编译工作，但不正确的依赖关系容易造成编译错误。因此正确地建立依赖关系是 Makefile 中重要的环节。

清单 7.7 中，除了 main.o 对 main.c 的明确依赖以外，还增加了一个依赖文件 fibo.h，因为它被 main.c 源文件包含且属于该项目。但在查阅文件 fibo.h 之前，我们并不知道 fibo.h 是否也包含了其他文件。即使包含了其他头文件，还要确定条件编译时该包含命令是否生效，这同样需要耗费大量的精力去分析。并且在开发过程中，包含的头文件会发生变化，因此频繁修改 Makefile 也不是一个好的策略。

gcc 的选项"-MM"或"-M"可以按 Makefile 的规则格式生成 C 语言中#include 的文件列表，包括嵌套的#include。选项"-MM"仅列出那些用双引号包含的".h"，文件，不列出用<...>包含的文件：

```
$ gcc -MM main.c
main.o: main.c fibo.h
```

而使用选项"-M"时，会看到长长的文件清单，它列出所有被包含的头文件，包括<...>格式和"..."格式。

至此应该理解了在 7.2.1 节建议的，使用不同方法包含头文件的策略：我们的项目无意关心 stdio.h、stdlib.h 这些系统环境中的头文件，只需要关注项目本身要求的头文件。使用 gcc 的选项"-MM"很容易把它们分开。利用这一功能，我们可以给 main.o 增加一个依赖文件 main.d，同时为 main.d 建立规则：

```
main.o: main.c | main.d
main.d: main.c
        $(CC) -MM -o $@ $<
- include main.d
```

依赖列表文件"|"后面的文件称为弱依赖，对于生成目标文件来说，弱依赖只要求存在，而不检查其时间戳。即使该文件比目标文件新，也不会触发下面的动作。"include"是 GNU Make 的命令，它的功能与 C 语言的#include 指示符完全相同，即把其他文件的内容嵌在本文件中，它常用于包含其他 GNU Make 格式的文件。

include 前面的"-"符号是 GNU Make 的一项功能，表示忽略此命令导致的错误。此功能也可用于规则指定的动作。一般情况下，一个命名执行错误将导致 make 过程中断。但对于一些无伤大雅的错误（如删除一个不存在的文件），也可以通过这种方法忽略。书写的时候，"-"应写在命令之前、制表符之后。

7.4.4 伪目标

清单 7.7 中的 clean 不是一个需要生成的文件，也没有出现在其他规则的依赖列表中，它也不依赖任何文件，但它必须明确地通过 make 命令的参数执行。GNU Make 把没有任何依赖关系、只有执行动作的目标称为伪目标。

伪目标的处理比较特殊：如果目录里真的存在 clean 这样一个文件（即使这个文件与本项目无关），由于它没有任何依赖，GNU Make 看不到比它还旧的文件，实现 clean 的动作就永远不会执行了。为了解决这个问题，我们将 clean 作为一个特殊目标".PHONY"的依赖：

```
.PHONY: clean
```

这样 clean 就成为一个伪目标。无论在当前目录下是否存在 clean 这个文件，输入 make clean

之后，下面的动作都会被执行。而且，当一个目标被声明为伪目标之后，make 在执行此规则时不会去试图查找隐含规则来创建它，这样也提高了 make 的执行效率。一般来说，一个伪目标不作为另外一个目标的依赖。

在 Makefile 中，伪目标的另一种情形是，如果需要按规则生成多个文件，我们可以将所有文件的重建规则写在一个 Makefile 中，让它们成为终极目标（Makefile 的第一个目标）的依赖，这个终极目标就是另一种伪目标形式，如清单 7.8 中的"all"。

清单 7.8　伪目标 all 的形式

```
all: prog1 prog2 prog3

prog1: prog1.o utils.o
        $(CC) -o $@ $^
prog2: prog2.o
        $(CC) -o $@ $<
prog3: prog3.o sort.o utils.o
        $(CC) -o $@ $^
.PHONY: all
```

由于在这个例子中，伪目标 all 没有对应的动作，因此.PHONY 不是必需的。

还有一种与伪目标比较相似的形式，如清单 7.9 中的 build。

清单 7.9　空目标

```
build: prog
        touch stamp

prog: prog.c
        $(CC) -o $@ $<
```

它的目的是产生一个空目标文件 stamp。空目标文件用来记录上一次完成此规则的时间，或者作为动作完成的标志。通常，一个空目标文件应该存在一个或者多个依赖文件。例如，当一个项目由若干子项目构成时，每个子项目都使用一个特定的空目标，总项目建立在每个空目标的依赖之上，即可实现 GNU Make 的分层管理。

7.4.5　条件判断

条件判断结构可以根据变量的值来控制执行或者忽略 Makefile 的特定部分。条件产生于以下几种情况。

- 某个变量是否已被定义，判断语句是 ifdef VAR 或者 ifndef VAR。判断依据是该变量是否有值，不对该变量展开来判断是否为空。
- 某两个变量或者一个变量和一个常量是否相等，判断语句是 ifeq(ARG1,ARG2)或者

ifneq(ARG1,ARG2)。

条件语句的结构如下：

```
ifdef VAR
  foo
else
  bar
endif
```

ifdef 可以换成 ifndef、ifeq、ifneq，取决于功能的具体要求，分支 else 不是必需的。条件关键字所在的行前面可以有空格，但不能以制表符开头，否则会被认为是命令。

这里通过一个简单的例子来说明条件语句的应用。编译一个项目，首先对编译器进行判断：如果是 gcc，则链接 GNU 库 libgnu.so，否则不链接库。Makefile 写成如下结构：

```
libs_for_gcc=-lgnu
normal_libs=
...
foo: $(objects)
ifeq ($(CC), gcc)
        $(CC) -o $@ $^ $(libs_for_gcc)
else
        $(CC) -o $@ $^ $(normal_libs)
endif
```

这个 Makefile 指导编译过程分不同情况执行不同的动作。借助一个中间变量 libs，还可以将它写成更简洁的形式：

```
libs_for_gcc=-lgnu
normal_libs=
ifeq ($(CC), gcc)
libs=$(libs_for_gcc)
else
libs=$(normal_libs)
endif
foo: $(objects)
        $(CC) -o $@ $^ $(libs)
```

条件语句只能用于控制 make 实际执行的 Makefile 文件部分，它不能控制规则的 shell 命令执行过程。在 Makefile 中使用条件判断结构可以实现更灵活的处理。

7.4.6　内建函数

GNU Make 的内建函数提供了处理文件名、变量、文本和命令的方法，使 Makefile 的工作更加灵活、可靠。

函数的调用格式类似变量的引用，将函数和参数放在括号（或花括号）中，并以$开头：

```
$(function arguments)
```

函数和参数之间用空格分隔；如果存在多个参数，参数之间用逗号分隔；参数中如果存在变量或对函数的引用，也需要用括号将变量或函数的引用括起来。表 7.8 是 GNU Make 的主要函数和功能介绍。

表 7.8　GNU Make 内建函数

函数	功能
subst FROM，TO，TEXT	将字符串 TEXT 中的 FROM 替换成 TO
patsubst FROM，TO，TEXT	模式替换，FROM 和 TO 可以使用模式通配符%
strip STRING	去掉字符串 STRING 头尾的空格和中间多余的空格
findstring FIND，TEXT	在字符串 TEXT 中查找 FIND
filter PATTERN...，TEXT	保留字符串 TEXT 中匹配 PATTERN 的字符串
filter-out PATTERN...，TEXT	和 filter 正相反，过滤掉字符串 TEXT 中匹配 PATTERN 的字符串
sort LIST	对 LIST 列表中的字符串排序（升序），并去掉重复的元素
word n，LIST	取出 LIST 中的第 n 个字符串（n 从 1 开始）
wordlist s，e LIST	取出 LIST 中从 s 到 e 的字符串（s、e 从 1 开始）
words LIST	返回 LIST 中字符串的数目
firstword LIST	取出 LIST 中的第一个字符串
dir NAMES	取出 NAMES 中的目录部分
notdir NAMES	取出 NAMES 中的文件名部分
suffix NAMES	取出 NAMES 中文件名的后缀部分。后缀从最后一个"."开始算起
basename NAMES	取出 NAMES 中文件名的前缀部分（文件名最后一个"."之前的部分）
addsuffix SUFFIX，NAMES	给 NAMES 中的文件名加上 SUFFIX 后缀
addprefix PREFIX，NAMES	给 NAMES 中的文件名加上 PREFIX 前缀
join LIST1，LIST2	将两组列表一一对应合并。数目不一致时，短的部分按空字符延长
wildcard PATTERN	取出符合通配符 PATTERN 模式的文件名
foreach var，LIST，TEXT	将 LIST 中的每个字符串依次赋值给 var，执行 TEXT 表达式（类似 shell 的 for 语句）
if	典型结构是 if CONDITION，THEN-PART[，ELSE-PART]，类似 ifeq 条件结构，但没有 else 和 endif
callfunction，PARAMS	执行自定义函数 function，PARAMS 是自定义函数的参数列表
value VARIABLE	不展开变量，直接返回 VARIABLE 的值
eval EXPR	展开表达式 EXPR，作为 Makefile 的一部分，GNU Make 可以对表达式 EXPR 进行操作
origin VARIABLE	获取变量 VARIABLE 的类型。返回值通过预定义的字符串表示该变量是环境变量（environment）、自动化变量（automatic）、未定义变量（undefined）等
error MESSAGE	强制产生错误，给出 MESSAGE 提示并结束 make 过程
warning MESSAGE	产生警告信息 MESSAGE，make 过程继续

表中函数返回多个字符串的，字符串之间用空格分隔。

清单 7.10 是一个 Makefile 的例子，它综合了一些复杂函数的使用技巧，对一般性的
Makefile 书写具有借鉴意义。

清单 7.10　一个综合性的 Makefile

```
1    PROGRAMS   = server client
2
3    server_OBJS = server.o server_priv.o server_access.o
4    server_LIBS = priv protocol
5
6    client_OBJS = client.o client_api.o client_mem.o
7    client_LIBS = protocol
8
9    all : $(PROGRAMS)
10
11   define PROGRAM_template
12   $(1): $$ ($(1)_OBJS) $$ ($(1)_LIBS:%=-l%)
13   ALL_OBJS += $$($(1)_OBJS)
14   endef
15
16   $(foreach prog,$(PROGRAMS),$(eval $(call PROGRAM_template,$(prog))))
17
18   $(PROGRAMS):
19           $(LINK.o) $^ $(LDLIBS) -o $@
20   clean:
21           $(RM) $(ALL_OBJS) $(PROGRAMS)
22   .PHONY: all clean
```

7.4.7　静态库的更新

在程序开发中，静态库是一组.o 文件的集合。对它的更新和对普通文件的更新不一样：如果能
仅更新静态库中需要更新的文件，无疑会提高开发效率。

GNU Make 提供了仅更新部分静态库成员的方法。编辑 Makefile 时，静态库成员（.o 文件）
可写成规则独立的目标或依赖，书写格式为 ARCHIVE（MEMBER）。例如，将 fibo.c 编译成
fibo.o，并将 fibo.o 加入 libalgorithm.a，实现这部分功能的 Makefile 语句是：

```
libalgorithm.a:libalgorithm.a(fibo.o)libalgorithm.a(foo.o)...

...

libalgorithm.a(fibo.o): fibo.o
        $(AR) -crU $@ $%
```

```
.c.o:
        $(CC) -c $< -o $@
```

当 libalgorithm.a 被依赖时，触发 libalgorithm.a（fibo.o）的规则，该规则的命令是更新静态库中的一个成员。如果目标静态库存在需要更新的多个成员时，多个成员可同时写在括号中。自动化变量$@和$%用于分解目标文件的库名和成员名。

使用 GNU Make 构造静态库（归档文件）时，需要特别注意 make 并行执行选项"-j"对结果的影响。同时使用多个 ar 操作同一个文件，可能会导致结果的不确定性。也许将来的版本会修正这个问题 [1]。

本节通过 C 语言项目的编译过程说明 GNU Make 的用法。任何程序语言，只要是通过编译命令处理的，都可以使用 GNU Make。事实上，不仅限于编程开发，凡是与文件生成时间先后顺序相关的处理工作都可以使用 GNU Make 完成。

不同平台的开发环境在考虑提高编译效率时，都会根据文件生成时间来简化编译步骤，软件名称可能不同，但思想是一样的。所不同的是，集成开发环境的 Makefile 文件是自动生成的。Linux 系统的开发软件也有很多自动生成 Makefile 的方法，例如 Qt 开发工具的 qmake、跨平台 make 工具 cmake 以及 automake 工具。Linux 系统中大量的软件都是通过 GNU Make 编译产生的。

7.5 集成开发环境

7.5.1 集成开发环境的特点

集成开发环境（IDE）是一种辅助程序设计人员开发软件的应用软件，它通常集成了编程语言编辑器、编译器、调试器、文档和项目管理等常用工具。有些 IDE 包含编译器/解释器，如微软的 Microsoft Visual Studio，有些则不包含，如 Eclipse、SharpDevelop 等。大多数 Linux 系统中使用的 IDE 都不包含编译工具，仅提供一个可视化编辑界面，它们通过调用第三方编译工具（通常是 GCC）完成代码的编译工作，因此这类 IDE 更具灵活性，常常是可配置的。

面向图形用户界面程序设计的现代 IDE 还包含图形界面设计工具，一些 IDE 还集成了版本控制系统。许多支持面向对象的 IDE 还具备类浏览和对象查看、构建功能。

Linux 系统有两套主流桌面环境：基于 GTK+的 GNOME 和基于 Qt 的 KDE。基于 Qt 的软件开发多使用 qt-designer 设计界面。本节重点介绍 GNOME 环境下的集成开发环境。

7.5.2 Glade

严格地说，Glade 不是完整的 IDE，而是一个图形用户接口构建器。最初的 Glade 是为 GTK+设计的界面开发工具，它使用图形化方式设计图形界面程序的外观，生成一组与编程语言无关的图形界面布局文件，该文件为可扩展标记语言（XML）格式，可供其他编程语言直接调用。Glade 避免了直接使用特定的编程语言，提高了界面设计的效率，特别增强了对多种编程语言的支持。一个简单的 Glade 文件看上去如清单 7.11 所示。

---

1 至 GNU Make4.2 版，手册中仍有此提醒。

清单 7.11　使用 XML 图形界面文件 sample.glade

```
1    <? xml version ="1.0" encoding ="UTF-8"?>
2    <! -- Generated with glade 3.22.1 -->
3    <interface>
4     <requires lib="gtk +" version ="3.20"/>
5     <object class="GtkWindow" id="ID_TOPWINDOW">
6      <property name="can_focus">False </property>
7      <property name="title" translatable="yes">hello</property>
8      <property name="default_width">640 </property>
9      <property name="default_height">480 </property>
10     <signal name ="destroy" handler="on_window_main_destroy"
        swapped ="no"/>
11    </object>
12   </interface>
```

　　图 7.2 是 Glade 的主界面。它分成三个部分：左边描述了整体布局结构关系；中间用于设计可视化界面，通过选择可视化组件即可搭建界面的外观；右边是组件的属性编辑器，用于设置单个组件的外观、与其他组件或窗口的关系，以及响应函数的入口等参数（不同版本的 Glade，外观可能不同）。

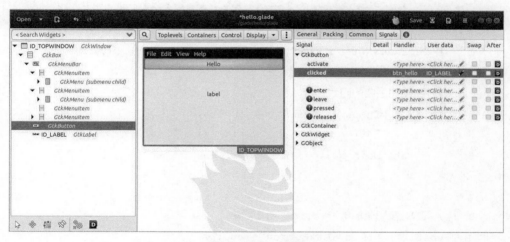

图 7.2　Glade 主界面

　　以下通过一个简单的例子说明 Glade 的用法。

　　（1）创建一个工作目录，在该目录下再创建两个子目录 src 和 glade，其中 src 用于存放 C 语言源程序，glade 用于存放 Glade 的设计文件。

　　（2）打开 Glade 界面，创建一个新项目（单击窗口左上角 "Open" 右边的小图标），单击 "Save"，将项目保存到 glade 目录，给它起一个专有的名字（比如 "hello"），Glade 会自动给它加上后缀.glade。

（3）以下是界面设计过程。

① 在顶层组（Toplevels）中选择一个顶层窗口形式（GtkWindow）。

② 在容器组（Containers）中选择一种容器，将容器设定好布局。此处选择三格的竖排盒子（GtkBox）。

③ 在每个格子里添加组件，组件可以来自控制组件组（Control）、显示组件组（Display），也可以是其他容器。这里添加了一个菜单条（GtkMenuBar）、一个按钮（GtkButton）和一个标签（GtkLabel）。

开发人员可以根据需要随时在属性编辑区改变界面的样式。

（4）为组件添加必要的接口。

① 给顶层窗口一个可识别的 ID：ID_TOPWINDOW，C 语言的 GTK+函数需要使用此 ID 创建窗口界面。创建 ID 功能在属性编辑区的常规组（General）中。

② 给标签一个可识别的 ID：ID_LABEL，此 ID 对应的组件指针将作为按钮响应函数的参数，响应函数使用标签显示信息。

③ 在属性编辑区的信号组（Signals）给按钮添加响应函数。很多组件响应的信号不止一个，此处仅在"clicked"处添加了函数入口 btn_hello 和用户数据 ID_LABEL。

④ 给顶层窗口添加一个 destroy 信号入口，以便能正常关闭窗口。

（5）使用类似的方法为菜单项添加入口函数，此处不再展开介绍。

（6）保存以上的设计。再编写一个 C 语言源程序 main.c，如清单 7.12 所示。主程序调用 GTK+函数加载 glade 文件作为显示界面，并建立信号连接。进入主消息循环后，由子程序响应各种消息，完成相应动作。

清单 7.12　使用 Glade 图形化界面的 C 语言程序 main.c

```
1    # include <gtk/gtk.h>
2
3    /* 主窗口关闭的函数入口     */
4    void on_window_main_destroy ()
5    {
6        gtk_main_quit ();
7    }
8
9    /* 响应按钮鼠标单击(clicked)的函数     */
10   void btn_hello (GtkButton * button ,
11                  gpointer   user_data)
12   {
13       static int counter = 0;
14       char msg [128];
15       /* user_data 来自标签  */
16       GtkLabel * label = ( GtkLabel *) user_data ;
17
```

```
18          sprintf (msg,"Button pressed %d time (s).",++counter);
19          gtk_label_set_text (label, msg);      /* 改变标签文字     */
20      }
21
22   int main ( int argc , char * argv [])
23   {
24          GtkBuilder    * builder ;
25          GtkWidget     * window ;
26
27          gtk_init (& argc , & argv);
28
29          builder = gtk_builder_new ();
30          gtk_builder_add_from_file(builder,"glade/hello.glade"
31                                                  ,NULL);
32        window=GTK_WIDGET(gtk_builder_get_object(builder,
33                                              "ID_TOPWINDOW"));
34          gtk_builder_connect_signals (builder, NULL);
35
36          g_object_unref (builder);
37
38          gtk_widget_show (window);     /* 使窗口可见     */
39          gtk_main ();                      /* 进入主消息循环     */
40
41          return 0;
42      }
```

（7）为方便编译，编写一个 Makefile，如清单 7.13 所示。

清单 7.13 编译 Glade 程序的 Makefile

```
1    # Target name (executable output filename)
2    TARGET = hello
3
4    # compiler
5    CC      = gcc
6
7    CFLAGS = -pipe
8
9    GTKLIB = `pkg-config --cflags --libs gtk+-3.0`
10
```

```
11    LDFLAGS = $(GTKLIB) -rdynamic

12

13    $(TARGET): src/main.c

14          $(CC) $< $(CFLAGS) $(LDFLAGS) -o $@

15

16    clean:

17          $(RM) *.o $(TARGET)

18    .PHONY: clean
```

项目完成后，目录结构如下所示：

```
.
|-- hello                  (编译后产生的可执行程序)
|-- glade/
|    `-- hello.glade       (界面布局文件)
|-- Makefile               (GNU Make 文件)
`-- src/                   (源码目录)
     `-- main.c            (C 源程序)
```

7.5.3　Glade 的多语言支持

Glade 创建的界面文件与编程语言无关，意味着它不经修改就可以直接用在其他编程语言上。Python[1] 是目前最流行的互联网编程语言之一。清单 7.14 是使用 Python 语言调用 hello.glade 的例子，程序结构和 C 语言的基本一致，运行时界面的效果也完全一样。

清单 7.14　使用 Glade 的 Python 程序 hello.py

```python
1     #!/usr/bin/python3
2     # -*- coding: utf-8 -*-
3
4     import gi
5     gi.require_version ('Gtk','3.0')
6     from gi.repository import Gtk
7
8     class Handler :
9         counter = 0
10        def on_window_main_destroy (self , *args):
11            Gtk.main_quit ()
12
```

1　一种解释性通用高级编程语言，作者是荷兰程序员 Guido van Rossum（1956.1.31– ），1982 年获阿姆斯特丹大学数学和计算机科学硕士学位。Python 取自当时英国的一个喜剧小组的名称 Monty Python，Python 作者非常喜欢他们的节目。Python 也有"蟒蛇"的意思，Python 的 Logo 就是两条纠缠在一起的蟒蛇。

```
13      def btn_hello (self , label ):
14          self.counter += 1
15          label.set_text("Button pressed%d time(s)"%self.counter)
16
17  def main ():
18      builder = Gtk.Builder ()
19      builder.add_from_file ("../glade/hello.glade")
20      builder.connect_signals (Handler())
21
22      window = builder.get_object ("ID_TOPWINDOW")
23      window.show_all ()
24
25      Gtk.main ()
26
27  if __name__ == '__main__':
28      main ()
```

7.5.4　Geany

　　Glade 没有文件编辑功能，也不能管理开发项目，于是又出现了专门负责项目文件开发管理的 IDE，Geany 就是其中之一，它被称为"轻快的 IDE"，支持多种编程语言的语法结构，可以比较方便地观察函数、变量的关系，如图 7.3 所示。

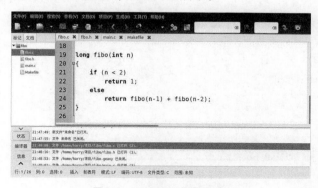

图 7.3　Geany——轻快的 IDE

　　Geany 基于 GTK+开发，自身不带编译器，可通过设置生成命令或者编写 Makefile 完成编译。

7.5.5　Anjuta

　　Anjuta[1] 是一个完整的 IDE，既有界面设计功能也包括项目管理和文件编辑工具。Anjuta 预制了一些项目的模板，可以根据需求选择相应的项目类型。用 Anjuta 创建的项目已包含 GNU Make 的自动生成脚本，开发人员可以专注于项目本身的开发，无须太多关心编译脚本的维护。

1　Anjuta 开发者 Naba Kumar 女友的名字。

Anjuta 的界面设计方法与 Glade 几乎完全一样。二者的界面文件也可以通用，只是文件名后缀不同。其界面如图 7.4 所示。

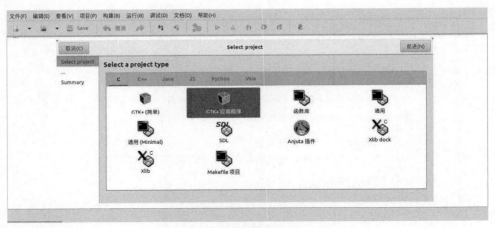

图 7.4　集成开发环境 Anjuta

7.5.6　GNOME Builder

GNOME Builder 是近年来发布的一款重量级 IDE，具有项目管理和文件编辑功能，能与版本控制系统 git 结合。图 7.5 是它的界面。

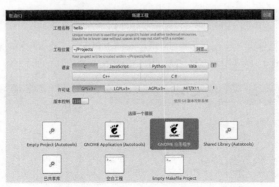

(a)　GNOME builder 创建项目

(b)　GNOME builder 开发界面

图 7.5　集成开发环境 GNOME Builder

Linux 操作系统基础

7.6　源代码移植

Linux 世界拥有大量的开源软件，为各种应用提供了相当大的便利。这些软件不仅可以免费获得源代码，自由地修改源代码；只要遵守软件的版权协议，甚至不排斥将其用于商业用途。[1]

7.6.1　获取源码

在互联网上，目前获取开源软件源代码的途径主要有各发行版源码仓库、各版本控制系统托管服务器（github、gitlab 等）、sourceforge.net 等。

1. 通过发行版源码仓库

Ubuntu 默认安装时，源代码目录是不开放的。如果想通过 Ubuntu 仓库下载源码，应在其包管理器的仓库源列表文件/etc/apt/sources.list 中去掉 deb-src 前面的注释，再执行更新命令，就可以直接从发行版仓库中下载源代码了：

```
# apt update
```

假设要下载一个名为 hello 的源码包，使用下面的命令（下载源码不需要超级用户权限）：

```
$ apt source hello
```

正确执行后，会获得一个 hello 的压缩包，以及该压缩包解压的目录。

Ubuntu 源码仓库使用 HTTP 协议，因此也可以直接使用浏览器通过网页功能下载：http：//cn.archive.ubuntu.com/ubuntu/pool/main/h/hello/

其他 Linux 的各大发行版都有类似的 HTTP 服务器，下载方式也大同小异。

2. 通过 git 托管服务器

目前最著名的托管服务器是 github.com 和 gitlab.com，它们都提供了网页访问途径，可以在它们的网页上搜索需要的软件，进入下载页面，通过浏览器下载软件的压缩包。

除了以上途径，网上也分散着大量的开源软件。例如，通过 Ubuntu 软件仓库服务器获得的 hello 也可以在 GNU 官网找到。需要注意的是，发行版源码仓库提供的软件通常是较新的稳定版，git（也包括其他版本控制系统）服务器上也可以找到最新的版本，但可能未经严格的测试，而通过搜索引擎找到的软件可能比较老旧（与搜索引擎本身和搜索技巧等因素有关），且使用时应注意阅读它的版权协议。

7.6.2　源码结构

以下以 hello 源码为例，介绍它的移植过程。

首先，将压缩包解压。文件 hello_2.10.orig.tar.gz 是从 Ubuntu 软件仓库得到的源码压缩包，解压命令如下：

1　不同开源版权协议对使用、再发布有着不同要求。

```
$ tar xf hello_2.10.orig.tar.gz
```

然后进入解压目录 hello_2.10，注意这个目录下的一些关键文件。下面是大多数 GNU 开源软件具有的文件和目录：

```
|-- AUTHORS              作者名单
|-- autogen.sh          自动配置的脚本程序
|-- ChangeLog           软件修改、升级日志文件
|-- configure.ac        自动配置的脚本文件
|-- README              关于软件的说明文档
|-- COPYING             版权协议文件
|-- configure           用于配置编译环境的可执行文件
|-- Makefile            GNU Make 脚本
|-- GNUMakefile         GNU Make 脚本
|-- CMakeLists.txt      用于 cmake 配置编译环境的脚本
|-- INSTALL             安装说明文档
|-- src/                包含源程序的目录
|-- include/            软件自身的头文件目录
|-- man/                包含帮助手册的目录
|-- doc/ 或 docs/       文档目录
`-- po/                 用于多语言支持的字符串转换文档的目录
```

如果想了解软件的功能、用法，应该阅读 README 以及 man 和 doc（s）目录中的文档；如果想继续开发/修改软件，重点关心 src、include 目录里的内容；如果要编译/移植软件，INSTALL 文件中一般会有关于编译/安装的说明；另外还要阅读一下版权协议 COPYING，看看是否符合软件的授权要求。除此以外，几个直接与编译相关的文件是 autogen.sh、Makefile/GNUMakefile、CMakeLists.txt 和 configure，多数软件包里都会有其中的几个。

7.6.3　配置编译环境

如果源码目录下已经有了 Makefile，可以尝试直接执行 make 命令。不过最好还是根据自己的环境做一些设置。Linux 操作系统应用软件的一个很大特点是以模块化形式层层堆叠，软件之间的依赖关系很常见，因此直接使用软件包提供的 Makefile 未必能满足编译条件。实际上大多数源码都不直接提供 Makefile，而是要通过配置工具在当前环境下生成 Makefile。

生成 Makefile 可以按以下步骤实现。

（1）如果存在 configure 文件，则可以运行：

```
$ ./configure
```

它会检查当前的开发环境：针对什么运行平台，编译器是否合适，开发软件是否齐全，依赖的软件是否已经具备，等等。如果条件都已满足，再根据当前开发环境生成 Makefile。生成的 Makefile 也许不止一个，各个子目录中可能都会有，不过在编译时只需要在主目录执行

make，各子目录 Makefile 的调用会由主 Makefile 自行解决。

configure 有很多选项，可以控制生成不一样的 Makefile，例如选择编译静态库还是动态库，在可以依赖多个软件时选择依赖哪个，安装时安装目录的指定，等等。使用./configure--help 可以详细看到各选项的说明。

（2）如果没有 configure，但有 configure.ac，可以使用 autoconf 工具生成 configure：

```
$ autoreconf -ivf
```

（3）另一个生成 configure 的途径是通过 autogen.sh：

```
$ sh autogen.sh
```

（4）如果存在 CMakeLists.txt，则可以使用 cmake 工具生成 Makefile：

```
$ cmake .
```

7.6.4　编译与安装

以上配置完成后，生成了 Makefile，接下来就是使用 GNU Make 工具编译和安装了，如图 7.6 所示。原则上只需要执行下面两条简单的命令（也可以并在一行，两条命令中间用&& 分隔）即可：

```
$ make
$ make install
```

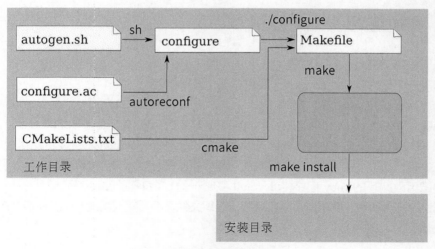

图 7.6　编译和安装过程

make 命令根据 Makefile 的指示完成软件的编译工作，make install 命令将编译的结果复制到安装目录（此过程并非简单地复制，可能还包含一些后期处理，如 strip 符号等）。在默认的配置方式下，安装目录的起点是/usr/local，该目录对普通用户没有写入权限。如果一定要安装到这个目录，需要具备超级用户权限。安装到这个目录的好处是，多数源码在编译配置过程中都已经将/usr/local/lib、/usr/local/include 路径加在 gcc 的编译选项中，存在多层编译时依赖库的设置比较简单。

如果不想接受默认的安装目录设置，有两个方法可以改变它。

（1）在 configure 命令中用选项--prefix 指定安装目录：

```
$ ./configure --prefix=/opt/devel
```

（2）在 make install 命令中用变量 DESTDIR 指定一个有写入权限的安装目录：

```
$ make install DESTDIR=/opt/devel
```

假设我们已经将 hello 这个软件安装到/opt/devel 目录，进入/opt/devel/usr/bin 应可以看到一个可执行文件 hello，此时可以尝试着运行：

```
$ ./hello
Hello, world !
```

7.7　小结

　　Linux 系统除了可以作为消费型计算机使用以外，也是良好的软件开发平台。GCC 是 Linux 系统重要的开发工具，它包括编译器、链接器、调试器和一组二进制处理命令。编译项目时，常使用 GNU Make 提高编译效率，GNU Make 将根据文件时间戳决定执行哪些操作。

　　本章还简要介绍了 Linux 系统使用的集成开发环境和开源软件的移植方法。

7.8　本章练习

1. 组成 GCC 的软件包有哪些?
2. 编写一个文件复制程序 copy，要求实现下面的功能：
（a）运行命令"./copy file1 file2"时，将文件 file1 复制到 file2。
（b）运行命令"./copy < file"时，将文件 file 打印到标准输出设备（终端）上。
（c）不带参数运行时，该程序从键盘读取输入并输出到/dev/null。
3. 至少用两个 C 文件实现上一题功能，编写 Makefile 完成该项目的编译。
4. 尝试用你编写的 copy 程序将/dev/null 复制一份，会得到什么? 为什么?
5. 试设计一个项目，要求按以下目录结构组织文件，项目实现功能自定，使用 GNU Make 管理编译过程。

```
|--  src
|    |-- ts.c
|    |-- ts.h
|    `-- Makefile
|--  test
|    |-- ts_test.c
|    |-- private.h
```

```
|   `-- Makefile
|-- main.c
`-- Makefile
```

项目要求将 src 目录下的程序生成库（libts.a 或 libts.so）供主程序 main.c 开发时调用。test 目录中是一个测试程序，依赖 libts，与主程序无依赖关系。

6. 试将本章斐波那契序列算法的动态链接库改用通项计算公式实现。通项公式为：

$$F(n)=\frac{1}{\sqrt{5}}\left[\left(\frac{1+\sqrt{5}}{2}\right)^n-\left(\frac{1-\sqrt{5}}{2}\right)^n\right]$$

08 chapter

版本控制系统

软件开发过程中，程序员会不断地增加、删除、修改文件。版本控制系统就是记录这一变化过程的软件，它允许程序员跟踪或回溯软件的开发过程，比较每个开发阶段的差异，并协助团队合作开发。

8.1 版本控制系统的形式

一些初级软件开发人员会采用目录的形式管理软件版本，每隔一段时间，将正在开发的软件复制到一个目录里保存，并给这个目录加上一个时间标记，如图 8.1 所示。这可以认为是一种原始的版本控制系统。由于所有内容都由本地计算机维护，不妨称为本地版本控制系统。虽然实现简单，但很不方便管理，而且容易出错：开发人员经常忘记自己处于哪个版本上，而不慎改变了自己并不想修改的文件。

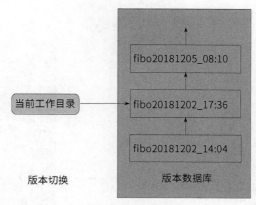

图 8.1　本地版本控制系统

现今的版本控制系统很多，总的来说可以归为两类：集中式和分布式。CVS、Subversion、Perforce 等系统专门有一个服务器来承载开发的软件库，客户端通过这个服务器检出软件的某个版本，在本地开发使用。这类版本控制系统属于集中式版本控制系统，如图 8.2 所示。

集中式版本控制系统维护比较方便，但缺点是不能脱离网络，无法离线提交修改，另一个缺点是数据库的安全性依赖唯一的服务器：一旦服务器数据库损坏，则整个软件系统都很难恢复。

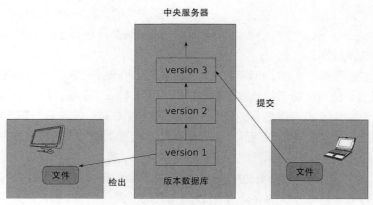

图 8.2　集中式版本控制系统

分布式版本控制系统（见图 8.3）较好地解决了上述问题。它没有一个中央服务器，每个本地用户都拥有一个版本镜像，因此不会因为某个用户数据破坏而导致整个系统故障；并且它在不联网的情况下也可以提交更新。一些分布式版本控制系统看似有一个服务器（如 github），但服务器起到的仅仅是文件托管的作用，与用户之间的地位是平等的。

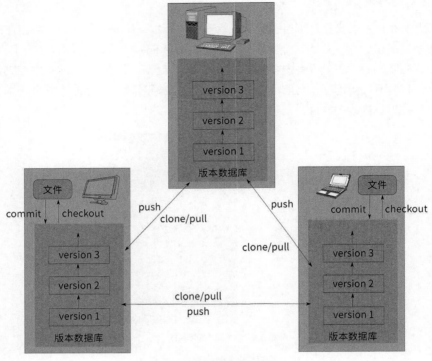

图 8.3　分布式版本控制系统

本章主要介绍分布式版本控制系统 git 的用法。

8.2　git 版本控制系统

Linux 操作系统内核曾一度使用一款商业版本控制系统 BitKeeper 维护。2005 年，BitKeeper 的商业公司终止了对 Linux 的免费支持，迫使李纳斯和他的团队开始开发自己的版本控制系统，git 就是其中之一。git 由李纳斯本人主持开发完成，两个月后即进入实用阶段，它是目前使用最为普及的版本控制系统之一。

大多数版本控制系统工作时，将管理的数据建立在文件改变的基础上，跟踪记录文件的变化情况，这类系统又被叫作基于差量的版本控制。如图 8.4（a）所示，第 1 版提交文件 A、B 和 C，第 2 版由于文件 B 没有改变，只提交文件 A 和文件 C 改动的部分，第 3 版提交文件 C 改动的部分，依此规则更新数据库。而 git 则将每个版本的数据视为一系列小文件系统的快照，每次提交，系统将这一快照存入数据库。如图 8.4（b）所示，第 2 版提交更新后的文件 A 和 C。为了提高效率，git 不重复保存未修改的文件，只将它的索引指向之前存储过的位置。第 3 版提交更新后的文件 C，将未改变的文件 A 和 B 指向之前的索引。

几乎所有的 git 操作都是在本地完成的，这不仅仅提高了速度，还使得在其他类似软件中不可能实现的任务成为可能。例如，使用 Subversion 时，可以离线修改文件，但不能提交修改，也就意味着在这段时间内的文件变化无法被版本控制系统跟踪。

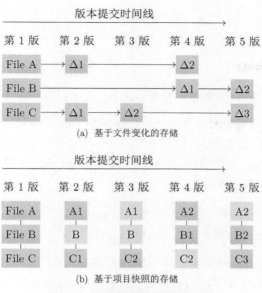

(a) 基于文件变化的存储

(b) 基于项目快照的存储

图 8.4　版本控制系统存储数据的形式

使用 git 时，需要先明确版本跟踪的概念。在工作目录下的文件并非都是可被跟踪的。经过添加命令（git add）的文件才会被加入暂存区（staging area），暂存区的文件修改时会被记录，作为下次提交的备选。而只有经提交（git commit）后，文件才被加入仓库，处于被跟踪状态。仓库目录 .git 是工作目录下的一个隐藏目录，它由一组目录和文件共同构成了项目的完整数据库。提交是不可逆的，也就是说版本控制系统会完整记录项目开发过程的历史。删除命令（git rm）可以将已纳入版本控制的文件移出，但不一定删除。如图 8.5 所示。git 通过特定的校验方式来保证数据的完整性。

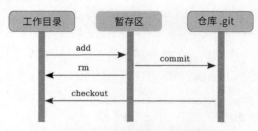

图 8.5　工作目录、暂存区和版本仓库之间的关系

8.3　基本 git 操作

git 不是系统默认安装的软件，需要自行安装才能获得。安装非常简单：

```
# apt install git
```

git 有多种使用方式。git 本身就提供了命令行方式的 git 和基于 TK 库的图形界面程序 gitk，一些程序员开发了图形界面的前端，甚至有些图形化应用软件本身就集成了 git 系统。本章以命令行方式为主介绍。因为命令行方式可以调用 git 系统的全部功能，图形界面则不一定；并且所有的使用者都会有统一的命令行工具，但却可能使用不同的图形界面程序。

8.3.1 git 配置

git 的基本命令操作格式是：

```
$ git command subcommand [ options ] [ parameters ]
```

在以下讨论 git 时，为简单起见，命令专指命令行中 git 命令的第一个参数 command。同一般 Linux 命令一样，git 的选项有长选项和短选项两种形式，分别用 "--" 和 "-" 表示。

如果只是克隆仓库，git 无须作任何配置。一旦提交，git 系统会要求提交者提供身份信息。因此，git 用户至少要做下面两个设置：

```
$ git config --global user.name "Your Name"
$ git config --global user.email "yourmail@example.com"
```

使用者姓名和邮箱将被记录在每一次的提交报告中。

git 自带的 config 工具用来帮助设置外观和行为等配置变量。这些变量按优先级从低到高存储在三个不同的位置。

（1）/etc/gitconfig：为所有用户设置的选项。使用带有--system 选项的 config 命令会从此文件中读写配置变量。

（2）~/.gitconfig：只针对个人用户的选项。上面使用--global 选项的 config 命令即属此类。

（3）当前使用仓库中的 config 文件（即.git/config）：针对该仓库的配置变量。它使用不带选项的 config 命令读写。

使用 gitconfig--help 可以查看随机帮助文档，--help 选项对所有命令都有效。由于配置文件是纯文本格式，只要了解语法，甚至可以直接用文本编辑工具修改。

8.3.2 初始化仓库

如果打算使用 git 管理一个项目，在这个项目的工作目录下执行 git init 命令，可以直接创建 git 仓库，生成.git 目录并初始化数据库。建议自始至终不要手工改变这个目录的内容，以免破坏整个项目的管理。

另一个获得项目仓库的方法是克隆一个已有的 git 仓库。例如：

```
$ git clone https://github.com/libgit2/libgit2 mylibgit
```

clone 命令可以带两个参数。第一个参数是 URL 地址，地址形式取决于 git 服务器设置，一般 git 服务器可设置 git、SSH 或 HTTPS 协议；第二个参数是克隆到本地后创建的目录，默认的目录名与服务器目录名一致。

status 命令可以随时帮助我们了解当前的仓库状态。在一个干净的工作目录下执行 status 命令可以看到下面的信息：

```
$ git status
On branch master
No commits yet
nothing to commit(create/copy files and use"git add"to track)
```

它表示当前在 master 分支没有需要提交的文件，master 是 git 默认的主分支。刚初始化的一个仓库，工作目录下的所有文件都处于未跟踪状态，而刚克隆的一个项目，工作目录下的所有文件都处于已跟踪状态。

表 8.1 列出了常用的 git 操作命令以及它们的使用场合。

表 8.1　git 常用命令

命令	功能	使用场合
add	添加文件或目录	将文件或目录加入暂存区
branch	分支管理	分支列表、创建或删除，检出文件
checkout	切换分支	检出并切换分支或恢复工作区文件
clean	清理文件或目录	清理工作目录，删除冗余文件
clone	克隆版本库	从服务器镜像一个版本库
commit	提交变更	将工作区记录变更到版本库
diff	显示差异	显示提交之间、提交和工作区之间等的差异
fetch	获取版本库	从另外一个版本库下载对象和引用
init	初始化版本库	在本地新建一个空的 git 版本库
log	显示提交日志	了解版本库变更状态
merge	合并	合并分支或开发历史
mv	移动或重命名	改变文件或目录跟踪索引
pull	整合版本库	将远程仓库更新到本地，与远程同步
push	更新远程引用	本地工作目录提交到远程
rebase	变基	本地提交转移至更新后的上游分支中
reflog	引用日志	相对于 HEAD 的日志
remote	远程操作	远程仓库跟踪设置管理
revert	反转	撤销曾经的提交
reset	重置 HEAD/Index	恢复某个历史状态
rm	删除文件	取消文件跟踪状态
show	显示各种类型的对象	了解每个文件的状态
stash	临时存储	切换分支时不作提交
status	显示工作区状态	列出被跟踪和未被跟踪的文件
tag	标签操作	创建、列表、删除或校验一个 GPG 签名的标签

以下仍以 7.2.1 小节程序开发过程为例说明 git 的用法。

8.3.3　添加文件

首先创建一个工作目录并在该目录下初始化项目，在工作目录中编辑文件 fibo.c 和 fibo.h（清单 7.2 和清单 7.3），编辑完成后使用 add 命令添加，并用 status 命令查看：

```
$ git init
$ ( 编辑文件 fibo.c 和 fibo.h)
```

```
$ git add fibo.c fibo.h
$ git status
On branch master
No commits yet
Changes to be committed :
  (use "git rm --cached <file >..." to unstage)


          new file :    fibo.c
          new file :    fibo.h
```

一次添加多个文件时，使用通配符"*"或"."会更方便一些。但有些文件不属于项目的跟踪对象，如编译 fibo.c 生成的中间文件 fibo.o，乃至最后的可执行程序也不该纳入版本控制。这些文件通常都比较大，也没有跟踪意义。git 使用一个名为.gitignore 的文件列出应该被忽略的文件清单。.gitignore 文件的格式遵循下面的规范。

- "#"表示注释；
- 可以使用 shell 通配符匹配文件；
- 以"/"开头的匹配模式可以防止递归；
- 匹配模式以"/"结尾明确指定目录；
- 模式前面的"!"表示反义，忽略指定模式以外的文件或目录。

下面是一个.gitignore 文件的例子。

```
# 忽略 .o、.a 文件
*.[oa]


# 但保留对 libfoo.a 的跟踪
!libfoo.a


# 忽略以~结尾的文件 (一些文本编辑器使用这种格式保存备份)
*~


# 仅忽略主目录下的 TODO，保留对各子目录 TODO 的跟踪
/TODO


# 忽略 build/目录
build/
```

由于.gitignore 本身也要纳入跟踪，因此使用"git add ."添加文件更方便一些，因为"*"不能匹配以"."开头的文件和目录。

使用 add 命令的"-i"（interactive）选项会进入一个交互界面，可以省去记忆复杂命令的麻烦。

```
$  git add -i
          staged    unstaged path
```

```
1:      +14/ -0     nothing fibo.c
2:      +22/ -0      +0/ -18 fibo.h


*** Commands ***
1: status   2:   update   3: revert   4: add untracked
5: patch    6:   diff     7: quit     8: help
What   now >
```

8.3.4　提交更新

建议每次将暂存区的文件向仓库提交前，都用 status 命令确认一下还有什么新增加的文件没有添加过。提交命令是 commit：

```
$ git commit
```

不加选项的 commit 命令会启动一个文本编辑器，要求使用者输入一段说明文字，表示这次提交针对什么问题修改了哪些内容等。默认的编辑器是由 shell 环境变量 EDITOR 指定的软件，一般是 vim 或 emacs。使用者也可以事先通过 config 的 core.editor 参数设定自己习惯使用的文本编辑工具。

commit 的选项 "-v"（verbose）会将所有本次修改的内容以 diff 命令的输出格式附加在说明文字中。如果只是简短的说明信息，也可以使用 "-m"（message）选项直接在提交命令行上添加：

```
$ git commit -m "Initial project. add 2 files"
[ master (root - commit ) ecc3a1e ] Initial project. add 2 files
2 files changed , 29 insertions (+)
create mode 100644 fibo.c
create mode 100644 fibo.h
```

提交后，系统会提示当前在哪个分支（master）、本次提交的校验和（哈希字串）前几位（ecc3a1e）、修改了多少文件、增删了多少行。完整的校验和是 160 位二进制数（40 位十六进制数），通常使用它的前几位，只要能保证不出现歧义，对 git 来说就够了。

每一次运行提交操作，git 都会记录存放在暂存区的快照，以后可以回到这个状态，或者以这个状态作为参照进行文件比较。任何还未暂存的仍然保持已修改状态，可以在下次提交时纳入版本管理。

继续我们的项目：在工作目录中完成主程序 main.c（清单 7.1）的编辑、创建一个简单的说明文档 README、编写一个编译脚本 Makefile。每次增加文件后，都运行一次添加文件（add）命令，添加或修改文件后运行一次提交（commit）命令（添加或提交的频度取决于开发人员的习惯）。最后几次操作步骤见下：

```
$ ls -a
. .. .git .gitignore Makefile README fibo.c fibo .h main.c
$ git status
```

249

```
On branch master
Changes not staged for commit:
  (use "git add <file>..." to update what will be committed)
  (use "git checkout--<file>..." to discard changes in working directory)


        modified:    README



Untracked files:
  (use "git add <file>..." to include in what will be committed)


        Makefile

no changes added to commit(use "git add" and/or "git commit-a")
$ git add.
$ git commit -a -m 'add Makefile, rewrite README'
[ master f9abbaa ] add Makefile, rewrite README
2 files changed, 10 insertions(+)
create mode 100644 Makefile
$ git status
On branch master
nothing to commit, working tree clean
```

　　尽管使用暂存区的方式可以精心准备要提交的细节，但有时候这么做略显烦琐。git 提供了一个跳过使用暂存区的方式，即在执行 commit 命令时使用 "-a" 选项，就不需要每次提交前都使用 add 命令，git 会自动把所有已经跟踪过的文件暂存起来一并提交。

8.3.5　移除文件

　　使用 git 的 rm 命令可以将已纳入版本控制的文件从暂存区移出。下次提交时，git 不再考虑被移出的文件。在移除暂存区修改过的文件时，rm 命令不会将移出暂存区的文件直接从文件系统中删除，除非使用 "-f"（force）选项。这是一种安全措施，能避免误删还没有添加到快照的数据，否则，修改的部分由于没有被跟踪过，将无法被 git 恢复。

　　另外一种情况，当我们不小心把一些无用的大文件添加到暂存区（例如忘了设置.gitignore清单），想把它们从 git 仓库中删除（亦即从暂存区移除，不打算继续跟踪），但仍然希望文件保留在当前工作目录中，这时可以使用 rm 的 "--cached" 选项：

```
$ git rm --cached fibo*.o
```

　　也可以直接使用操作系统的删除文件功能，git 在下次提交时自然也不会再将它们纳入版本控制。

8.3.6　文件移动

git 使用 mv 命令移动文件（从一个目录移到另一个目录），包括实现文件重命名：

```
$ git mv README README.md
$ git status
On branch master
Changes to be committed:
  (use "git reset HEAD <file>..." to unstage)

        renamed:    README->README.md
```

git 并不显式跟踪文件移动操作。如果在 git 中重命名了某个文件，仓库中存储的元数据并不会体现出这是一次更名操作。不过 git 非常聪明，它会推断出究竟发生了什么。

8.3.7　标签

标签是可以记录在某个提交上的一个易于识别的文字符号，它比校验和更容易让人理解。例如，某个开发告一段落，准备对外发布"v1.0"版，就可以通过 tag 命令标记这次提交：

```
$ git tag "v1.0"
$ git commit -am "Release Version 1.0"
```

默认的标签命令 tag 将按字母顺序列出已有的标签，也可以事后使用"-a"选项针对某个指定的提交补一个标签：

```
$ git tag -a "v1.0" -m" Release Version 1.0" f9abbaa
```

通过使用 git show 命令可以看到标签信息与对应的提交信息：

```
$ git show v1.0
tag v1.0
Tagger: Harry Potter <h.potter@gmail.com>
Date: Sat Dec 1 23:33:06 2018 +0800


Release Version 1.0


commit f9abbaa06b3b099e0d1db46453740d0e64ec9a0a (tag:v1.0)
Author: Harry Potter <h. potter@gmail.com>
Date:    Sat Dec 1 22:28:12 2018 +0800


    add Makefile, rewrite README
...
```

8.3.8 数字签名

当我们从别处获得一个版本库或是一个分支提交，想要验证来源是不是真正可信，可以使用 git 提供的签署和验证的方式 GPG（**GNU Privacy Guard**）。为此，需要先安装一个自己的密钥：

```
$ gpg --gen-key
```

在开始签名之前你需要先配置 GPG 并安装个人密钥，安装密钥的过程中需要为密钥设置保护密码。

使用 gpg 的"--list-keys"选项可以查看已有的私钥：

```
$ gpg --list-keys
/home/harry/.gnupg/pubring.kbx
--------------------------------
pub    rsa3072 2018-10-4 [SC] [expires:2020-10-3]
       F5E7CFC01B76398CE1B59F06BEEC2C338E5DFBD1
uid            [ultimate] Harry Potter <h.potter@gmail.com>
sub    rsa3072 2018-10-4 [E] [expires:2020-10-3]
```

通过设置 git 的 user.signingkey 参数将其加入我们的签名：

```
$ git config --global user.signingkey F5E7CFC01B76398CE1B59F06BE...
```

以后就可以使用数字签名提交了。所要做的就是在提交（commit）命令中加上"-S"选项、在标签（tag）命令中用"-s"代替"-a"选项：

```
$ git tag -s "v1.0" -m "Release Version 1.0" f9abbaa
```

首次使用私钥，系统会要求提供保护密码。

如果在那个标签上运行 show 命令，会额外看到一个数字签名：

```
$ git show v1.0
Tagger:Harry Potter <h.potter@gmail.com>
...
Release Version 1.0
----- BEGIN PGP SIGNATURE -----

iQGzBAABCgAdFiEE9efPwBt2OYzhtZ8GvuwsM45d+9EFAlxPxt4ACgkQvuwsM45d
+9HTMwv8DymsnsjMxdFkOYVioFUFbT0yQM0uoKcVRFxnqINwqXbh5BaBiZwkwtmm
G7vTBw/K8+xU/Zx/zs1/2Cnvb0bUkTRvAgEBTKC9CeoYqNnO6kGdu6tZ/1BHu+17
BXuFRTe5DfbX662uU21HtTEJEKcEG4YcCZydwpbsnrtyLJirY90tz8aUXJZTRX5I
JY4R3SRU6sYFlefXoUxcAFRvj9vGDpz90++ydOyGi/FQHvmOJZxB2LGP5k1ckRoc
8Pk63gnTH4Z7vYpsCAbJ8YeiKmO5nFdNIyq5UGR7xIdOHquXEJs2lKs4wf8MtBpc
```

```
            i7I3ci2IjTNmudQnlS9s06l5ojTZlOM2n1Vi62ntRR3dxJ1U1pcbPK6/VDAfpKjz
            8zvjdQxfYiVpPu7LNtOi+ImcYQ6YCzA6Jz7qvpFb00V+U1OYlNaQHzBiNq61/tI4
            29iuPz1ukAIC5fCF1Q6X3Pz/Lwl45gDlFwUt3xJf0NrxqvC7fchl6glvYCNeLnpy
            kEIwIqn/
            =tWdy
            ----- END PGP SIGNATURE -----
            ...
```

tag 命令的 "-v" 选项用来验证一个标签的签名是否有效。为了使验证能正常工作，签署者的公钥需要在你的钥匙链中（使用 gpg --import 命令导入密钥文件）。log 命令的 "--show-signature" 选项可以查看及验证这些签名，如果签名有效，应能看到类似下面这样的信息：

```
            $ git log --show-signature -1
            ...
            gpg:    using RSA key F5E7CFC01B76398CE1B59F06BEEC2C338E5DFBD1
            gpg:Good signature from "Harry Potter <h.potter@gmail.com>"[ultimate]
            ...
```

否则看到的是：

```
            gpg : Can't check signature : public key not found
```

8.4 项目回溯

以上我们大致完成了一个项目的开发过程，了解了 git 常用的跟踪命令。接下来才是 git 大显身手的时刻。

8.4.1 查看日志

查看日志的命令是 log，不带任何选项时，默认按提交顺序从新到旧列出所有的更新。列表内容包括校验和、提交者信息、提交时间以及提交说明。log 有许多选项可以帮助你搜寻你所要找的提交。一个常用的选项是 "p"，用来显示每次提交的内容差异。另一个较常用的选项是用一个负数来显示最后几次的提交内容。

```
            $ git log -p -2    # 最后 2 次
            commit f9abbaa06b3b099e0d1db46453740d0e64ec9a0a (tag:v1.0)
            Author: Harry Potter <h.potter@gmail.com>
            Date:Fri Nov 30 21:00:04 2018 +0800

                add Makefile,rewrite README

            diff --git a/Makefile b/Makefile
```

```
new file mode 100644
index 0000000..45edf8c
--- /dev/null
+++ b/Makefile
@@ -0,0 +1,8 @@
+CC    = gcc
+ fibo: fibo.o main.o
+    $(CC) -o $@ $^
+.c.o:
+    $(CC) -c $<
+
+ clean:
+    $(RM) *.o fibo
diff --git a/README b/README
index 0861cb9 ..03020f7 100644
--- a/README
+++ b/README
@@ -1 +1,3 @@
+
  This project demostrates the usage of GIT
+


commit  27dc5d00ab0451b9aa0cfcb0b8d671e18da97374
Author: Harry Potter <h.potter@gmail.com >
Date:    Fri Nov 30 20:57:54 2018 +0800

        add README as project document

diff --git a/README b/README
new file mode 100644
index 0000000..0861cb9
--- /dev/null
+++ b/README
@@ -0,0 +1 @@
+ This project demostrates the usage of GIT
```

　　“--pretty”也是一个非常有用的选项，它通过 format 参数可以灵活设置日志的显示格式，例如：

```
$ git log --pretty="%h -%an: %ar %s"
f9abbaa - Harry Potter:2 days ago add Makefile,rewrite README
```

```
27dc5d0 - Harry Potter:2 days ago add README as project document
ec1e92c - Harry Potter:2 days ago add main.c
6143938 - Harry Potter:2 days ago add ignore list
ecc3a1e - Harry Potter:2 days ago Initial project. add 2 files
```

表 8.2 列出了常用的 format 选项。其中的完整哈希字串是 40 个字符，短哈希字串是 7 个字符；表中出现了作者和提交者两个人物，作者通常是指项目的开发人员，提交者通常是指最后将此工作成果提交到仓库的人，在团队开发时这个概念会有所体现。

表 8.2　--pretty=format 常用选项

选项	说明
%H	提交对象的完整哈希字串
%h	提交对象的短哈希字串
%T	树对象（tree）的完整哈希字串
%t	树对象的短哈希字串
%P	父对象（parent）的完整哈希字串
%p	父对象的短哈希字串
%an	作者的姓名
%ae	作者的电子邮箱
%ad	作者修订日期（日历时间）
%ar	作者修订日期（相对时间）
%cn	提交者的姓名
%ce	提交者的电子邮箱
%cd	提交日期（日历时间）
%cr	提交日期（相对时间）
%G?	GPG 签名是否有效
%s	提交说明

很多 git 使用者喜欢使用 "--pretty=oneline--graph--decorate" 选项，它利用一些特殊字符在命令行界面中形象地展示分支、合并的历史。为了简化操作，将这些选项合并成一个新的名字 "lol" 并写在配置文件里：

```
$ git config --global --add alias.lol" log --graph\
    --decorate --pretty=oneline --abbrev-commit --all"
```

8.4.2　撤销操作

版本控制系统的任务是记录历史，原则上讲，历史不可篡改。基于此，git 中的大多数操作是不可逆的。但有时候开发人员想撤销某些操作，git 仍然提供了一些可能。需要注意的是，这是在使用 git 的过程中因操作失误而导致之前的工作丢失的少有的几个地方之一。

有时候我们提交完才发现漏掉了几个文件没有添加，或者提交信息写错了。此时可以运行带有"--amend"选项的提交命令尝试重新提交：

```
$ git commit --amend
```

这个命令会将暂存区中的文件提交。如果自上次提交以来文件还未做任何修改，那么快照会保持不变，改变的只是提交信息，后一次提交将代替前一次提交，而不是进行两次提交。

8.4.3　取消暂存的文件

在使用 log 命令时，会看到一个"HEAD->master"的提示。在 git 系统中，HEAD（头部）是当前分支引用的指针，它总是指向该分支上的最后一次提交。与头部配合的一个概念是 Index（索引），它是预期的下一次提交的快照（暂存区）。HEAD 和 Index 都是 git 的底层概念。在改变头部之前，改变暂存区的状态可以使用 reset 命令。例如，要取消暂存区的文件 Makefile，只需要执行以下命令：

```
$ git reset Makefile
```

将头部向回硬重置以后，简单的 log 命令将不会显示头部之后的提交内容，这时可以使用 reflog（**reference log**）命令查看头部的变更情况。reflog 可以查看每个提交的操作记录，包括 reset 操作之前的记录。

```
$ git reflog
ec1e92c (HEAD -> master) HEAD@ {0}: reset: moving to HEAD
f9abbaa(HEAD->master)HEAD@{1}:commit:add Makefile,rewrite README
27dc5d0 HEAD@ {2}: commit: add README as project document
ec1e92c HEAD@ {3}: commit: add main.c
6143938 HEAD@ {4}: commit: add ignore list
ecc3a1e HEAD@ {5}: commit(initial):Initial project.add 2 files
```

reset 命令的功能远远不止于此，其常用形式如下：

```
$ git reset [ option ] [ commit ] [ paths ]
```

reset 有几个常用的选项，分别以不同方式改变当前的头部、索引和工作目录。

- --soft：将头部移动到指定的提交上，保持索引和工作目录不变。
- --mixed：改变头部和索引，但保持工作目录不变（这也是 reset 的默认方式）。
- --hard：重置头部、索引和工作目录，所有自上次提交以来的修改内容都被丢弃。这也是 git 中为数不多的几个危险动作之一。
- --merge：重置索引，更新工作目录中与头部不同的文件，但保持索引和工作目录不同的文件。
- --keep：重置索引，更新工作目录中与头部不同的文件。当存在与头部不同的文件发生了改变时，则中止 reset 命令。

commit 既可以用校验和形式表示（如上面的 1822bf1），也可以用相对于头部的形式表示（如 HEAD{3}）。当存在分支时，还可以用 HEAD^或 HEAD~表示父结点的提交。

reset 命令可以将软件开发过程以不同方式回滚到之前的任意提交状态，这也是版本控制系统回溯历史的功能之一。

8.4.4 撤销对文件的修改

如果想让文件退回到提交时的样子，除了使用 reset 命令回滚以外，还有一个常用的做法是使用 checkout 命令：

```
$ git checkout -- README
```

"--"表示头部指向的提交。通过指定提交校验和的参数，checkout 也可以让文件回到任何之前的状态。不过这也是一个不安全的操作，被检出文件之后的任何修改都会被丢弃。checkout 更多地被用在分支操作中。

8.5 分支与合并

几乎所有的版本控制系统都以某种形式支持分支。下面两种情况可能会用到分支的功能。

（1）分支是为了与软件开发主线分离而实施的一种技术手段，它让其他用户始终可以从主线上获得完整正确的代码，而不会受到阶段性开发对软件带来的不确定性影响。同时，开发人员之间也可以更好地协调。这种情况下，分支经过一段时间开发后一般会再和主线合并。

（2）分支可以是一个新的开发软件的起点，这个软件与原有的软件有一定的相似性，但有自己的使用背景和发展方向。这种情况下，分支可能不会并回主线，但不排除将主线或其他分支的新特性并过来。

在很多版本控制系统中，分支的效率常常比较低下：它需要完整地创建源代码目录的副本。而 git 处理分支的方式是难以置信的简单，创建新分支的操作几乎可以瞬间完成，在不同分支之间的切换操作也同样便捷。git 鼓励在工作流程中频繁地使用分支与合并，灵活掌握这一技巧，可以让你的开发如虎添翼。

8.5.1 创建分支

创建分支的命令是 branch，它包含创建、删除、浏览等功能。默认的方式是创建。

```
$ git branch testing
```

git 的分支，本质上仅仅是指向提交对象的可变指针。在项目初始化（git init）时就有了一个默认的分支，它的名字是 master。每次提交时，这个指针会自动向前移动。reset 命令是改变指针的位置，branch 命令则是在当前位置上创建一个新的指针 testing。master 并不比其他分支特殊，只是因为项目初始化时默认选择了这个名字，以后很少有人去主动改变它。

通过使用上面的分支命令，此时我们的项目拥有了两个分支，可以很方便地在两个分支之间来回切换。

```
$ git checkout testing
Switched to branch 'testing'
$ git checkout master
Switched to branch 'master'
```

在这个点上，它们共享相同的工作目录，但在经过一次提交以后就不一样了。

使用 branch 命令创建分支时，并不会将头部自动切换到新的分支上。checkout 命令的 "-b" 选项是 "创建分支+切换分支" 两条命令的合并。如果给某次提交打过标签，也可以以标签的形式检出。

假设目前工作在 testing 分支。下面按清单 7.4 修改文件 fibo.c 并保存，进行一次提交。至此我们拥有了这个软件的两个不同版本，它们之间的一些文件是不一样的。当使用 checkout 命令来回切换时，工作目录的内容是每个分支最后一次提交的样子。如果当前分支暂存区中的文件没有完全提交，为避免工作丢失，git 将不允许简单地切换到其他分支。

8.5.2　暂存提交

如果已经在一个分支上作了一些改动，还没到要提交的阶段，但又想临时切换到另一个分支上，或者有了临时的紧急任务，要在一个新的分支上开展工作。此时提交一个不干净的工作并非不可，但一个更好的方法是用 stash 命令将它们临时暂存下来，待完善后再提交。stash 默认的子命令是 save，下面来看它的效果。

```
$ git status
On branch testing
Changes not staged for commit :
  (use"git add <file >..."to update what will be committed)
  (use"git checkout--<file >..."to discard changes in working directory)

modified :    fibo.c

no changes added to commit(use"git add"and/or"git commit -a")
$ git stash
Saved working directory and index state WIP on testing :
   f9abbaa add Makefile, rewrite README
$ git status
On branch testing
nothing to commit, working tree clean
$ git checkout master
Switched to branch'master'
$ git stash list
stash@ {0}: WIP on testing: f9abbaa add Makefile,rewrite README
```

stash 的子命令 apply 可以将 stash 栈上的工作重新应用。如果有多次 stash save 操作，可以以 git stash apply stash@{2}这样的形式指定应用栈。

8.5.3　对比差异

diff 命令可以比较项目整体或部分文件在不同开发阶段的异同。不指定文件时，git 会将当前工作目录的所有文件与暂存区的文件进行对比，工作目录中未纳入跟踪的文件则不参加对比。如果指定了某次提交，则是当前工作目录和指定提交的对比；如果指定了两个提交，则是两次提交之间的对比。即使使用 git mv 命令移动过文件，git 仍能将不同位置或不同名称的新老文件进行对比。

diff 命令不是专门用于分支之间的，单独使用也不具备特别的意义，因为每次提交时都可以用"-v"选项将差异内容记录在版本库中。但在进行分支合并时，git 内部会对比两个版本之间的差异，并提出合并建议。

8.5.4　分支合并

在这个例子中，我们发现 testing 版本的 fibo 性能确实比 master 要好得多，打算进行合并，抛弃其中的一个。我们应该进行下面的操作：

```
$ git checkout master                              # 转移到主分支
$ git tag -a "v1.1" -m " Release Version 1.1"      # 打上版本标签
$ git merge testing -m " merge new algorithm "     # 合并 testing 分支
$ git branch -d testing                            # 删除 testing 分支
```

如果不发生冲突，merge 命令默认会将合并结果做一次提交。使用--no-commit 选项可以假装让 merge 失败，仅完成内容合并，而不自动提交。图 8.6 是至此为止 fibo 的开发路线。

图 8.6　fibo 开发路线图

利用之前设置的 lol，即使在字符终端也可以很直观地看到这样的结果：

```
$ git lol
*   b28744c (HEAD->master) merged
|\
| * f4fd615 (testing) new algorithm
* | 1a1a8c6 (tag:v1.1) update README
|/
*   f9abbaa (tag:v1.0) add Makefile,rewrite README
```

```
*   27dc5d0 add README as project document
*   ec1e92c add main.c
*   6143938 add ignore list
*   ecc3a1e Initial project.add 2 files
```

理论上说，将 master 并入 testing 也是可以的，只是不符合软件开发习惯。

开发过程中，允许同时开发 testing 和 master 两个分支。因此在合并时，master 和 testing 分支的头部指针都可能已经前移。git 会自行决定选取哪一个提交作为最优的共同祖先，并以此作为合并的基础。git 的这个优势使其在合并操作上比其他系统要简单很多。

合并分支还有另一个意义：当在分支上开发时发现了一个错误，而这个错误来自分支之前，也就是说在其他分支上也有同样的错误，则合并分支时可以自动修复这个错误。

常常合并的操作并不顺利。如果在两个不同的分支中，同一个文件的同一个部分发生了不同的修改，git 就没法干净地合并它们，这时候就会产生合并冲突。冲突发生时，合并已经产生，但不会创建合并提交。git 会停下来等待开发人员的人工介入，手工解决冲突后再提交。

通过手工方式对比文件进行编辑修改比较烦琐。git mergetool 会启动一个第三方的图形化工具来帮助开发人员解决冲突，包括 meld、kdiff3、tkdiff、vimdiff 等，但需要事先设置默认的对比工具：

```
$ git config --global merge.tool meld
```

8.5.5 变基

以上使用的是 merge 命令整合分支，图 8.6 中，将两个分支的最新快照（1a1a8c6 和 f4fd615）以及二者最近的共同祖先（f9abbaa）进行三方合并，如果不发生冲突的话，将生成一个新的快照并提交 b28744c。

还有另一种做法：提取 f4fd615 中引入的补丁和修改，然后在 1a1a8c6 的基础上应用一次，这种操作就叫作变基（rebase）。使用 rebase 命令可以将提交到某一分支上的所有修改都移至另一分支上，再将前者删除，就好像该分支没创建过一样。

在上面这个例子中合并之前，在 testing 分支上执行 rebase 命令：

```
$ git rebase master
First, rewinding head to replay your work on top of it ...
Applying: added staged command
```

它的原理是：首先找到这两个分支最近的共同祖先 f9abbaa，然后对比当前分支相对于该祖先的历次提交，提取相应的修改并存为临时文件，然后将当前分支指向目标基底 1a1a8c6，将之前另存为临时文件的修改依序应用。最后回到 master 分支，进行一次快进合并。

```
$ git checkout master
$ git merge testing
```

这种整合方法和之前采用的合并方法的最终结果是完全一样的，但是变基使得提交历史更加整洁。在查看一个经过变基的分支的历史记录时会发现，尽管实际的开发工作是并行的，但它们看上去就像是串行的一样，提交历史是一条直线，没有分叉。采用变基的方式合并代码，向远程分支推送后，项目维护者就不再需要进行整合工作，只需要快进合并即可。

使用变基，应遵守一条准则：不要对在你的仓库之外有副本的分支执行变基。假如在已经被推送至共用仓库的提交上执行变基命令，并因此丢弃了一些别人开发所基于的提交，就会给合作者带来很大的麻烦。

8.6　远程分支

8.6.1　获取远程仓库

当一个项目克隆自 git 服务时，git 会自动将项目命名为 origin。下拉（pull）项目的所有数据，创建一个指向它的 master 分支的指针，在本地将其命名为 origin/master，并给予指向同一个地方的本地 master 分支。本地项目将以此为基础。

远程仓库名字 origin 与分支名称 master 一样，并没有特殊含义。如果克隆时运行的是 git clone -o server …，远程分支名字将会是 server/master。克隆后远程与本地仓库示意图如图 8.7 所示。

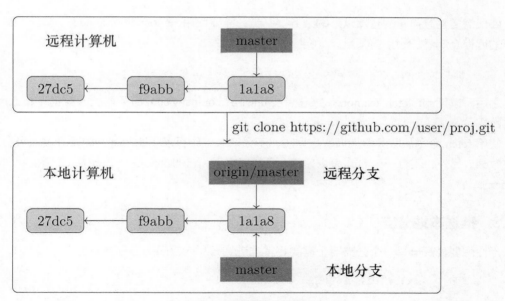

图 8.7　克隆后远程与本地仓库

8.6.2　远程与本地同步

本地的 master 指针会随着工作的开展而前移。在同一时期，其他人也会将他们的工作推送提交到远程仓库。如果需要将本地工作与远程仓库同步，可以运行 git 的 fetch 命令：

```
$ git fetch origin
```

这个命令会查找 origin 是哪一个服务器，从远程提取本地没有的数据，并且更新本地数据库，移动 origin/master 指针指向新的、更新后的位置，如图 8.8 所示。

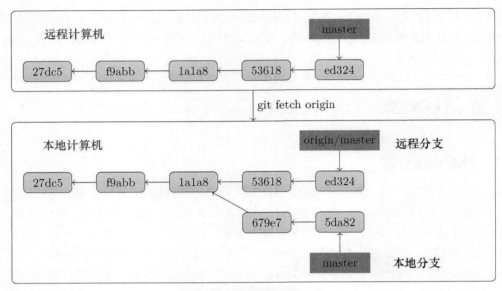

图 8.8　更新远程仓库引用

如果需要与除克隆的仓库以外的服务器同步，需要使用 remote 命令的 add 子命令，将一个新的远程仓库添加到当前项目。

```
$ git remote add teamone git://git.team1.company.com
```

之后可以用 git fetch teamone 命令提取 git.team1.company.com 服务器上远程仓库 teamone 中的数据。

使用 fetch 命令从服务器上抓取数据时，不会修改工作目录中的内容，需要开发人员自己合并数据。另外，还有一个 pull 命令，在大多数情况下，它的含义是一个 git fetch 紧接着一个 git merge。

8.6.3　推送本地分支

当你想要公开分享一个分支时，需要将其推送到有写入权限的远程仓库上。

```
$ git push origin testing:fibover2
```

testing：fibover2 这种格式表示将本地 testing 分支推送到远程 fibover2 分支上。如果不写远程分支名，默认使用本地分支名。

下一次有其他协作者从服务器上抓取数据时，他们会在本地生成一个远程分支 origin/fibover2，指向服务器的 fibover2 分支的引用。当抓取到新的远程跟踪分支时，本地不会自动生成一份可编辑的副本，只有一个不可修改的 origin/fibover2 指针。运行 git merge origin/fibover2 可以将这些工作合并到当前所在的分支。

如果想要在自己的 myfibo 分支上工作，可以将其建立在远程跟踪分支之上。

```
$ git checkout -b myfibo origin/fibover2
Branch myfibo set up to track remote branch fibover2 from origin.
Switched to a new branch 'myfibo'
```

跟踪分支（又叫上游分支）是与远程分支有直接关系的本地分支。使用 clone 命令克隆一个仓库时，会自动创建一个跟踪 origin/master 的 master 分支。在跟踪分支上使用 pull 命令，git 能自动识别去哪个服务器上抓取和合并到哪个分支。除了上面的 checkout -b，另一个建立跟踪分支的方法如下。

```
$ git checkout --track origin /fibover2
Branch fibover2 set up to track remote branch fibover2 from origin.
Switched to a new branch 'fibover2'
```

设置已有的本地分支跟踪一个刚刚拉取下来的远程分支,或者想要修改正在跟踪的上游分支,可以在任意时间使用-u 或--set-upstream-to 选项运行 branch 命令显式地设置。

```
$ git branch -u origin / fibover2
Branch fibover2 set up to track remote branch fibover2 from origin.
```

8.6.4　查看分支

如果想要查看设置的所有跟踪分支，可以使用 branch 的"-vv"选项，它会详细列出所有本地分支的信息，如每一个分支正在跟踪哪个远程分支，与本地分支比是领先还是落后等。这个命令并没有连接服务器，结果反映的是从每个服务器上最后一次抓取的数据。如果想要获得最新的信息，需要在运行此命令前抓取所有的远程仓库，如：

```
$ git fetch --all; git branch -vv
```

8.6.5　删除远程分支

假设你已经通过远程分支做完所有的工作，也就是说你和你的协作者已经完成了一个特性并且将其合并到了远程仓库的 master 分支（或任何其他稳定代码分支），可以运行带有--delete 选项的 push 命令来删除一个废弃的远程分支。

```
$ git push origin --delete fibover2
To https://github.com/user/proj
   - [deleted]    fibover2
```

这个命令只是从服务器上移除 fibover2 这个指针。服务器通常会将数据保留一段时间，直到垃圾回收运行。所以如果是不小心删除掉的，通常可以很容易恢复。

虽然 git 是一种分布式的版本控制系统，但为了充分利用 git 的协作功能，拥有一个可以共同访问的服务器仓库是很重要的。尽管在技术上每个用户都可以通过从个人仓库上推（push）和下拉（pull）来修改内容，但 git 不鼓励使用这种方法，因为一不留心就很容易弄混其他人的进度。此外，合作者们也希望能够随时访问公共仓库，而不受某个合作方工作的影响。

git 使用四种主要的协议来传输资料：本地协议、HTTP/HTTPS 协议、SSH 协议以及 git 协议，它们各有自己的长处及缺点，使用者应根据自己的实际需求选择。

8.7.1　本地协议

本地协议中，远程版本库就是硬盘内的某个目录。如果团队成员都有对该目录的访问权限（例如 NFS），则该目录就可以成为远程版本库。多人共用同一台计算机时，共享目录也可以成为远程版本库，不过这种形式意义不大。因为虽然 Linux 是多用户操作系统，但个人计算机系统中很少以多用户方式工作；并且所有开发都在同一台计算机上进行，无法体现分布式版本控制系统的优势。一旦计算机出问题，该项目受到的打击将可能是致命的。

克隆一个本地版本库可使用下面两条命令之一：

```
$ git clone /opt/git/project.git
$ git clone file:///opt/git/project.git
```

指定 URL 形式（file://）会触发平时用于网络传输资料的进程，效率较低，因此通常使用本地路径形式。

要增加一个本地版本库到现有的 git 项目，可以执行如下的命令：

```
$ git remote add local_proj /opt/git/project.git
```

以后就可以像在网络上一样从远程版本库上推（push）和下拉（pull）更新了。

本地版本库的优点是搭建简单，并且直接利用了现有的文件系统权限和网络访问权限。但远距离的共享文件系统比较难以配置，而且 NFS 访问版本库的速度也比较慢。并且，每个用户都可以跳过 git，在文件系统层面上访问版本库，因此无法避免版本库被破坏。

8.7.2　HTTP/HTTPS 协议

HTTP/HTTPS 协议的服务器版本库设置也相当简单：只要将版本库目录复制到 Web 服务器目录（Linux 系统上，Apache2 默认的服务器主目录是/var/www），将版本库目录中的文件.git/hooks/post-update.sample 重命名为 post-update 就可以了。git 自带的钩子 post-update 会默认执行合适的命令，确保通过 HTTP 的获取和克隆操作能正常工作。

在 git1.6.6 版本之后，引入了一种新的、更智能的协议，运行在标准的 HTTP/HTTPS 端口上，可以使用各种 HTTP 验证机制，比 SSH 协议要简单得多，比如可以使用 HTTP 协议的用户名/密码的基础授权，免去设置 SSH 公钥的麻烦。

除了架设 HTTP 服务器比 SSH 复杂一些以外，这种方式的好处是 HTTP/HTTPS 协议使用更加广泛，除了命令行以外，各种图形化客户端（网络浏览器）的支持也降低了 git 的使用难度。

8.7.3　SSH 协议

SSH 也是 git 服务器比较常用的协议，Linux 系统开启 SSH 服务很容易，而且大多数 Linux 已经支持 SSH 访问。在 SSH 协议下，可以通过指定 SSH 的 URL 克隆一个版本库。以下两种形式的结果相同：

```
$ git clone ssh://user@server/project.git
$ git clone user@server:project.git
```

server 是服务器域名地址（点分十进制形式或者字母形式），user 是该服务器上的一个可访问用户，版本库目录将以用户 user 的主目录为起点。

SSH 协议做到了简便与安全的统一，并且传输效率高；缺点是不能实现匿名访问，不利于开源项目开发。

8.7.4　git 协议

git 协议是包含在 git 中的一个特殊的守护进程，它在一个特定的端口（9418）监听，类似于 SSH 服务，但是访问无须任何授权。

下面的命令启动 git 守护进程，以/opt/git 为服务器目录起点：

```
$ git daemon --reuseaddr --base -path =/opt/git/ /opt/git/
```

--reuseaddr 允许服务器在无须等待旧连接超时的情况下重启。

为了让有些仓库能允许基于服务器的无授权访问，可以在仓库目录下创建一个名为 git-daemon-export-ok 的空文件。对于快速且无须授权的 git 数据访问，这是一个理想之选。

在已有的 git 版本库协议中，git 协议是最快的，但除此以外它就没有太多的优势了：缺乏授权机制，要么所有人都可以访问，要么都不可以访问，并且很多企业的防火墙一般不会开放 9418 这个非标准的端口。

8.8　小结

版本控制系统是软件开发的辅助工具，是软件开发的"时间机器"。现有的版本控制系统，总体上分为分布式和集中式两种，git 是最著名的分布式版本控制系统之一。

使用 git 跟踪项目开发过程的一般方法是，在工作目录编辑软件，使用 git 命令向数据库提交更新；创建分支并在分支上工作，待开发到一定阶段后向主线合并，始终维持主线代码的稳定。

本章还介绍了几种 git 服务器的设置方法。

1. 什么是版本控制系统？除了用于软件开发，你还能想到其他的应用场景吗？

2. 试解释下面每一步 git 操作的作用。

```
$ git clone https://github.com/someuser/projectA.git
$ git checkout master
$ git status
$ git commit -a
$ git checkout -b new
$ git pull
$ git merge master
$ git push origin new
$ git branch -d new
```

内核管理

chapter

09

内核的主要功能是管理系统的硬件资源，将它们合理地分配给系统的各种进程。Linux 系统中的大量设备可以通过模块加载的方式支持；并且 Linux 内核源代码是完全开放的，可以根据实际应用场合进行重构。

9.1 操作系统核心文件

9.1.1 内核镜像文件

计算机启动之后，即由 GRUB 引导操作系统内核。Ubuntu 的 GRUB 配置文件是/boot/grub/grub.cfg。在多系统引导时会出现一个操作系统选择菜单，由用户选择此次运行的操作系统，在一定时间内（默认是 10 秒）不操作的话则启动默认的操作系统。grub.cfg 中有下面几行指令（其中 UUID 未打印出）：

```
echo '载入   Linux 4.15.0-29-generic ...'
      linux/boot/vmlinuz-4.15.0-29-generic root=UUID=......\
        ro quiet splash $vt_handoff
echo '载入初始化内存盘 ...'
      initrd   /boot/initrd.img-4.15.0-29-generic
```

vmlinuz-4.15.0-29-generic 是压缩的内核镜像文件，initrd.img-4.15.0.29-generic 是初始化内存盘（又叫 RAMDisk）ro quiet splash……等是内核的启动参数。通常，RAMDisk 中的脚本程序会做一些与机器硬件相关的初始化工作，根据 GRUB 的参数加载必要的模块，最后挂载由"root="指定的根文件系统。

9.1.2 模块与设备驱动

内核模块是相对独立的一段代码。Linux 内核允许一些功能以内核模块的方式编译成独立的文件，可以在需要的时候动态加载进内核，也可以静态地编入内核镜像文件。大量的设备驱动就是这样的模块，它们位于/lib/modules/$version/目录。这里的$version 是当前运行的内核版本号，可以通过命令 uname 得到。使用 uname 的选项"-a"可以打印内核的所有信息，包括内核名称、版本号、处理器型号等，选项"-r"仅打印版本号，即这里对应的$version字串。

```
$ uname -a
Linux knoteX 4.15.0-29-generic #42-Ubuntu SMP Tue Oct 23 15:48:01
UTC 2018 x86_64 x86_64 x86_64 GNU/Linux
$ uname -r
4.15.0-29-generic
```

内核模块的文件名后缀是.ko。

对于设备驱动这类模块来说，加载和卸载模块就相当于安装和卸载设备驱动。Linux 支持的设备很多，但并非所有的设备都会用到。如果把用不到的设备都编入内核，内核镜像文件将会变得非常庞大，运行时也会无谓地占用内核空间。

表 9.1 是模块处理的一组命令。

表 9.1 有关模块处理的命令

命令	功能
insmod	加载模块
depmod	生成模块依赖关系文件 modules.dep
lsmod	列出已安装的模块清单
modinfo	显示模块信息
rmmod	卸载模块
modprobe	根据依赖关系加载或卸载模块

个人计算机系统中，多数被检测到的设备都已在系统启动时通过 udev 自动加载了相应的模块；而当设备从系统中移除时，设备驱动可能不会自动卸载。使用 lsmod 命令可以列出当前系统中以模块形式驱动的设备：

```
$ lsmod
Module          Size      Used   by
rtl8192ee       106496    0
btcoexist       122880    1      rtl8192ee
rtl_pci         28672     1      rtl8192ee
rtlwifi         77824     3      rtl8192ee, rtl_pci, btcoexist
mac80211        778240    3      rtl8192ee, rtl_pci, rtlwifi
cfg80211        610304    2      mac80211, rtlwifi
...
```

第一列是模块名，第二列是模块代码大小，第三列标记了该模块正在被哪些上层模块使用着，以及使用的模块计数。一些模块组是堆叠的。在以上列出的有关 Realtek8192ee 无线网卡驱动的清单中可以看出，cfg80211 是 mac80211 和 rtlwifi 的基础，而 rtl8192ee 依赖 btcoexist、rtl_pci、rtlwifi 和 mac80211。未被使用的模块可以使用 rmmod 命令从内核中移除。

```
# rmmod rtl8192ee
```

单独加载一个设备驱动 rtl8192ee 可以使用 insmod（**install mod**ule）命令：

```
# insmod rtl8192ee.ko
```

insmod 的参数是模块的文件名，因此这条命令应该在文件 rtl8192ee.ko 所在目录执行。

另一条加载/卸载模块的命令是 modprobe，它会自动根据依赖关系加载（不带选项时）或卸载（带选项"-r"）一组模块。描述模块之间依赖关系的文件是/lib/modules/$version/ modules.dep，它是在编译内核时生成的，depmod 命令可以更新这个文件。

下面的命令将移除所有与 rtl8192ee 模块相关的且未使用的模块：

```
# modprobe -r rtl8192ee
```

由于加载/卸载模块改变了内核的结构，因此执行这些命令需要超级用户的权限，而列模块清单、打印模块信息则不需要。

9.1.3 设备文件

根据 FHS 标准，设备文件集中存放在/dev 目录中。设备文件是连接应用程序和设备驱动的结点。使用 ls 命令可以看到设备文件与普通文件有一个明显的不同：

```
$ ls -l /dev/console
crw-------   1 root root   5,   1 12 月   29 00:55 console
```

在普通文件显示文件大小的地方，设备文件显示两个数字，分别对应主设备号和次设备号。主设备号是内核分配给设备驱动的，每一类设备都有一个唯一的主设备号；次设备号仅由该设备驱动程序管理，用于处理同类设备的不同子设备。例如，为声卡 ALSA（Advanced Linux Sound Architecture）分配的主设备号是 116，如果系统中存在多个声卡，则用不同的次设备号表示，毕竟每个 ALSA 的驱动方式是一样的，差别仅仅在于系统为它们分配的地址不同。

在早期的 Linux 系统中，这些设备文件是通过手工或者启动脚本生成的，而现在则是通过内核支持的 devtmpfs 伪文件系统自动建立的。少数情况下，单独开发的设备驱动程序仍需要手工创建设备文件结点。创建一个字符设备文件 newdevice 的命令是：

```
# mknod newdevice c major minor
```

major 和 minor 分别对应设备的主设备号和次设备号，它们的具体数值由驱动程序决定。

9.1.4 进程管理目录/proc

/proc 是伪文件系统 PROCFS 的挂载目录。内核通过 PROCFS 给用户提供内核运行状态信息。例如，/proc/devices 是当前驱动的设备列表，/proc/cpuinfo 是系统的 CPU 信息，/proc/interrupts 是系统中断分配表，等等。这些文件通常都是只读的文本文件。由于是伪文件系统，使用 ls 命令显示的文件大小没有实际意义。

该目录下还有大量以数字命名的目录，这些目录就是系统正在运行的进程信息管理目录，数字对应的是进程 ID。每个目录下有该进程对应的命令及参数、运行时间、进程优先级、存储器使用情况等信息，进程查看命令 ps 显示的信息均来源于此。

9.1.5 /sys 目录

/sys 是伪文件系统 SYSFS 的挂载目录。SYSFS 与 PROCFS 有类似的功能，目的都是反映内核当前的工作状态，但 SYSFS 展现的内容更完善、更具层次化。SYSFS 有下面几个重要的目录：

* devices 是 SYSFS 最重要的目录，它包含所有已注册设备的结构信息。其他目录都是分类组织的链接，都指向这个目录中的相应文件。
* dev 目录按字符设备和块设备分类存放以主次设备号命名的文件，由此可以查到每个设备所对应的设备驱动信息。
* class 目录存放按功能分类的设备模型。
* bus 目录存放按总线类型分类的目录结构。

- fs 目录存放系统所支持的文件系统的信息。
- kernel 目录存放内核的活动信息。
- module 目录存放系统中所有的模块信息，包括静态编入内核的模块和通过 insmod 命令动态加载的模块。

无论是 PROCFS 还是 SYSFS，允许写操作的文件都不建议使用普通的文件编辑工具修改，有的文件也无法用文件编辑工具修改。由于每个文件只负责一件事务，修改内核参数可以简单地使用 echo 命令。例如，/sys/class/backlight/intel_backlight/brightness 是 LCD 屏的背光亮度，调节这个参数可以使用下面的命令：

```
# echo 400 >/sys/class/backlight/intel_backlight/brightness
```

不同显示屏的亮度的参数范围可能不同，其最大值存放在文件 max_brightness 中。调节时要小心不要调得太暗，以免看不见屏幕信息导致系统失控。

9.2　内核重构

Linux 操作系统内核是遵循 GPL 版权协议的开源软件。当已有的二进制代码不能满足需要时，还可以直接从源码编译一个完整的内核。

9.2.1　为什么要编译内核

大多数 Linux 桌面发行版的内核都能满足一般用户的普遍需求，需要用户自己编译内核的情况很少，除非用户想尝试最新的内核版本，因为 Linux 官方发行版内核通常不是最新的；或者用户需要运行特殊的软件，而这个软件对内核版本或者内核特性有特殊要求。

但在嵌入式平台上，需要编译内核的情况很普遍。嵌入式系统通常会有对系统资源的限制条件，不同平台之间的差异也很大，很难像 PC 使用的操作系统那样设置成统一的参数。

编译内核，从获取 Linux 内核源码开始。由 Linux 内核核心团队维护的内核源码可以在其官网下载，该网站同时也提供了版本控制系统 git 的下载方式。此外，一些嵌入式平台有自己的源码分支，其更具可配置性。本节以著名的树莓派（Raspberry PI）嵌入式平台为例，介绍内核的源码结构和编译过程。树莓派的核心处理器与 PC 的架构不同，但除了编译器有差异以外，其他过程与针对 PC 的内核编译基本相同。

树莓派是英国一个非盈利机构为青少年学习计算机编程而设计的卡片式计算机，它的第三代产品（树莓派 3）采用博通 BCM2837 处理器，核心架构 Cortex-A53 支持 32 位的 Arm 指令集 armv7-a 和 64 位指令集 armv8-a，内含 Video Core IV 图像处理单元（Graphics Processor Unit，GPU）。通过下面的命令可以将源码克隆到本地：

```
$ git clone https://github.com/raspberrypi/linux
```

下面针对内核的讨论，以克隆目录 linux 为起点。

9.2.2　内核源码结构

内核源码树结构中包含以下目录和文件。

arch 目录下包含与体系架构相关的内核代码。每种体系架构在此目录下都单独占一个子目录。子目录中的 configs 目录包含支持该架构的不同机型默认的配置文件。建议编译内核从该配置文件开始，这样可以大大减少之后烦琐的配置工作。例如，文件 arch/arm64/configs/bcmrpi3_defconfig 是为 Broadcom 处理器树莓派（**Raspberry Pi**）3 代 arm64 架构预制的内核配置。

block 目录包含块设备层核心代码。与块设备驱动相关的代码在 drivers/block 目录中，与存储设备相关的代码分布在 drivers 目录中的具体驱动程序里。

COPYING 是版权协议文本。

crypto 目录包含数据压缩/解压和加密/解密核心代码。内核和初始化 RAMDisk 镜像文件都可能采用压缩格式，以减少存储空间占用。

Documentation 目录包含内核源代码各个模块的说明文档。

drivers 是设备驱动目录，其下的每一个目录都是一类设备的驱动程序。

firmware 目录下包含与一些设备相关的固件。

fs 是文件系统目录。每一个具体文件系统的实现都在此目录下单独构成一个子目录，最终汇聚到虚拟文件系统层。

include 是内核的头文件目录，也是模块包含头文件的起点。与体系结构相关的头文件分布在 arch 的各个子目录中。

init 是内核的主文件代码。

ipc 目录包含进程间通信的核心代码（消息、信号量、共享内存）。

Kbuild 是编译内核的脚本文件。

Kconfig 是配置内核的脚本文件，各级子目录中都有一个 Kconfig，用来帮助形成内核配置界面的菜单。

Kernel 是内核的核心代码。此目录下的文件可以实现大多数 Linux 的内核函数。

lib 目录包含内核使用到的库（编解码、校验）。

mm 目录包含所有独立于 CPU 体系结构的内存管理代码，如页式存储管理、内存的分配和释放等。与体系结构相关的代码分布在 arch 的各个子目录中，例如与 arm64 相关的存储管理代码在 arch/arm64/mm 中。

MAINTAINERS 文件中是内核维护者的名单。

Makefile 是编译内核的 GNU Make 脚本文件。主目录下的 Makefile 用于控制整个系统的配置和编译，各级子目录中的 Makefile 用于描述依赖关系。

net 目录包含以太网、无线、蓝牙、红外等多种网络通信协议的核心代码。与网络设备相关的驱动程序代码包含在 drivers/net 目录中。

README 是内核的说明文档，其中有关于内核配置和编译的简单说明。

samples 目录包含一些模块的源码样例，它们通常不编译进内核。

scripts 目录包含配置和编译内核的脚本程序，是编译内核的辅助工具。脚本程序根据源码每个目录下的 Makefile 和 Kconfig 形成配置界面，帮助用户配置和编译内核。

security 目录包含与内核安全性相关的代码。

sound 目录包含 Linux 声音系统的核心 ALSA（**Advanced Linux Sound Architecture**）和设备驱动程序。

一个隐藏文件 ".config" 记录了需要编译的内核的所有配置选项。配置内核的过程就是编辑这个文件的过程。理论上你甚至可以直接使用文本编辑工具编辑配置选项，不过由于内核的功能太多，很少有人直接手工编辑这个文件，而是通过内核专门提供的可视化配置界面编辑这个文件。

9.2.3　配置和编译内核

本节采用 Arm64 位指令集编译（32 位指令集可支持树莓派 2 和树莓派 3，64 位指令集仅支持树莓派 3）。Arm64 位指令集的代号是 aarch64（与源码目录名称 arm64 不同），需要安装针对 aarch64 的交叉编译工具：

```
# apt install install gcc-aarch64-linux-gnu
```

根据依赖关系，上述命令会同时安装交叉编译工具中的 C 编译器、链接器和 glibc 库。

内核使用 GNU Make 控制配置和编译过程。通常有下面几种命令方式可以打开配置界面。

1. ARCH=arm64 make menuconfig

这是基于 ncurses 库的字符配置界面，如图 9.1 所示。Makefile 根据变量 ARCH 选择编译何种架构，默认是 PC 的架构 X86。通过键盘将光标移动到选项位置，用 "y" "n" "m" 决定该选项是编入内核、不编入内核还是编译成独立的模块。编入内核意味着内核具备该项功能；编译成独立的模块将在安装模块时生成以 .ko 为后缀的文件。编译成模块的，内核启动后可通过模块加载或卸载命令动态调整内核的该项功能。

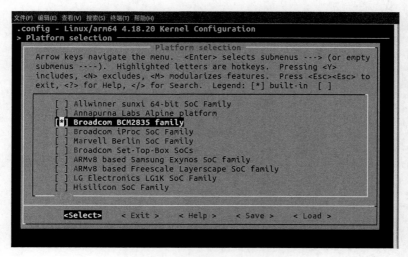

图 9.1　menuconfig 界面

2. ARCH=arm64 make xconfig

xconfig 打开基于 Qt 库的图形配置界面（见图 9.2），可以用鼠标勾选内核的选项。

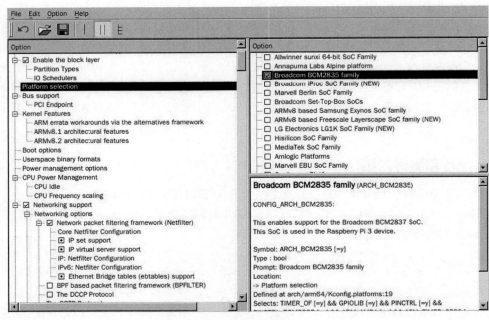

图 9.2　xconfig 界面

3.　ARCH=arm64 make gconfig

gconfig 打开基于 GTK+库的图形配置界面（见图 9.3）。操作方法与 xconfig 完全相同，只是界面风格不一样。

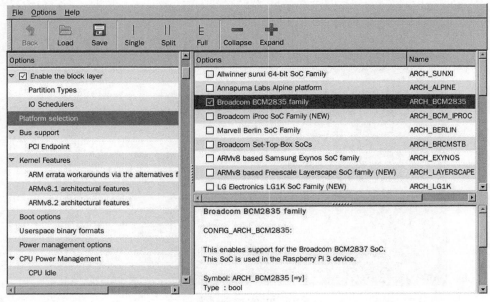

图 9.3　gconfig 界面

以上配置的结果最终会保存在一个名为.config 的文件中。

内核配置选项众多（4.18 版本的内核，其.config 文件有 5000 多行），逐项配置的工作量巨大。开发人员为一些通用平台预制了基本的配置文件，可以直接将这个文件复制到 .config，然后以此为起点进行筛选。标准的做法是用 GNU Make 复制：

```
$ ARCH=arm64 make bcmrpi3_defconfig
```

预制的配置选项只保证系统基本可用，开发者还需在此基础上进行细心的配置。图 9.4 是内核配置主界面，各子菜单包含如下内容：

- General setup：一般性设置，如编译器选择、内核镜像压缩格式、System V IPC 机制等。

- Enable loadable module support：Linux 系统中大量的设备驱动和模块以可加载模块的方式存在，需要使用时可通过 insmod 将其加入内核。除非是限定功能的系统，否则应允许模块加载。

- Enable the block layer：块设备层，支持块设备和一些大文件系统。

- Platform selection：系统选型。图 9.1 是图 9.4 所示菜单下的一个子菜单界面。

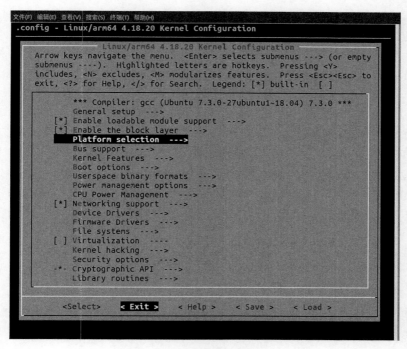

图 9.4　配置内核主界面

- Bus support：总线（PCI 和 PCIe）。

- Kernel Features：内核特性选项，如多处理器支持、分页方式、内核/用户空间内存划分、内核时间片设置等。

- Boot options：启动选项。通常这些选项是由 Boot Loader 传给内核的，但也可以在配置内核时设定启动参数。

- Userspace binary formats：用户空间的二进制格式。

- Power management options：系统电源管理（待机和休眠方式）。

- CPU Power Management：CPU 电源管理。

- Networking support：网络协议支持，包括因特网协议、蓝牙、CAN 总线、无线网络协议等。

- Device Drivers：大量的设备驱动集中在这个子菜单下。
- Firmware Drivers：固件驱动支持。
- File systems：选择希望系统支持的文件系统类型。
- Virtualization：虚拟化（基于内核的虚拟机支持）。
- Kernel hacking：用于探究内核工作过程的一些选项，包括打印消息、允许内核级 debug 等。
- Security options：内核的安全性选项。
- Cryptographic API：内核用到的加密/解密算法。
- Library routines：主要是一些压缩和校验算法子程序。

对于嵌入式系统来说，在保证满足功能需求的前提下，使用越少的选项意味着越高的效率。开发嵌入式产品时，在内核源码提供的功能基础上进行合理的裁剪，是一个重要的过程。

完成配置、退出配置界面后，会生成新的.config 文件，原来的文件将备份到.config.old，以便发现配置不合适时回撤。

下面是内核的编译过程。如果在配置内核时没有指定编译器，需要在命令行中将编译器前缀以变量 CROSS_COMPILE 传递给 Makefile：

```
$ ARCH=arm64 CROSS_COMPILE=aarch64-linux-gnu-make
```

成功编译后，会在 arch/arm64/boot 目录下生成内核镜像文件 Image（如果内核支持压缩，镜像文件名是 zImage）。剩下的工作就是将镜像文件交给引导加载器（Boot Loader）引导启动了。以上只实现了内核的部分功能。以模块方式支持的部件（主要是设备驱动）还要通过 modules_install 编译和安装。安装模块[1]时用户应拥有指定模块安装目录 modules_install_path 的写权限。不指定 INSTALL_MOD_PATH 时，默认的安装目录（/lib/modules）对普通用户没有写权限。

```
$ ARCH=arm64 CROSS_COMPILE=aarch64-linux-gnu-make\
modules_install INSTALL_MOD_PATH = modules_install_path
```

最后，将 modules_install_path 中的内容搬到目标系统的根文件系统的/lib/modules 目录，一个新的内核就完成了。

9.3 小结

本章介绍与 Linux 内核管理和开发相关的一些基本内容。Linux 操作系统中大量的设备驱动可通过模块的方式加载或卸载；内核在工作过程中，可以通过 PROCFS 和 SYSFS 与用户空间交换信息。本章还介绍了内核的代码结构和初步的编译方法。由于 Linux 是开放源码的操作系统，开发人员很容易从源代码开始构建自己的应用系统。

1　由于此时用于开发的计算机自身并不需要这些模块，此处使用"安装"一词并不是很贴切，它仅仅是将目标系统需要的模块复制到指定的位置。

9.4 本章练习

1. 个人计算机使用 BootLoader 引导操作系统有什么好处？

2. 个人计算机为什么要通过 initrd 而不是直接从内核挂载硬盘根文件系统？

3. 以下哪些情况需要编译一个新的内核？（　　　）

A. 为个人计算机添加一台新型号的打印机

B. 发现了 CPU 的设计漏洞

C. 为嵌入式计算机增加一个与原有型号相同的网卡

D. 在嵌入式平台上调整时间片分配策略，提高实时性

4. /proc 和/sys 挂载的是伪文件系统，/run 挂载的是内存文件系统，它们都在内存中实现，二者在使用上有什么差别？

5. 如果需要安装一个设备驱动 foo.ko，但不知道它还依赖哪些其他模块，应使用下面哪个命令？（　　　）

A. insmod   B. lsmod

C. modprobe   D. modinfo

6. 为新装的设备驱动程序创建一个设备文件结点，该设备文件应该在哪个目录下创建？

7. 编译内核时，哪些功能将作为模块编译，哪些功能将编译进内核镜像，决策依据是什么？

8. 随 PC 内核镜像文件 vmlinuz-4.15.0-29-generic 同时发布的还有一个文件 config-4.15.0-29-generic，它有什么作用？

参考文献

[1] [美]Eric S.Raymond. UNIX 编程艺术. 姜宏，何源，蔡晓俊，译. 北京：电子工业出版社，2006.

[2] Multics.Multics History.https: //www.multicians.org/history.html.

[3] 知识产权诉讼. Settlement Agreement between USL and University. http: //www.groklaw. net/pdf/USLsettlement.pdf.

[4] Linux 周报. The LWN. net Linux Distribution List. https: //LWN.net, RetrievedSeptember11, 2015.

[5] Wikipedia. List of Linux distributions. https: //en.wikipedia.org/wiki/List_of_Linux_ distributions.

[6] [美]Andrew S. Tanenbaum，Albert S. Woodhull. 操作系统设计与实现（第三版）. 陈渝，谌卫军，译. 北京：电子工业出版社，2007.

[7] 孟庆昌，牛欣源. Linux 教程（第二版）. 北京：电子工业出版社，2007.

[8] David A Rusling. The Linux Kernel.

[9] Robert Love. Linux Kernel Development. 2nd ed. Indianapolis：Sams Publishing，2005.

[10] Wikipedia：RAM. Random Access Memory. https://en.wikipedia.org/wiki/Random-access_ memory.

[11] Dale Dougherty，Arnold Robbins. sed&awk. 2nd ed.Springfield：O'Reilly，1997.

[12] William E. Shotts. The Linux Command Line. linuxcommand. org.

[13] Wesley J. Chun.Core PYTHON Applications Programming. Upper Saddle River：Prentice Hall, 2012.

[14] Cameron Newham. Learning the bash Shell.3rd ed.Springfield:O'Reilly，2005.

[15] Machtelt Garrels. Bash Guide for Beginners. The Linux Doccumentation Project. https://tldp.org.

[16] Mendel Cooper. Advanced Bash-Scripting Guide. The Linux Doccumentation Project. https:// tldp. org.

[17] Richard M. Stallman and the GCC Developer Community. Using the GNU Compiler Collection（For GCC version 6.5.0）. https://gcc.gnu.org/onlinedocs/gcc-6.5.0/gcc.pdf.

[18] Free Software Foundation. Debugging with GDB（10th edition），https://sourceware. org/gdb/ current/onlinedocs/gdb.html.

[19] Richard M. Stallman, Roland McGrath, Paul D. Smith. GNU Make(for GNU Make version 4.2, May 2016），https://www.gnu.org/software/make/manual/make.pdf.

[20] RMS. 徐海兵，译. L.Y.整理. GNU Make Version 中文手册（Version 3.8）.https://github. com/yyluoyong/Make-3.8-Chinese-Manuals.

[21] Scott Chacon，Ben Straub. Pro Git（Version 2.1.95）.2018.

[22] git 中文手册. https://git-scm.com/book/zh/v2.

[23] Jonathan Corbet，Alessandro Rubini，Greg Kroah-Hartman. Linux Device Drivers. 3rd ed. Springfield：O'Reilly Media，2005.